KB069239

중국의 가정,
민간계약문서로
엿보다

분가와 상속

이 도서는 2009년도 정부(교육과학기술부)의 재원으로 한국연구재단의 지원을
받아 출판되었음(NRF-2009-362-A00002).

중국관행
자료총서
11

기획 | 민간계약문서 시리즈 ❶

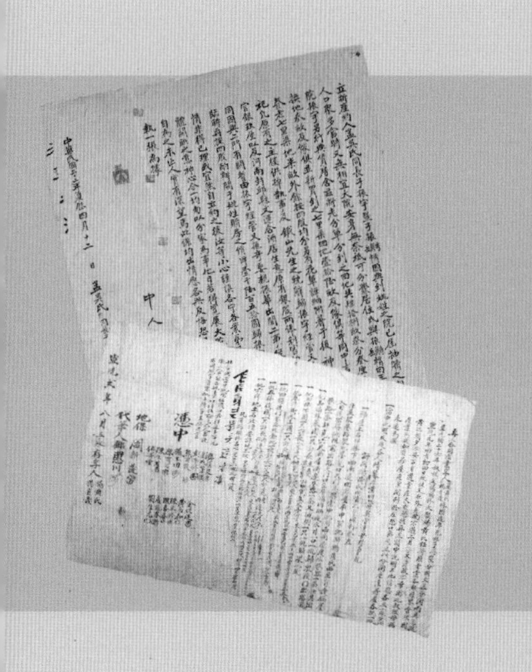

중국의 가정, 민간계약문서로 엿보다

분가와 상속

손 승 희 편저

인천대 중국학술원 중국·화교문화연구소
(중국) 河北大學 中國社會經濟史硏究所 공동기획

學古房

한국의 중국연구가 한 단계 심화되기 위해서는 무엇보다 중국사회 전반에 강하게 지속되고 있는 역사와 전통의 무게에 대한 학문적 · 실증적 연구로부터 출발해야 할 것이다. 역사의 무게가 현재의 삶을 무겁게 규정하고 있고, '현재'를 역사의 일부로 인식하는 한편 자신의 존재를 역사의 연속선상에서 발견하고자 하는 경향이 그 어떤 역사체보다 강한 중국이고 보면, 역사와 분리된 오늘의 중국은 상상하기 어렵다. 따라서 중국문화의 중층성에 대한 이해로부터 현대 중국을 이해하고 중국연구의 지평을 심화 · 확대하는 연구방향을 모색해야 할 것이다.

근현대 중국 사회 · 경제관행의 조사 및 연구는 중국의 과거와 현재를 모두 잘 살펴볼 수 있는 실사구시적 연구이다. 그리고 이는 추상적 담론이 아니라 중국인의 일상생활을 지속적이고 안정적으로 제어하는 무형의 사회운영시스템인 관행을 통하여 중국사회의 통시적 변화와 지속을 조망한다는 점에서, 인문학적 중국연구와 사회과학적 중국연구의 독자성과 통합성을 조화시켜 중국연구의 새로운 지평을 열 수 있는 최적의 소재라 할 수 있을 것이다. 중층적 역사과정을 통해 형성된 문화적 · 사회적 · 종교적 · 경제적 규범인 사회 · 경제관행 그 자체에 역사성과 시대성이 내재해 있으며, 관행은 인간의 삶이 시대와 사회의 변화에 역동적으로 대응하는 양상을 반영하고 있다. 이 점에서 이러한 연구는 적절하고도 실용적인 중국연구라 할 것이다.

중국관행자료총서의 일환으로 기획된 민간계약문서 시리즈의 1편인 『중국의 가정, 민간계약문서로 엿보다: 분가와 상속』은 우리 연구소가 중국 하북대학 중국사회경제사연구소와 약 3년에 걸쳐 공동작업을 한 결과물이다. 분가문서는 중국사회에서 전통적으로 분가할 때 작성하는 계약 형식의 문서로서 현대에도 민사법률상의 효력을 지닌다. 따라서 분가문서를 통해 중국 상속제도의 지속과 변화를 살펴볼 수 있고 중국 민간사회의 작동원리를 이해할 수 있다. 이 책에서는 본 연구소가 중국 하북대학과 함께 명대부터 민국시기까지의 분서를 수집하여 수차례의 검토를 거친 48건의 분서에 대해 내용 번역과 해설·분석을 하였다.

국내의 역사학·인류학·민속학 등 여러 분야에서 상속·분가를 비롯한 가족 제도와 관행을 연구하는 학자들은 그동안 언어상의 한계로 중국 계약문서와 같은 1차 자료에 접근하기 어려웠다. 중국 분가문서에 대한 상세한 해설과 분석을 제공하고 있는 이 책은, 가족과 종족의 원리와 재산·소유권에 대한 관념 및 여자의 상속 관행에 대해 한중일의 사례를 공시적·통시적으로 비교하며 이해하고자 하는 연구자 및 일반인에게 좋은 길잡이가 될 것으로 기대된다.

『중국관행자료총서』는 중국연구의 새로운 패러다임을 세우기 위한 토대 작업으로 기획되었다. 객관적이고 과학적인 실증 분석이 새로운 이론을 세우는 출발점임은 명확하다. 특히 관행연구는 광범위한 자료의 수집과 분석이 결여된다면 결코 성과를 거둘 수 없는 분야이다. 향후 우리 사업단은 이 분야의 여러 연구 주제와 관련된 자료총서를 지속적으로 발간할 것이며, 이를 통하여 그 성과가 차곡차곡 쌓여가기를 충심으로 기원한다.

2018년 6월

인천대학교 중국학술원

중국·화교문화연구소(HK중국관행연구사업단)

소장(단장) 장정아

인천대학교 중국학술원 중국·화교문화연구소는 2009년 인문한국 사업 선정을 계기로 중국의 사회·경제관행에 대한 연구를 진행하고 있다. 그 과정에서 현지조사와 1차 사료를 활용한 실증적 연구를 기반으로 인문학적 중국연구와 사회과학적 중국연구를 통합함으로써 중국 연구의 새로운 지평을 열고자 노력해왔다. 본서는 그 일환으로 인천대학교 중국학술원 중국·화교문화연구소가 소장하고 있거나 중국 하북대학河北大學 중국사회경제사연구소中國社會經濟史硏究所가 제공한 총 48건의 분가문서에 대한 분석을 시도한 것이다.

인천대학교 중국학술원과 중국 하북대학 중국사회경제사연구소는 2015년 10월 공동 연구에 대한 MOU를 체결한 이후 밀접한 교류 협력관계를 유지하고 있다. 특히 하북대학 중국사회경제사연구소는 인천대 중국학술원에 분가문서, 상업문서, 토지문서 등 민간계약문서 이미지를 제공하고 원문에 대한 탈초와 현대문 번역을 제공하는 등 조력을 아끼지 않았다. 여기에 필자가 체제를 구성하고 문서의 내용을 분석하고 종합하여 지금과 같은 형태로 출판하게 되었다.

하북대 중국사회경제사연구소는 하북대 송사연구중심宋史研究中心 산하에 설립된 연구소로, 류추건劉秋根 교수가 책임을 맡고 있다. 1982년 독립 연구기관으로 설립된 하북대 송사연구중심은 이미 중국 사학계에서 상당한 지위와 명성을 쌓고 있는

* 본서의 서술 내용은 손승희, 「청·민국시기 산서지역의 분가와 상속현실 - 分書를 중심으로」, 『동양사학연구』 140집(2017.9)을 바탕으로 본서의 체제에 맞게 수정 보완한 것임.

주요 연구소이다. 류추건 교수는 『중국전당제도사中國典當制度史』, 『명청고리대자본明淸高利貸資本』, 『중국고대합과제초탐中國古代合夥制初探』 등을 출판하는 등, 합과제도合夥制度와 전당제도典當制度 등의 연구로 이미 중국 사학계에서 큰 업적과 성과를 인정받고 있는 경제사학자이다. 류추건 교수와는 2012년 인천대 인문학연구소(중국학술원의 전신)와 중국 산서대학山西大學 진상학연구소晉商學硏究所 공동주최 국제학술대회에서 처음 만나 학술교류를 시작한 후 지속적으로 교류를 이어오고 있다.

특히 필자는 류 교수와 중국의 법(제도)과 민간의 관행 사이의 괴리 등에 대한 인식을 공유하고, 공동 연구에 대한 의견을 나누다가 구체적으로 계약문서를 이용한 연구를 기획하게 되었다. 류추건 교수는 새로운 자료의 발굴 없이 계속되는 진상晉商 연구가 진상 연구의 발전에 큰 진전이 되지 못하고 있다는 것을 통감하고, 관련 계약문서에 주목하여 진상연구의 답보 상태를 극복하고자 한다. 현재 그는 『산서 민간계약문서의 수집, 정리 및 연구山西民間契約文書的搜集整理與硏究』라는 국가 프로젝트를 수행하고 있으며, 그 일환으로 『진상사료집성晉商史料集成』 총 80권(商務印書館)의 출판을 앞두고 있다. 류 교수는 대단한 학문적 열정과 엄밀한 사료분석을 통해 중국 사회경제사 분야에서 독보적인 연구 성과를 내고 있다. 필자는 학문적 동지로서, 든든한 조력자로서 류 교수와 함께 공동 연구 작업을 하게 된 것을 기쁘게 생각한다.

본서는 처음부터 인천대 중국학술원의 기획으로 시작되었으며 모든 연구의 과정은 중국학술원의 요구와 의도에 따라 계약문서의 제공, 원문의 탈초와 번역, 해제 등 하북대 중국사회경제사연구소의 협조로 이루어졌다. 이 공동연구의 과정에서 하북대측 참여자가 인천대를 방문하여 간담회를 갖고 연구 성과를 발표하는 등, 본서는 양 기관의 긴밀한 논의와 협조 하에서 인적, 학술적 교류가 지속되는 가운데 완성된 것이다. 그러므로 본서는 중국학술원이 국외 네트워크 구축을 통해 획득한 공동연구의 산물이며, 국제 학술협력사업의 또 하나의 모범 사례로 남게 될 것이다. 본서는 그 첫 결과물로 민간의 일상에서 행해졌던 분가관행을 통해 민간 질서의 내적 원리를 파악하고자 시도된 것이다. 조만간 토지문서편과 상업문서편도 출판될 예정이다.

분가문서, 즉 분서分書란 전통 중국사회에서 분가할 때 작성하는 일종의 계약 형식의 문서이다. 중국은 전통시대부터 토지매매나 가산분할 등 중요한 법률행위를 할 때는 문서를 작성하고 제3자의 공증을 얻는 관습이 있었다. 가산분할을 할 때 작성하는 문서가 바로 분서이다. 지금까지도 중국 민간에서는 분서가 작성되는 경우가 드물지 않으며, 특히 농촌에서 작성되는 분서는 그 내용이나 형식면에서 전통적인 방식과 크게 다르지 않다. 또한 분서는 현재까지도 여전히 민사법률상의 효력을 가지고 있다. 재산 귀속의 권리를 증명하고 서명한 당사자에게 구속력이 있으며 소송에서 유력한 증거가 되기 때문이다. 그러므로 분서는 단지 역사속의 한 단면을 들여다볼 수 있을 뿐 아니라, 현대 중국에 이르기까지 면면히 흐르고 있는 중국인의 사유방식과 생활양식을 엿볼 수 있는 하나의 훌륭한 기제이다.[1] 따라서 실제로 민간의 분가 현실을 파악할 수 있는 분서에 주목할 필요가 있다.[2]

---

1 현재에도 當代 중국의 계승법과 민간의 분가와의 관련성, 혹은 농촌의 분가에 대한 연구가 계속 나오고 있다. 陳麗洪, 「中國現行繼承法與民間繼承習慣-分家析産習慣與繼承法的協調和衝突」, 『四川理工學院學報』 2008-3; 周永康, 王仲凱, 「改革開放以來農村分家習俗的變遷」, 『西南農業大學學報』 2011-3; 鄭小川, 「法律人眼中的現代農村分家-以女性的現實地位爲關注點」, 『中華女子學院學報』 2005-5; 印子, 「分家, 代際互動與農村家庭再生産-以魯西北農村爲例」, 『南京農業大學學報』 2016-4; 鄭文科, 「分家與分家單研究」, 『河北法學』 2007-10; 原源, 「"中人"在分家中的角色功能審視—以遼南海城市大莫村爲例」, 『民間文化論壇』 2006-6; Myron L. Cohen, "Family Management and Family Division in Contemporary Rural China", *China Quarterly*, Vol.130, 1992 등이 있다.

2 중국 가족제도에 대한 연구는 金池洙, 『中國의 婚姻法과 繼承法』, 전남대학교출판부, 2003; 徐揚杰 저, 윤재석 옮김, 『중국가족제도사』, 아카넷, 2000; 陸貞任, 「宋代 家族과 財産相續에 관한 硏究」, 高麗大學校博士學位論文 2003; 滋賀秀三, 『中國家族法の原理』, 創文社, 1981; 仁井田陞, 『中國法制史硏究-奴隸農奴法・家族村落法』, 東京大學出版會, 1962; 仁井田陞, 『中國法制史硏究-法と慣習・法と道德』, 東京大學出版會, 1964; 王玉波, 『中國家長制家族制度史』, 天津社會科學出版社, 1989; 岳慶平, 『中國的家與國』, 吉林文史出版社, 1990; 馮爾康, 『中國社

더욱이 상속과 관련하여 민간의 자발성을 확인하고자 한다면 분서만한 자료가 없다. 분가라는 것은 각 가정에서 발생하는 의식이기 때문에서 전통시대라고 하더라도 국가가 과도하게 개입하지 않는 것이 원칙이었다. 만일 민간에서 소송이 제기되는 경우, 우선적으로 국가법에 준하여 판결이 되고 국가법에 명시되어 있지 않은 부분은 판례 혹은 해석례가 그 기준이 되었다. 그러나 판례나 관습법을 포함하여 법이라는 것은 어느 정도의 강제성을 띠는 것이기 때문에 민간의 자발성을 확인하는 데는 그 효과가 분서만 못하다. 물론 분서를 작성할 때도 국가법이나 관습법에 의거하여 최소한의 기준에 부합하고자 하는 자기 검열의 과정이 있었을 터이지만, 각 가정의 사정과 형편이 다르기 때문에 분서는 각 가정의 사정을 반영하여 작성되었다. 말하자면 분서는 각 가정의 재산분할 문서이자, 민간의 생활 중에 발생했던 기층사회의 생생한 기록인 것이다. 그런 점에서 민간의 상속에서 분서가 갖는 의미는 크다.

본서는 명대부터 민국시기에 이르기까지 48건의 분서를 통해 분서의 기본 형식과 내용, 그리고 그것이 주는 의미를 분석함으로써 당시 가정생활의 단면들을 복원해내는 것을 목표로 한다. 각 분서에는 모두 분서 이미지, 원문 탈초, 번역을 수록하고 이에 대한 해석과 그 의미에 대한 가능한 분석을 시도하고 있다. 본서에 수록된 48건의 지역분포는 안휘, 산서, 강서, 복건, 하북, 귀주성이며, 시기는 명청시대와 민국시기, 비록 적지만 민법제정 이후의 분서도 포함되어 있다.

최근 중국과 일본 등지에서 계약문서에 관한 관심이 높아져 민간계약문서 자료집이 지속적으로 출간되고 있다.[3] 이러한 출간물들은 계약문서를 분류하여 이미지

會結構的演變』, 河南人民出版社, 1994; 費成康主編, 『中國的家法族規』, 上海社會科學院出版社, 1998 등이 있다.

3 中國社會科學院歷史研究所收藏整理, 『徽州千年契約文書』, 花山文藝出版社, 1994; 曹樹基等編, 『石倉契約』, 浙江大學出版社, 2012; 胡開全主編, 『成都龍泉驛百年契約文書(1754- 1949)』, 巴蜀書社, 2012; 劉秋根 · 張冰水主編, 『保定房契檔案彙編』, 河北人民出版社, 2012; 吳曉亮 · 徐政蕓編著, 『雲南省博物館館藏契約文書整理與彙編』, 人民出版社, 2012; 張建民主編, 『湖北天門熊氏契約文書』, 湖北人民出版社, 2014; 張蘊芬等編著, 『北京西山大覺寺藏淸代契約文

그 자체로만 출판하거나, 혹은 원문을 탈초하여 출판하는 경우가 대부분이다. 그러나 본서는 단순히 계약문서 이미지만을 모아서 출판하는 것이 아니라, 모든 계약문서의 원문을 탈초하고 이를 한글로 번역한 후 이에 대한 해석과 분석을 가하고 있다는 점에서 이전에 없었던 새로운 시도라고 할 수 있다. 이로써 원문 해독에 어려움을 느끼는 한국 연구자들이나 일반인들이 계약문서에 좀 더 쉽게 접근할 수 있도록 했다.

더욱이 이제까지의 계약문서 관련 자료집은 많은 부분이 주로 토지문서가 차지하고 있다. 본서와 같이 분서만을 모아 출판한 경우는 보지 못했다. 분서는 중국 전통사회의 분가와 상속 과정에서 생성되는 1차 사료인 만큼 중국 전통사회의 가족제도를 이해하기 위한 가장 기본적인 사료이다. 따라서 이것을 원문 그대로 제공하고 이에 대한 연구도 겸하고 있다는 점에서 본서는 풍부한 사료적, 학술적 가치를 확보하고 있다.

분서는 형식으로 보면, 여러 장이 하나의 분서를 이루는 성책成冊분서와 한 장에 간단하게 기록하는 낱장분서로 구분할 수 있다. 지역별로 차이가 있기는 하지만 대체로 낱장분서가 보편적이며, 이러한 경향은 시대와 지역을 막론하고 유사한 형태를 띠고 있다. 그러나 본서에서는 형식 분류를 따르지 않고 분서의 '내용'을 기준으로 분류했다. 각 분서가 분류항목에 정확하게 부합하지 않거나 항목의 중복을 피할 수 없음에도 불구하고 이런 분류방식을 선택한 것은, 단순한 형식 분류보다는 내용 분류가 분서의 다양한 내용을 반영하여 보다 풍성하고 입체적으로 구성할 수 있을 것으로 여겨졌기 때문이다. 그러므로 본서의 분류가 완전하다거나 절대적이라는 의미는 아니며 독자들의 편의성을 우선 고려했다는 것이다. 여러 항목에 중복되는 경우에는 따로 표기를 해두었다.

書整理及研究』, 北京燕山出版社, 2014; 李琳琦主編, 『安徽師範大學館藏千年徽州契約文書集萃』, 安徽師範大學出版社, 2014; 黃志繁等編, 『清至民國婺源縣村落契約文書輯錄』, 商務印書館, 2014; 首都博物館編, 『首都博物館藏清代契約文書』, 國家圖書館出版社, 2015 등이 있다.

분서에는 기본적으로 분가 사유, 분가 대상자, 분가과정, 분할 재산목록, 분가의식 참여자의 서명 등이 수록되지만, 그 내용은 각 가정의 필요에 따라 강조되거나 생략되는 양상을 띠고 있다. 실제로 분서에 서술되어 있지 않다고 해서 그 행위를 하지 않았다는 것을 의미하지는 않는다. 왜냐하면 분가의 과정은 기본원칙에 따라 지역에 따라 각 가정의 형편에 따라 변용이 가능한데, 분가는 각 가정에서 개별적으로 이루어졌고 분서에는 분가의 상세한 내용이나 전말이 모두 기록되는 것이 아니라, 그러한 과정을 모두 마친 다음 분가 당사자와 증인들의 동의와 수긍하에 결정된 사실만이 간단히 기록되었기 때문이다. 그러므로 분서만 가지고는 해당 가정의 분가가 실제로 어떠했는지 그 상세한 내막을 알기는 어렵다.

이상의 현실을 감안하여, 총론과 총결을 제외하고 내용을 제Ⅱ장 분가의 과정, 제Ⅲ장 형제균분의 운용, 제Ⅳ장 분서 속 여자 상속, 제Ⅴ장 기타로 나누었다. 즉 분가는 어떤 과정에 의해 성립되었고, 분가의 대원칙인 형제균분이 어떻게 운용되었으며, 딸에 대한 상속은 분서에 어떻게 나타났는지가 그 주요 내용이다. 각 항목의 문서 배치는 각 문서에 '명기되어 있는 내용'을 기준으로 했다.

분가의 과정 중 '품탑과 제비뽑기'에는 품탑과 제비뽑기가 명시되어 있는 분서를 배치했고, '분가의식 및 공정성의 강화'에는 처벌조항을 명기하거나 촌경村警, 촌장村長 등 공적인물로 보증인을 세운 분서를 배치했다. '형제균분의 운용' 중 '형제균분의 전형'에는 형제균분 하의 일반적인 분서를 배치했으며, '공유재산의 존재'에서는 공유재산을 남긴다고 명시하거나 부모 사후 재분할을 명기, 혹은 실행한 분서를 배치했으며, '형제균분의 변용'에는 상업자본을 한 사람에 몰아주거나 불명확한 지분 분할경향을 보이는 분서를 배치했다. '분가 외 목적의 분서'에는 분가를 위한 목적 이외에 다른 목적을 달성하기 위해 작성된 분서를 배치했다. '분서 속 여자상속' 중 '전통시기의 여자상속'에는 사위에게 상속하거나 딸의 혼수비용, 며느리의 재산관리권 등을 명시한 분서를 배치했으며, '민법 제정 후의 여자상속'에는 민법 제정 후의 딸의 혼수, 상속 및 처의 대위상속을 언급한 분서를 배치했다. 기타에는 이상의 분류에 부합하지 않는 분서를 배치했다.

이상 48건의 분서는 중국의 장구한 역사적 시공간 앞에서는 지극히 일부에 지나지 않는다. 더욱이 48건의 분서로는 중국의 분가나 상속제도의 일정한 변화상이나 방향성을 파악하는 것은 곤란할 뿐 아니라, 해설과 분석에도 한계가 있음을 인정하지 않을 수 없다. 그럼에도 불구하고 이러한 시도가 아무런 의미가 없다거나 불필요한 것은 아닐 것이라고 위안 삼으며, 본격적인 연구는 이 문서들을 이용하는 연구자들의 몫으로 남겨두기로 한다. 다만 본서에서는 명대부터 민국시기까지 분서의 내용을 그대로 펼쳐 보임으로써 중국 상속제도의 지속과 변화를 파악할 수 있는 계기를 마련했다는 점에 의미를 부여하고자 한다.

본서를 출판하기까지 많은 분들의 도움을 받았다. 우선 하북대학 류추건 교수와 원문 탈초와 번역 등에서 도움을 주신 그의 제자 펑즈차이彭志才, 펑쉐웨이馮學偉, 캉젠康健, 천톈이陳添翼, 궈자오빈郭兆斌, 장창張强, 장펑張鵬, 양판楊帆 교수께 감사의 말씀을 드리고 싶다. 본서가 출판되기를 고대하며 물심양면으로 도움을 주신 중국·화교문화연구소 장정아 교수, 안치영 교수께도 감사를 드리며, 모든 과정을 함께 지켜보며 격려해주신 중국학술원 부원장 송승석 교수를 비롯한 여러 중국학술원 교수들께도 감사를 드린다. 한글 번역에 도움을 주신 서울대 동양사학과 박사과정에 있는 이상훈, 채경수 선생님, 그리고 목록 만들기부터 소소한 번호 정리까지 도움을 준 중국학술원 연구보조원들에게도 감사의 뜻을 전한다. 문서의 이미지 보정과 꼼꼼한 편집으로 책의 기품을 살려주신 학고방의 명지현 팀장님께도 감사를 드린다. 그러나 혹여 본서에 오류가 있다면 그 책임은 전적으로 필자에게 있다. 진심으로 관련 연구자들의 비판과 질정을 기대한다.

2018년 5월

갯벌로 연구실에서 손승희

한국의 인천대학교 중국학술원 손승희 교수가 주도하고 있는 민간계약문서 시리즈는 중국 전통계약문서에 나타난 중국인의 일상적 행위양식을 해독해낸 것이다. 이것은 한국과 중국 학술계가 공동으로 진행한 중국 법률 및 중국 사회경제문화에 대한 중요한 연구 성과일 뿐 아니라, 한국의 독자들에게 중국의 전통문화를 소개할 수 있는 훌륭한 작품이다. 이 시리즈는 분가편을 시작으로 토지편, 상업편을 계속해서 출판할 예정에 있는데 손승희 교수가 필자에게 서문을 부탁해왔다. 이런 뜻깊은 중한 학술문화교류의 기회를, 더구나 이 책이 인천대 중국학술원과 하북대학 중국사회경제사연구소 인력의 공동 연구의 결과물일진데 필자가 어찌 마다할 수 있겠는가?

인천대학교 중국학술원은 수립 이후 줄곧 중국학 연구에 힘써왔다. 2009년부터 시작하여 인천대학교 중국학술원 중국 · 화교문화연구소(당시에는 인문학연구소 : 역자)는 중국사회경제 관행의 인문학연구에 힘써왔다. 본 민간계약문서 시리즈는 중국학술원이 진행하고 있는 중국관행연구 성과 중의 하나이다. 본 시리즈의 출판을 주관하고 있는 손승희 교수는 일찍이 중국 복단대학復旦大學 역사학과에서 중국근현대사연구로 박사학위를 받았으며, 지속적으로 중국 사회경제사, 문화사 연구에 종사하여 현저한 성과를 내고 있다. 손 교수와는 2012년 산서대학의 학술대회에서 처음 만났지만, 민간계약문서에 관한 본격적인 교류는 2014년부터 시작되었다. 즉 2014년 산서대학山西大學 진상학연구소晋商學硏究所가 주최했던 상방사商幫史 주제의 학술대회에 참석했을 때, 손 교수는 자신이 연구하고 있는 중국 관행慣行연구와 명청 이후의 민간계약문서 해제에 관한 계획을 제안하며 하북대학河北大學 중국사회경제사연구소中國社會經濟史研究所와 공동 연구를 하고 싶다는 뜻을 전달해왔다.

당시 필자는 계약문서에 관한 연구를 시작한 지 이미 수년이 되었고, 특히 진상晉商 민간자료-계약문서 및 비각碑刻자료-의 정리와 연구를 진행하고 있었기 때문에 흔쾌히 동의했다. 이에 따라 관련 자료의 수집에 착수하고 관련 전공자들로 조직을 꾸려 번역과 해독을 진행하게 되었던 것이다. 2015년 10월에는 손 교수의 초청으로 필자는 아름다운 한국의 인천을 방문할 기회를 가졌다. 인천대 중국학술원이 개최했던 〈실"사"구시實"史"求是-자료의 발굴과 중국연구〉 국제학술대회에 참석하기 위한 것이었지만, 중국학술원과 정식으로 MOU를 맺고 공동 연구 계약서에 사인하기 위한 것이기도 했다. 그 후 2년 정도의 작업을 통해 계약문서의 원문 탈초, 현대문 번역 및 간략한 해제를 덧붙여 중국학술원에 건네주었고, 이에 대해 손 교수가 연구와 이론분석 및 정리를 진행하여 체제를 갖추고 한글로 번역하는 작업을 거쳐 본 시리즈의 첫 결과물이 세상이 나오게 된 것이다.

현재 중국의 전통계약문서에 대한 연구는 대개 세 가지 유형으로 나눌 수 있다. 첫째 유형은 계약문서의 형식, 작문 방식, 각 항목 및 그 장기지속적인 변화 등을 연구하는 것으로, 계약문서학이라 부를만한 것이다. 둘째 유형은 계약문서를 자료로 활용하여 명청시기의 경제, 상인, 지역경제문화, 관습법, 향촌사회 등의 주제를 집중 연구하는 것이다. 셋째 유형은 본 시리즈의 각 권처럼 계약문서의 내용을 고증하고 해석할 뿐 아니라, 계약문서에 포함되어 있는 사회, 경제, 법률상의 문제에 대해 구체적으로 연구를 진행하는 것이다. 말하자면 본 시리즈는 이 두 가지 연구의 특징을 다 가지고 있다고 할 수 있다.

중국 계약문서는 그 내용이 복잡하여 내용에 따라 토지문서, 재산문서, 부역賦役문서, 상업문서, 종족宗族문서, 관부官府문서, 회사會社문서, 사회관계문서 등으로 나눌 수 있다. 이번에 출판되는 민간계약문서 시리즈는 그 중 전형적인 유형인 분가문서, 토지문서, 상업문서를 선택하여 이에 대한 연구와 소개를 진행한 것이다.

본 시리즈 각 권은 계약서 이미지, 원문 탈초와 해설을 함께 수록하여 전공자들이 연구에 활용할 수 있도록 했고 일반 독자들의 이해를 돕기 위해 시각적인 효과도 극대화시켰다고 생각한다. 결론적으로 말하면 본서는 손승희 교수의 주관하에 중한 쌍방 학술단이 정성을 기울여 완성한 우수한 연구 성과물이다.

계약문서는 중국 전통사회 민간법을 연구하는 데 활용할 수 있는 훌륭한 텍스트이며 중국 전통사회를 들여다 볼 수 있는 하나의 창이다. 민간에서 작성되어 보존되고 있는 계약문서는 국가법과는 별개의 다른 사회질서가 존재했음을 반영하는 것이다. 중국 고대 민간법은 가족법규, 각종 민간조직이 제정한 규범, 촌규村規, 향약鄕約 및 각종 풍속습관 등을 포함하고 있는데, 그중 가장 흔히 볼 수 있는 물질적인 형식이 곧 계약문서이다. 계약문서는 전통 사회에서 민간의 생활을 규범한다는 점에서 중요한 역할을 발휘했으며, 혼인婚姻, 양자(過繼), 재산분할과 계승, 재산거래(産業交易), 세금완납(完糧納稅), 상업합과商業合夥, 대차, 상품거래 등 중국인의 일상생활에서 이루어지는 중요한 경력과 활동이 모두 투영되어 있다. 따라서 계약문서는 민간의 사회생활 규범체계 전체를 구성하고 있는데, 이것이 바로 관행 즉 민간의 관습이다.

이러한 체계는 내용이 풍부하여 삼라만상을 모두 포괄하고 있지만, 본 시리즈는 그중 법제사 측면에서 몇 가지 방면에 집중하여 연구를 진행한 것이고 일엽지추一葉知秋에 불과할 뿐 연구해야할 과제들은 여전히 산적해있다. 이것은 중국과 외국 학술계가 연합하여 공동으로 공력을 들일만한 중요한 연구과제이다. 이런 점에서 필자는 한국의 인천대학교 중국학술원에 상당한 기대를 하고 있다. 계약문서를 심도 있게 해독하고 연구하는 것은 중국을 이해하고 중국의 역사와 문화를 탐색하는 중요한 통로가 되기 때문이다.

2018년 5월 18일

중국 바오딩시保定市 잉빈샤오취迎賓小区 자택에서 류추건

일러두기

1. 본서는 각 장별로 주제에 따른 분석과 개괄, 관련 문건의 이미지, 원문 탈초, 한글 번역문, 해설로 구성되어 있음.
2. 각 문건의 원문에는 속자, 약자, 이체자가 포함되어 있으나 본서에서는 번자체를 위주로 했음.
3. 판별이 불가하거나 탈락한 글자가 있는 경우 글자 수만큼 □로 표시했으며, 글자 수를 알 수 없거나 빈칸 혹은 줄 바꿈 등 시각적인 것은 그대로 따랐음.
4. 번역문에서는 한자의 노출이 불가피했지만 해설에서는 한자의 직접 노출은 피했으며, 확실한 의미 전달을 위해 한자를 괄호 속에 넣은 경우도 있음.
5. 원문의 명백한 오자는 [ ] 속에 적합한 한자를 넣었고, 인명에서 성이 생략된 경우에는 ( ) 속에 넣었음.

I
총론

I-1 상속과 중국의 분가

중국에서는 '상속'이라는 말 대신 '계승繼承'이라는 용어를 사용한다. 부모의 재산이 직계가족에게 이전된다는 의미에서 상속과 계승은 구분이 없다. 그런데 이 '계승'이라는 용어 자체는 『대청민률초안大淸民律草案』에서 처음 사용되었다. 『대청민률초안』은 1911년에 제정되었으며, 중국에서 상속이 피계승인의 사망으로 시작된다는 서구적 상속 개념을 명확하게 규정한 첫 법률이다. 그 이전에는 '승계承繼'라는 용어가 주로 상용되었다. 그러나 '승계'는 어떤 사람의 후계자를 의미하는 말이었을 뿐, 근대 민법상의 상속과 같은 의미는 아니었다. 오히려 그것은 일종의 종법宗法 관념, 즉 종조계승宗祧繼承(대를 잇는 것)을 의미했다. 주요한 것은 종조계승이었고 재산계승은 종조계승을 전제로 한 부차적인 것이었다.[1]

다만 근대시기 서구의 개념이 수입되는 과정에서 일본식 한자가 중국으로 역수입되는 경우가 많았던 것을 감안하면 '상속'이라는 말 대신 '계승'이라는 용어가 채택되었다는 것은 자못 의미심장하다. 이는 서구적 상속을 법제화한 일본의 상속법과 중국 전통시대의 종조개념 및 분가分家 관행을 복합적으로 고려한 결과였다. 즉 완전히 서구의 '상속'개념도 아니고 중국 전통의 종조계승을 의미하는 '승계'가 아니라 이를 절충한 것이다. 이는 설사 '계승'이 서구적인 상속 개념을 수용했다고 할지

1 전통시대에는 재산계승도 위에서 아래로 내려오는 것이었기 때문에 '承'이나 '承繼'가 사용되었고, 친자가 없을 때 배우자나 직계 선조는 재산의 계승에서 제외되었다. 金眉, 『唐代婚姻家庭繼承法研究』, 中國政法大學出版社, 2009, pp.288-289. 물론 현재 중국에서 사용되는 '계승'이라는 말은 법학적 관점에서 서구적 상속개념과 동일한 개념으로 간주된다. 본서에서도 상속과 계승은 동일한 개념으로 사용했다.

라도 세부 내용에서는 중국적인 특징을 상당 부분 전승했음을 의미한다. 따라서 '계승'이라는 용어 자체가 전통과 근대의 결합이고, 중국적인 색채가 극명하게 드러나 있다는 것이다. 이러한 명명법은 현대 중국에까지 이어지고 있다.

전통 중국에서 재산상속의 의미는 '분가'라는 행위 언어로 표현되었다. 서구적인 상속이 로마법에 그 기원을 두고 있었던 데 반해 중국의 상속은 전통적인 분가제도에서 유래했다. 분가제도의 기원은 전국시대 진나라 상앙商鞅이 "백성이 한 집에 남자 두 명 이상이 있는데도 분가하지 않으면 그 세금을 두 배로 부과한다"고 했던 것에서부터 비롯되었다. 중국의 전통적인 가족형태는 '사세동당四世同堂', '오세동당五世同堂'의 대가족제도가 종종 거론된다. 그러나 세대가 내려오면서 세대 간의 간격도 멀어지고, 무엇보다도 사회 경제적 발전으로 사유관념이 날로 팽창하게 되면서 현실적으로 기존 세대 간의 관계를 유지하는 것이 어려워졌다. 따라서 '사세동당', '오세동당'는 유가윤리에서 제창하는 이상적인 가족형태로 묘사될 뿐이었다. 실제로 중국의 전통가정은 부모세대와 자녀세대의 5-6명으로 구성된 소농가정이 대부분이었고, '별적이재別籍異財(호적과 재산을 따로 함)'의 분가제도가 보편적으로 나타났다. 이러한 분가제도는 당대唐代에 와서 법으로 명문화되었고 정식 분서도 이때 나타났다.[2]

서구적인 상속은 피상속인 사후에 피상속인 '개인의 재산'을 배우자, 직계자손, 부모, 형제 등 혈친 위주로 상속하는 것이 보편적이다. 그러나 중국 전통사회에서 재산이라는 것은 개인의 것이 아니라 공유재산을 의미했다. 또한 서구의 상속이 철저히 피상속인의 사망을 기준으로 하고 있다면, 중국의 분가는 피계승인의 사망이나 생존 여부와 상관없이, 동거공재同居共財 관계에 있는 부자와 형제간에 가계家計를 분할하고 가산家産을 분할한다는 의미를 가지고 있다.

여기서 '공재共財'라는 것은 재산의 '공유共有'와는 다른 의미를 가지고 있다. 공재

---

2 『中國歷代契約會編考釋』에 수록되어 있는 「戊申年敦煌善護、遂恩兄弟分家文書」, 「八四〇前後敦煌僧張月光, 日興兄弟分家文書」 등은 모두 唐代의 것이다. 張傳璽主編, 『中國歷代契約會編考釋』(上), 北京大學出版社, 1995, pp.454-472.

는 경제 기능상의 공통관계를 표시하고, 공유는 법적인 귀속관계를 표시한다.[3] 동거공재는 동거관계로 인해 동거인이 가정의 재산사용 혹은 수익권능을 향유하는 것을 의미하는데, 그렇다고 해서 공재가 반드시 공유권을 의미하지는 않는다. 즉 동거 신분의 가산 공유권은 동거 기간 동안만 발생한다. 동거관계가 끝나거나 해제되면 가산의 사용이나 수익을 지속할 수 없기 때문이다. 따라서 친녀는 출가하고 나면 원래의 동거관계가 끝나므로 동거인의 신분으로 친정에서 가산을 가져갈 수 없고, 출가 후에는 어떠한 가산 분할도 청구할 수 없다는 논리가 성립된다.[4] 동거 신분일 때만 가산의 공유권이 있다는 것이다. 즉 재산 공유의 조건은 '동거'이고 재산 분배의 결과는 '별거'이다. 따라서 중국의 상속은 동거를 통해 자신의 몫으로 잠재되어 있는 공동의 재산 중 일부를 분가와 동시에 나누어 받는 것, 즉 자신의 분량을 자신의 소유로 할 수 있는 일종의 권리였다. 여기에 전통 중국의 독특한 소유권 개념이 존재한다.

분가는 바로 '동거'에 의해 확보된 '공재'를 자신의 분량대로 나누어 받는 일이었다. 가정의 모든 구성원들이 노동을 함으로써 얻은 수익은 구성원 모두의 공동소유가 되었고, 그들이 생활하는 과정에서 발생하는 모든 소비비용도 함께 향유했으며 여기서 남는 비용은 전체 가정의 회계로 귀속되었다.[5] 그러므로 자산축적의 공헌도에 따라 특정 구성원이 더 많은 재산을 분배받는 경우가 없지는 않았지만, 기본적으로는 가정의 재산 축적의 공헌이 많았다고 해서 분가할 때 특정 구성원에게 더 많은 분량을 분할하는 이유가 되지 않았다. 분가했다는 가장 큰 증거는 부엌을 따로 하고 가정의 회계를 달리하는 것이었다. 때문에 분가한다고 해서 반드시 다른 곳으로 이사를 가는 것이 아니었고 원래 살던 집에서 별도의 가옥을 지어 살 수도 있고 마당을 여러 형제가 공유할 수도 있었다. 그러나 이런 경우에도 별도의 회계를 가지고 있다면 그것은 분가로 보는 것이 타당하다.

그런데 중국 전통의 분가에서 오래도록 준수해온 불변의 법칙이 있었다. 바로

3 滋賀秀三, 『中國家族法の原理』, 創文社, 1981, pp.76-77.
4 俞江, 「論分家習慣與家的整體性-對滋賀秀三『中國家族法原理』的批評」, 『政法論壇』 2006-1, p.34.
5 滋賀秀三, 『中國家族法の原理』, pp.70-75.

'형제균분'의 원칙에 따른다는 것이었다. 즉 남성 자손을 기준으로 평등하게 재산을 나눈다는 것이다. 여기서 짚어보아야 할 개념이 바로 '방房'이다. 각 가정의 재산분할 과정은 방을 기본 단위로 진행되었기 때문이다. 즉, 방은 중국의 가족제도를 이해하기 위한 핵심 개념 중의 하나이다.

'방'의 핵심은 부친과 상대적인 아들의 신분에 있다. 방은 남성에게만 붙일 수 있는 칭호이고 여자는 어떤 조건 하에서도 방을 형성할 수 없었다.[6] 방은 승계를 전제로 하는데, 승계란 부친과 아들 간에 존재하는 관계이고 딸은 부친을 승계할 수 없는 사람이라 생각했기 때문이다. 따라서 분방分房의 기본원리는 동일 아버지의 여러 아들 간의 분립이며, 가족의 계보에서 각자가 독립하여 하나의 계를 이루는 것이다. 만일 한 형제가 사망하면 그의 아들이 그 아버지를 대신하여 하나의 방이 된다. 방의 이러한 특색은 전통 중국의 가족제도에서 부친과 아들 간의 숙명적인 동거공재의 관계로 표현된다. 아들은 부친의 가계를 계승하지 않을 수 없었다. 만일 아들이 이 계승을 포기한다면 종조계승과 더불어 모든 재산계승을 포기하는 것을 의미할 뿐 아니라, 가족이나 사회로부터 떨어져 나오는 것이나 다름이 없었다. 그러므로 아들은 부친의 계승인이 되고 부친의 인격은 그대로 아들의 몸으로 연장되는, 즉 부자일체의 관계라고 할 수 있다. 따라서 중국의 친속관계의 핵심은 부친과 아들의 관계이며 기타 관계는 이를 통해 확대, 보충한 것이라 할 수 있다.[7]

6 인류학자 陳其南는 房의 개념을 다음과 같이 정리를 하고 있다. 1)남계의 원칙: 방은 남자에게만 붙일 수 있는 칭호이며, 여자는 어떤 조건 하에서도 방을 형성할 수 없다. 2)세대의 원칙: 방은 아들만이 부친에 대해 형성하는 것이며, 손자의 조부에 대한, 혹은 기타 근접하지 않은 세대는 모두 상대를 방으로 부를 수 없다. 3)형제 분화의 원칙: 모든 아들은 단독으로 1방을 형성하여 기타 형제와 분획할 수 있다. 4)종속의 원칙: 제자가 구성하는 '방'은 그 부친을 중심으로 하는 '가족'에 종속된다. 그러므로 방은 영원히 가족의 차급 단위가 된다. 5)확장의 원칙: 방은 계보상에서 연속적으로 확장되며, 방은 하나의 아들을 말하기도 하고 동일 조상의 남성 후대와 그 처를 포함하는 부계집단을 말하기도 한다. 6)분방의 원칙: 모든 부계집단은 모든 세대에서 형제균분의 원칙에 따라 부단히 분열하여 방을 형성한다. 陳其南, 「房與傳統家族制度」 3-1, 『漢學研究』, 민74.6(1985), pp.128-129.

7 滋賀秀三, 『中國家族法の原理』, p.109, pp.129-131.

I-2 분서의 의미

중국의 가족제도에서 가산이 가정의 공동소유라고 할지라도 명의상으로는 가장의 재산이었다. 그 아들들은 공유권을 가지고 있기는 했지만 가산에 대한 처분권이나 관리권은 가지지 못했다. 가장은 토지의 매매나 가산분할에서 임의로 가산을 처분할 수 있는 권리가 있었다. 그러나 이때에도 가장의 권한이 절대적이었던 것은 아니었다.[8] 일반적으로 분가 사유가 발생할 때 가장이 적극적으로 분가를 진행할 수 있지만 가장이 나서지 않을 때는 친자가 이를 요구할 수 있었고, 이런 경우 대개 가장은 이를 거부하지 않았다. 그것이 가능했던 것은 동거공재로 인해 친자도 자신의 몫을 잠재적으로 가지고 있다고 간주되었기 때문이다. 따라서 친자가 경제적 독립을 위해 분가를 요구하면 대가족 형태는 더 이상 유지될 수 없었다. 가족의 수가 많아지면 자연스럽게 서로간의 불화도 발생하게 되었기 때문에 분가는 기정사실화 되었다.

중국 전통의 가정에서 분가를 할 때는 가산을 아들의 수대로 나눈 다음 제비를 만들어서 추첨에 따라 자신의 몫을 정하게 된다. 이 때 만들어진 제비를 구서鬮書라고 한다. 구서는 해당 분가에서 하나의 방을 대표하게 되며, 각 방에는 이름이 붙여졌다. 예를 들어 아들이 둘 일 경우 건곤乾坤이라든지 문무文武 같은 대칭되는 문구로 방의 이름을 정했고, 아들이 넷이라면 '천지인화天地人和', '인의예지仁義禮智', '충효인의忠孝仁義' 등 길한 것을 상징하는 합당한 방의 이름을 지었다. 재산의 분급은 모두 방으로 이루어질 뿐 개인의 재산으로 칭해지지 않았다. 부친이 대표하는

8 俞江, 「論分家習慣與家的整體性-對滋賀秀三『中國家族法原理』的批評」, p.34.

것도 방이고, 아들 혹은 조카, 손자 등등 재산 승수자는 모두 하나의 방을 대표하고 이를 통해 재산을 동일하게 분할 받았던 것이다.

중국 가족제도에서 방이 중요한 또 하나의 이유가 있다. 세대가 내려가면서 분방이 끊임없이 진행됨에 따라 수천 수백 갈래의 계보가 형성되고, 이를 통해 혈연관계로 이루어진 하나의 종족이 형성되었기 때문이다. 따라서 한 종족 내부에는 수많은 방, 즉 가정이 존재하고 이 방들이 모여서 종족을 이루게 된다. 즉, 여기서 '방'이란 종족 내부의 각 부자간의 계보이며, 종족은 그 방들 간의 멀고 가까운 서로 다른 친속으로 이루어진 군체를 의미한다. 그러므로 종족 아래에 분分, 당堂, 지支, 파派, 문門 등 각각 다른 층위의 명칭이 존재하는데, 그 형성 원리는 동일하고 서로 상통한다.[9]

여기서 발생하는 개념이 종조宗祧관념 즉 혈통관념이다. 이렇게 형성된 종족의 계보는 혈통관계에 있는 남자 자손에 의해 조상에 대한 제사가 중시되고 종족의 단결을 도모함으로써 지속되었다. 따라서 종조관념과 종족은 밀접한 관계를 가지는데, 이 양자를 직접적으로 매개하는 행위양식이 바로 분가이다. 종족의 발전 과정에서 모든 종족은 그 속에 속한 각 가정의 상대적인 독립성을 적극 제창하고 보장함으로써 각 가정의 책임감과 경제적 발전을 도모했다. 가산의 분배는 이러한 다양한 층위와 여러 갈래의 복잡한 지분 관계를 형성하게 했던 것이다. 특히 중국 전통 가족제도를 설명할 때 종조관념이 중요한 것은 그것이 계승을 의미하기 때문이다. 여기서 계승이란 당연히 혈연의 계승을 말하는 것이지만 그 이면에는 재산의 계승도 포함되어 있었다.

분서의 명칭은 지역에 따라 매우 다양하게 불렸다. 본서의 분서에도 분단分單, 분관分關, 분가합동分家合同, 분가유촉分家遺囑, 구서鬮書 등의 명칭이 등장한다. 분서의 구성 방식은 두 가지이다. 하나는 여러 장이 한데 묶여 성책成冊의 형태로 하나의 분서가 되는 방식이다. 성책 분서의 내용은 비교적 복잡한데, 주로 서언序言, 분가의 주재자, 분가하는 사람, 분가 원인, 품탑品搭의 원칙과 과정, 구서의 수와 그 재산 목록, 낙관落款 등으로 구성된다. 성책 형태의 분서는 특히 휘주나 복건지

9 劉道勝, 凌桂萍,「明淸徽州分家鬮書與民間繼承關係」,『安徽師範大學學報』2010-2, p.190.

역처럼 종족이 발달한 지역에서 많이 보이는 작성 방식으로, 구서라는 명칭이 많이 사용되었다. 다른 한 방법은 분가의 모든 내용을 간략하게 한 장에 기록하는 낱장 분서의 형태이다. 낱장분서는 주로 분서分書 혹은 분단分單이라고 부른다. 분단에도 기본적으로 분가사유, 품탑의 원칙과 과정, 재산 목록, 증인 날인 등이 간략하게 들어가는데, 분가에 참여하는 사람의 수대로 같은 내용을 여러 장 작성하기 때문에 한 양식의 여러 복사본(一式數分)이 한 세트를 이룬다.

분가의 주관자는 주로 부모나 형제가 되는데, 부모가 아들들에게 하거나 부모 사망 후 형제간에 하는 것이 일반적이다. 그러나 현실은 그렇게 단순하지 않았다. 본서의 48건의 분서 중 순수하게 부친(혹은 모친)과 아들들 사이의 분가는 14건이고, 형제간 분가는 12건, 부모가 자신의 아들과 조카에게 분가하거나 숙질간 분가도 13건, 조손간 분가 4건, 기타 5건이다. 이러한 사실은 분가하는 시기가 부모 사후에도 많았지만 부모 생전에도 많았다는 것을 말해준다.

당대의 법률을 규정하고 있는 『당률소의唐律疏議』에 의하면, 조부모나 부모 생전에 분가하는 것을 금지하고 있다. "조부모 혹은 부모 생전에 자손이 별적이재別籍異財하는 자는 3년형에 처한다. 부모가 상중喪中에 있을 때 아들과 형제가 별적이재하는 자는 1년형에 처한다"라고 규정하고 있다.[10] 송대의 법률 규정인 『송형통宋刑統』에도 동일한 조항이 있다. 부모 살아생전에 그 재산을 나누는 것을 불효로 여겼던 것이다. 이 법 조항은 명대에도 그대로 지속되었다. 그러나 명대의 『대명령大明令』에는 이에 대한 보다 상세한 규정이 령으로 추가되었다. 즉 "조부모, 부모 생전에는 자손의 분재이거分財異居를 허하지 않지만, 그 부모가 허락하면 듣는다(따른다)"는 것이다.[11] 이는 법적으로는 부모 생전의 분가를 금지하고 있지만, 당시 민간에서는 부모 생전에 분가를 하는 가정이 보편적이었기 때문에 이것이 령에 반영되었던 것으로 보인다. 실제로 중국의 분가는 부모 사후보다는 부모 생전에 이루어지는 경우가 많았다. 분가는 아들이 결혼하거나 자녀의 출생을 계기로 행해지는 것이 일반적

10 『唐律疏議』 卷12 〈戶婚律〉, 岳純之點校, 『唐律疏議』, 上海古籍出版社, 2013, p.198.
11 『大明令』 戶令, 懷效鋒點校, 『大明律』, 遼瀋書社, 1990, p.241.

이었기 때문이다. 따라서 부모 생전의 분가 허락에는 현실적인 필요가 작용한 것으로 보인다. 이후 이 조항은 『대청률례大清律例』와 『대청현행률大清現行律』에서도 동일하게 규정되었다.

분가의 원인을 살펴보면, 총 48건의 분서 중에서 분가 사유가 없는 경우는 2건에 불과했다. 분서에서 빠질 수 없는 내용 중의 하나가 분가 사유였다는 것을 알 수 있다. 분가사유는 대체로 각 가정 내의 문제 때문이었다. 총 48건의 분서 중에 31건의 분가 사유가 여기에 속한다. 즉 가족 수의 증가로 가무家務가 번잡하여 공동 관리가 어렵다는 것이다. 구체적으로는 분가의 주관자가 연로하거나 쇠약하여 더 이상 가무를 관리하기가 힘들기 때문에 부득이하게 분가를 해야 한다는 것을 명시하고 있는 경우가 많았다. 혹은 가족 수의 증가로 인해 혹시 발생할 수도 있는 분쟁을 미연에 방지하는 것을 명분으로 삼는 경우도 있었다.

예를 들어 '아들과 조카가 연령이 달라 우애에 영향을 줄 것이 염려된다(02번)'거나 '사람의 마음이 예전과 달라 같이 살기 어렵게 되었다(24번)'거나 '사회풍속이 변하고 사람들이 옛날처럼 순박하지 않아서(05번)' 등을 언급하고 있다. 분서의 내용만으로는 실제로 어떤 일이 발생했는지는 알 수 없으나 상당히 추상적이고 완곡하게 표현하고 있음을 알 수 있다. 잠재적인 재산 분급자들이 '분할을 서로 희망하여'(16번) 분서를 작성하기도 했다. 그러나 경우에 따라서는 직접적으로 가족 간의 '불화'를 그 이유로 들기도 했다. 예를 들어 '양가의 생각이 일치하지 않다(15번)'거나 '형제간의 뜻이 맞지 않다(13번)', 혹은 '친조카와의 불화(17번)'라고 적시하는 경우도 있었다.

이런 경우 형제간의 불화도 있겠지만, 06번 분서처럼 '가족 내 이성異姓', 즉 동서간의 불화를 이유로 분가한 예도 보인다. 즉 가족 간의 화목에 문제가 발생할 때 분가를 선택하게 된다는 것이다. 가족이 많아지면 관리가 어렵고 가족 내의 불화 혹은 그에 대한 염려로 대체로 분가했다는 것을 알 수 있다. 각 가정의 가장은 대가족을 유지하고자 하는 경향이 있었겠지만, 가정의 규모가 확대되면 가정 성원 간의 혈연관계가 점차 소원해지고 각종 모순이 계속 발생하기 때문에 분가는 불가피한 일이 되었다.

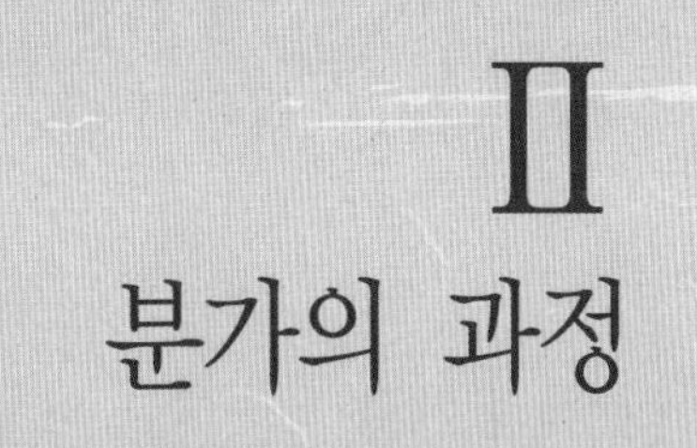

II
분가의 과정

Ⅱ-1 품탑과 제비뽑기

분석과 개괄

가산을 분할할 때는 이후에 발생하게 될 각종 비용에 대해서 가산 분할 전 미리 제하는 습관이 있었다. 예를 들어 미혼의 아들이 있다면 장래의 언젠가 하게 될 결혼비용을 제하고 분가했다. 미혼의 딸이 있는 경우도 비록 미혼 아들의 절반이기는 하지만 혼수비용을 제하고 나머지 재산을 분할했다. 이는 주로 부모가 분가를 주관하는 상황에서 나타날 수 있었고, 형이 주관하는 분가에서는 일반적으로 어린 아우에게 일정한 자금을 남겨서 그가 혼인할 때 쓰도록 하거나 혼인할 때에 그 비용을 여러 형이 균등하게 부담하는 경우도 있었다.

결혼비용 이외에 가산분할 당시 부모가 생존해 있다면 부모의 양로養老, 장례비용을 남겨두는데, 부모 사후에 이것을 다시 아들들이 균분할 수 있었다. 제사비용은 장남에게 제산祭産의 형식으로 남겨두는 경우가 많았다. 그러나 분서에는 굳이 양로비용 등으로 무엇을 남긴다고 명기하기 보다는 분할 재산 목록에서 제외하는 방법이 사용되었다. 즉 분가를 할 때 양로비용, 미혼 자녀의 혼수비용 등을 제외하고 분가하는 것은 가정과 사회에서 이미 공인하고 있는 부분이었기 때문에 반드시 명기할 필요성을 느끼지 못했던 것이다. 본서에서 사용된 48건의 분서 중 이를 명기한 것은 13건 정도에 불과하다. 결혼비용이나 양로비용 등을 분서에 특별히 명기하지 않았다는 것은 1940년대 실시된 화북 농촌관행조사에서도 확인된다.[1]

1 1940년 11월부터 1944년 8월까지 약 4년간 일본 남만주철도주식회사에 의해 중국의 하북성, 산

가산의 분할 범위에는 방원房院, 토지 등 부동산과 가축, 수목, 가구, 생활용품 등 동산이 포함되었다. 그 외에 가정의 채무債務도 포함되었다. 전통 중국에서 채무는 무한책임이었기 때문에 부모의 채무도 아들들이 공평하게 분담하고 아들 세대에서 모두 상환하지 못하면 다시 손자세대까지 채무가 상속되기도 했다. 전통사회에서 가산은 동거공재이고 가부장은 가산의 대표자이기 때문에 부친의 부채는 실질적으로 부친이 가정을 위해 진 채무라고 보는 것이다. 즉 '부친의 채무는 아들이 갚는다'는 것은 가산과 부채를 모두 부친 개인의 권리로 보지 않는 중국인의 고유한 관습 때문이었다.[2]

가산분할의 원칙은 형제균분이었다. 형제균분의 추상같은 국가법이 규정되어 있는 한 재산분할이 각 가정에서 이루어진다고 하더라도 이를 피하기 어려웠고, 이 법을 준수함으로써 재산분할의 공정성과 합법성을 확보할 수 있었다. 그러나 재산 가치를 평가할 수 있는 기제가 없었던 전통사회에서 균분을 한다는 것은 용이하지 않았을 터인데, 여기에는 형제균분의 원칙을 준수하기 위한 기본적인 장치가 작동되었다. 그 첫 조치가 바로 '품탑品搭'이었다. 품탑이란 가산을 분할할 때 피계승인의 채무를 포함하여 가산을 평가하고 승수자의 수대로 나누는 과정을 말한다. 전토田土의 경우 토질의 차이가 있을 수 있고 동산動産도 가치의 차이가 있을 수 있기 때문에 각 품목의 재산 가치를 따져 알맞게 조합하여 비슷한 분량으로 나눈다. 이러한 습속은 한대漢代에 이미 나타났으며 당대에 와서 법제화되었다.

가산의 분할이 균등하지 않게 되면 장래에 분쟁의 소지가 될 뿐 아니라 법으로도 금지된 일이었다. 그래서 각 가정에서는 일차적으로 균분에 노력해야 했고 나중에 발생할 수도 있는 분쟁의 여지를 줄여야 했다. 토지의 비옥도, 질량 등 물리적 차이 이외에도 재산 분할 주체와 재산 승수자 간의 친소관계와 이에 따른 개인적인 정감이 없을 수 없었다. 동부모 아들들 가운데에도 있을 수 있고, 아들과 조카에게 동시

동성의 6개현에서 진행되었던 농촌관행조사를 말하며, 그 결과물로서 『中國農村慣行調査』 총 6권(岩波書店)이 1952년부터 1958년까지 차례로 출판되었다.

2 兪江, 「繼承領域內衝突格局的形成-近代中國的分家習慣與繼承法移植」, 『中國社會科學』 2005-5, p.126.

에 재산 분배를 해야 하거나 더 먼 친족에게 재산 분배를 해야 할 때 필연적으로 발생할 수밖에 없었다. 분서 속에 종종 재산의 '다과多寡' 혹은 '균일하지 않음(出入不齊)'을 인정하고, 균등 분할의 방법으로 '많으면 제하고 적으면 보충하는(本多則除, 本少則補)' 방식을 제시하고 있는 것은 바로 이러한 사실을 말해준다.

형제균분을 위한 두 번째 조치는 제비뽑기(拈鬮)였다. 품탑이 완료되면 재산 승수자들은 제비뽑기 방식을 통해 자신의 몫을 확정하고, 동시에 그 재산 명세서를 받는다. 사람들은 제비를 뽑는 방식으로 재산분할을 진행하는 것을 가장 공평한 방법이라고 생각했다.[3] 따라서 전통사회에서 형제균분의 중요한 수단은 제비뽑기였다. '구鬮'와 '구鉤'는 같은 뜻으로 고대인들이 "낚시를 던져 재산을 분할했다(投鉤分財)"라는 말에서 유래했다.[4] 최소한 가장이나 존장尊長이 임의로 가산을 분할하는 것은 드물었을 뿐 아니라 일반적인 상황도 아니었다. 현실적으로 분할이 '절대적인 균분'이 아니라 할지라도 품탑으로 나누어진 재산에 대해 승수자들이 '수긍'하면 그것으로 균등분할이라고 인정되었다. 혹시 약간의 불균등이 발견되었다고 해도 추첨을 통해서 이미 자신의 몫이 정해졌고, 그 후에는 어떠한 이의도 제기하지 않는다는 조항에 서명까지 한 터에 수긍하지 않을 수 없었을 것이다. 따라서 균분에는 재산 승수자, 증인들 간의 상의와 묵계가 필요했고 이들 간에 이의가 없으면 곧 분할이 다소 불균등해도 큰 문제가 되지 않았다.[5]

제비뽑기 혹은 품탑을 직접적으로 언급하고 있는 분서는 48건 중 20건으로, 01, 02, 04, 05, 07, 08, 09, 10, 11, 18, 20, 21, 27, 32, 37, 40, 41, 42, 43, 45번이 이에 해당된다. 그러나 분서에 이를 명기하지 않았다고 해서 제비뽑기와 품탑이 행해지지 않았다고 볼 수는 없다. 화북 농촌관행조사에서도 가산분할에서 품탑과 제비뽑기가 보편적으로 행해졌으며 이외의 다른 분할 방법은 없다고 보고되어 있기 때문이다.

3 中國農村慣行調査刊行會編, 『中國農村慣行調査』(4), 岩波書店, 1952, pp.445-446.
4 劉道勝, 凌桂萍, 「明淸徽州分家鬮書與民間繼承關係」, p.190.
5 兪江, 「論分家習慣與家的整體性-對滋賀秀三『中國家族法原理』的批評」, p.39.

01 만력46년 朱國禎 分析序 안휘성, 1618

제1장

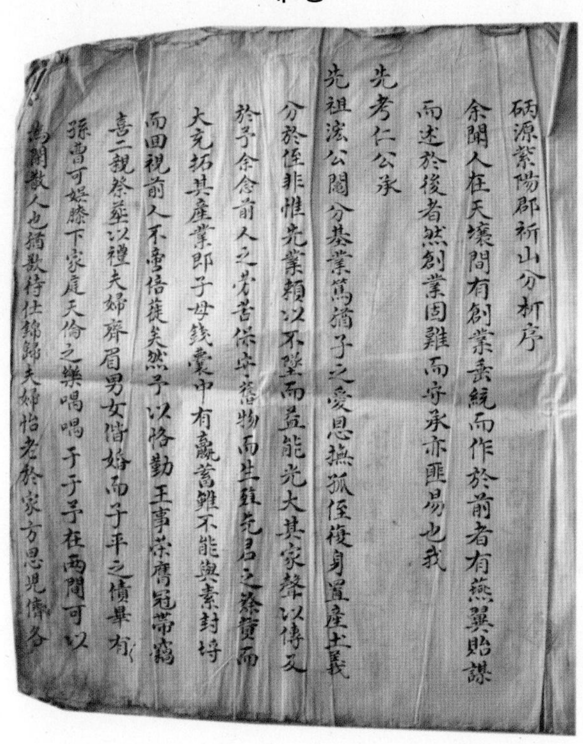

硚源紫陽郡祈山分析序
余聞人在天壤間有創業垂統而作於前者有燕翼貽謀
而述於後者然創業固難而守承亦匪易也我
先考仁公承
先祖濱公閫分基業篤猶子之愛恩撫孤侄復身置産土義
分於侄非惟先業賴以不墜而益能光大其家繁以傳及
於予余念前人之勞苦保守舊物而生甦先君之參贊而
大克拓其產業即子母錢囊中有贏蓄雖不能與素封埒
而回視前人不啻倍蓰矣然予以恪勤王事榮膺冠帶竊
喜二親祭葬以禮夫婦齊眉男女婚嫁而子平之債畢矣
孫曾可娛膝下家庭天倫之樂唱喝于于子在兩間可以
為閒散人也猶歎待仕錦歸夫婦怡老於家方思兒儕各

제2장

自當家毋余心也因目覩時事有感於懷孰若先將田土
基塘山場肥瘠並答除存立為祀田祭掃之需以伸孝思
永遠相守後之子孫毋得侵漁以致廢禮如有違者非孝
也其餘貲産品作福祿壽三闔學費與三兒各拈鬮各業
其産吾兒宜上念
祖父創述之惟艱下思孫支百世之承統乾乾業業保如金甌
比於爾父益有光焉毋予之所望於爾兄弟者尤惓惓也鬮
分之後益篤孔懷之愛勿聽私語而致參商斯為善繼善述
也乎余思吾年將花甲矣服滿之京不知筮仕何地倘上承
天眷而得受美職解印回時若有俸貲可以蔭及林下養高
談笑以樂吾天年是
祖宗之靈庇我夫婦之光榮亦爾兄弟之福也雖未知何如然
意在言表無庸茲及矣爾等相勗諸
一存祭祀田開具於後
計開
四千六百四十六號土名葉坎山上田壹坵計稅壹畝肆分柒毫伍絲
四千六百四十七號土名葉坎山中田壹坵計稅伍分肆厘
四千六百四十八號下甬中田壹坵半計稅壹畝貳分柒厘陸毫
四千六百七十四號土名長坑下田壹坵計稅壹畝柒分[illegible]伍厘伍毫
五千四十四號土名山背嶺下中田計稅肆分壹厘肆毫
四千七百十一號土名師坑口下田壹坵計稅肆分壹厘陸毫伍絲
四千七百十三號土名師坑口下田壹坵計稅捌分柒厘捌毫捌絲
四千七百十六號土名暴山下下田壹坵計稅捌分柒厘柒毫
四千七百二十一號土名暴山下中田壹坵計稅玖分捌厘伍毫

제3장

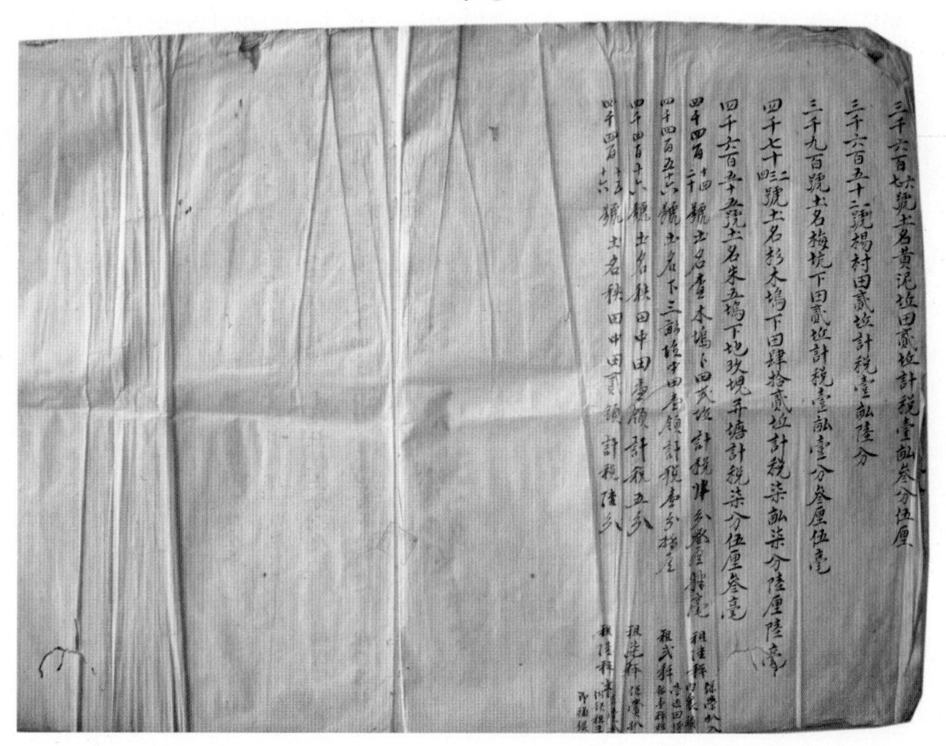

三千六百七十六號土名黃泥坵田貳坵計稅壹畝叁分伍厘

三千六百五十二號楊村田貳坵計稅壹畝陸分

三千九百號土名梅坑下田貳坵計稅壹畝壹分叁厘伍毫

四千七十三號土名杉木塢下田肆拾貳坵計稅柒畝柒分陸厘陸毫

四千六百五十五號土名朱五塢下地玖塊弄塘計稅柒分伍厘叁毫

四千四百二十四號土名查本塢下田弍坵計稅肆分[illegible]厘肆毫　租陸秤

四千四百五十六號土名下三部坑中田壹額計稅壹分柒厘　租弍秤

四千四百十六號土名秋田中田壹額計稅五分　租叁秤

四千四百六十三號土名秋田中田貳額計稅陸分　租陸秤

원문

硏源紫陽郡祁山分析序

余聞人在天壤間，有創業垂統而作於前者，有燕翼貽謀而述於後者，然創業固難，而守承亦匪易也。我

先考仁公承

先祖浤公鬮分基業，篤猶子之愛，恩撫孤侄，復身置產土，義分於侄，非惟先業賴以不墜，而益能光大其家聲，以傳及於子。余念前人之勞苦，保守舊物，而生殖先君之餘眥，而大充拓其產業，即子母錢，橐中有贏蓄，雖不能與素封埒，而回視前人不啻倍蓰矣。然予以恪勤王事，榮膺冠帶，竊喜二親祭葬以禮，夫婦齊眉，男女偕婚，而子平之債畢有孫曹可娛，膝下家庭天倫之樂，喁喁于于，予在兩間可以為閒散人也。猶歎待仕錦歸，夫婦怡老於家，方思見儕，各自當家，此余心也。因目睹時事，有感於懷孰，若先將田地、基塘、山場肥瘠兼答，除存立爲祀田，祭掃之需，以伸孝思，永遠相守，後之子孫毋得侵漁，以致廢禮。如有違者，非孝也。其餘眥產品作福祿壽三鬮，學、黌、覺三兒各拈鬮各業。其產吾兒宜上念

祖父創述之惟艱，下思孫支百世之承統，兢兢業業，保如金甌，比於爾父益有光焉。此予之所望於爾兄弟者，尤惓惓也。鬮分之後，益篤孔[恐]懷之愛，勿聽私語而致參商，斯為善繼善述也乎。余思吾年將花甲矣，服滿之京，不知筮仕何地，倘上承天眷，而得受美職，解印回時，若有俸眥可以蔭及，林下養高談笑以樂。吾天年是祖宗之靈庇，我夫婦之光榮，亦爾兄弟之福也。雖未知何如，然意在言表，無庸齒及矣，爾等相助諸。

一、存祭田開具於後，計開

四千六百四十六號，土名葉坆山上田壹坵，計稅壹畝肆分柒毫五絲；

四千六百四十七號，土名葉葉坆山中田壹坵，計稅伍分肆厘；

四千六百四十八號，下角中田壹坵半，計稅壹畝弍分柒厘陸毫；

四千六百七十四號，土名長坵下田壹坵，計稅壹畝柒分叁路叁分伍厘伍毫；

五千四十四號，土名山背嶺下中田，計稅肆分壹厘肆毫；

四千七百十一號，土名師坑口下田壹坵，計稅肆分壹厘陸毫伍絲；

四千七百七十三號，土名師坑口下田壹坵，計稅捌分柒厘捌毫捌絲；

四千七百十六號，土名慕山下下田壹坵，計稅捌分柒厘柒毫；

四千七百二十二號，土名慕山下中田壹坵，計稅九分捌厘伍毫；

三千六百六、七號，土名黃泥坵田弍坵，計稅壹畝叁分伍厘；

三千六百五十二號，楊村田弍坵，計稅壹畝陸分；

三千九百號，土名梅坑下田弍坵，計稅壹畝壹分叁厘伍毫；

四千七十二、三、四號，土名杉木塢下田肆拾弍坵，計稅柒畝柒分陸厘陸毫；

四千六百五十五號，土名朱五塢下地九塊并塘，計稅柒分伍厘叁毫；

四千四百十四、二十號，土名查木塢下田弍坵，計稅肆分叁厘肆毫，租陸秤，系學扒入內衆補；

四千四百五十六號，土名下叁畝坵中田壹領，計稅壹分叁，租稅弍秤，學邊田，價銀壹秤租；

四千四百十六號，土名秧田中田壹領，計稅五分，租柒秤，系覺扒；

四千四百十五、十六號，土名秧田中田壹領，計稅陸分，租陸秤半，系覺扒，仍缺租半，即補銀。

번역

砀源 紫阳郡 祁山 분석 서

내가 듣기로 사람이 천지 사이에 있음에, 創業하여 후세에게 전하는 것은 앞서 하고 자손에게 물려주려는 계책은 뒤에 한다. 창업은 분명 어려우나 수성은 더욱 어렵다. 나의 돌아가신 아버지는 선조의 산업을 계승하시어 산업을 鬮分하셨고, 아들과 조카들을 사랑하시어 이후 다시 더 많은 田産을 매입하여 조카들에게 나눠 주셨으며, 가업이 계속해서 성장하고 가세가 날이 갈수록 융성해져 모든 세대에 걸쳐 전하도록 하셨다. 나는 앞서간 선조의 노고를 마음에 새기고 선조의 산업을 지켜 산업을 증가시켰을 뿐 아니라 돈을 빌려주어 資産을 불렸다. 비록 큰 부자 집안과 비교할 수는 없겠지만 그래도 조상 대대로 전해 내려온 산업을 몇 배로 불렸다고 할 수 있다. 나는 관직을 거쳤으며 두 어르신을 禮儀에 따라 안장하였고, 혼인으로 화목하며 슬하에 자식과 손자가 있어 天倫의 즐거움을 향유하고 있으니 나 역시 망중한을 누리는 사람이라 할 수 있다. 내가 은퇴하여 고향으로 돌아간 후에 우리 두 부부가 집안에서 천천히 늙어가며 세월의 흐름을 조용하게 누리는 것이 바로 나의 이상이다. 그러나 지금 현재 시국이 이와 같음을 보고 마음속에 드는 생각은, 우선 田地, 基塘, 山場의 비옥과 척박한 정도를 모두 품탑하여 집안의 祀田은 일상적인 관리에 놓아둠으로써 효를 생각하고 영원히 지키어 후손들이 침탈당하지 않고 예를 폐하지 않도록 한다. 그 나머지 田産은 福·祿·壽의 세 제비로 만들어 學, 黌, 覺 세 아들에게 추첨하게 하고, 자신에게 속한 것을 잘 경영하여 위로는 조상의 창업과 수고로움을 마음에 새기고 아래로는 자손에게 이후 산업을 계승할 것을 생각하도록 한다. 집안의 산업을 영원토록 보존하여 충족하게 하고 자손이 부유해지면 이 또한 아버지 세대에 영광을 더하는 것이다. 제비를 뽑은 이후에는 각자 생활하고 중상모략을 믿어서는 안 되며, 서로 아끼고 사랑하며 잘 지내고 가정을 아름답고 화목하게 경영해 나가야 한다. 내 생각에는, 내가 곧 환갑이 되는데 하늘의 보살핌으로 내가 관직을 맡을 수 있도록 하셨고 퇴직하는 날을 기다리게 하셨으며, 봉록은 나의 풍요로운 만년을 충분히 감당할 수 있으니 생활을 향유하기만 하면 된다. 나의 수명은 조종의 비호를 받은 것이고 부부가 누리는 영광은 또한 우리 형제의 복이다. 어찌될지는 알 수 없으나 (나의) 뜻은 말 속에 담겨 있으니 따로 언급할 필요가 없고, 너희들은 서로 돕도록 하라.

일, 祭田으로 남기는 것은 뒤에 열거하였다. 내용을 열거하면:

4646호, 토지명 葉竤山 上田 1坵, 세금은 1畝4分7毫5丝로 계산

4647호, 토지명 葉葉竤山 中田 1坵, 세금은 5分4厘로 계산

4648호, 下角 中田 1.5坵, 세금은 1畝2分7厘6毫로 계산

4674호, 토지명 長坵下田 1坵, 세금은 1畝7分 三路(?) 3分5厘5毫로 계산

5044호, 토지명 山背嶺下 中田, 세금은 4分1厘4毫로 계산

4711호, 토지명 師坑口下田 1坵, 세금은 4分1厘6毫5絲로 계산
4773호, 토지명 師坑口下田 1坵, 세금은 8分7厘8毫8絲로 계산
4716호, 토지명 慕山下 下田 1坵, 세금은 8分7厘7毫로 계산
4722호, 토지명 慕山下 中田 1坵, 세금은 9分8厘5毫로 계산
3606-7호, 토지명 黃泥坵田 2坵, 세금은 1畝3分5厘로 계산
3652호, 楊村田 2坵, 세금은 1畝6分으로 계산
3900호, 토지명 梅坑下田 2坵, 세금은 1畝1分3厘5毫로 계산
4712-4호, 토지명 杉木塢下田 42坵, 세금은 7畝7分6厘6毫로 계산
4655호, 토지명 朱五塢下地 9塊 그리고 塘, 세금은 7分5厘3毫로 계산
4414, 4420호, 토지명 査木塢下田 2坵, 세금은 4分3厘4毫로 계산, 소작을 준 6秤은 學의 몫으로 안에 넣어 공동으로 보상한다.
4456호, 토지명 下三畝坵中田一領, 세금은 1分3(厘)로 계산, 소작을 준 2秤은 學의 邊田으로 價銀은 1秤에 대한 租이다.
4416호, 토지명 秧田中田一領, 세금은 5分으로 계산, 소작을 준 7秤은 釁의 몫이다.
4415-6호, 토지명 秧田中田一領, 세금은 6分으로 계산, 소작을 준 6.5秤은 覺의 몫이다. 마찬가지로 모자라는 소작료 0.5(秤)은 즉각 은으로 보상한다.

해설

해당 분서는 만력 46년 주국정朱國楨이 자신의 명의로 되어 있는 전지田地, 기당基塘, 산장山場 등에 대해 분할을 진행한 것이다. 문서 중에 '자양군紫陽郡' 등의 표현이 있는 것으로 보아 휘주 지역의 분서임을 알 수 있다. 명 · 청시기 휘주문서에서 성책형태는 자주 보이는 분서 형식이다. 서언에서는 가족의 원류, 선조의 창업 정황에 대해 상세하게 서술하고 분할할 재산과 분할하지 않는 재산을 분명하게 언급하고 있으며, 분가 후에도 자손이 선조가 창업을 하면서 겪은 고초를 생각하면서 가족이 화목해야 하는 원리를 깨달아야 한다고 설명하고 있다.

분가 주관자 주국정은 전지, 기당, 산장 등의 재산에 대해 품탑을 진행했으며 그가 낳은 학, 횡, 각 세 아들에게 균등하게 분배했다. 형제균분의 원칙에 따라 복, 녹, 수 3개의 제비를 만들어 각자 하나의 제비를 뽑아 증명으로 삼았다. 분서에서 사전祀田은 공동소유로 하여 가족 제사를 위해 사용하도록 하며 분할을 하지 않았다고 밝히고 있다. 재산분할 목록에는 형제균분의 원칙에 의거하여 제비뽑기에 참여한 3명의 아들이 받은 재산을 하나하나 확실하게 열거하는 동시에 공유재산도 하나하나 분명하게 열거하고 있다. 각각의 재산은 자호字號, 토지명, 세무 면적, 세액 등으로 설명하고 있다.

또한 형제균분의 원칙이 준수되었지만 중국 전통사회에서 적장자 제도가 장기간 실행되었던 잔재로 장자를 우대하여 재산분할을 할 때 장손 몫으로 일부의 재산을 더 분할 받았는데 이 분서에도 이러한 흔적이 보인다.

문서 중에 '돌아가신 아버지先考' 앞에서, 그리고 '선조先祖', '조부祖父', '조종祖宗' 앞에서 행을 바꾸어 서술하고 있는데, 이는 자신보다 지위가 높은 사람을 언급할 때 존경과 존중의 의미를 나타내기 위한 것이다.(Ⅲ-1/Ⅲ-2에도 해당)

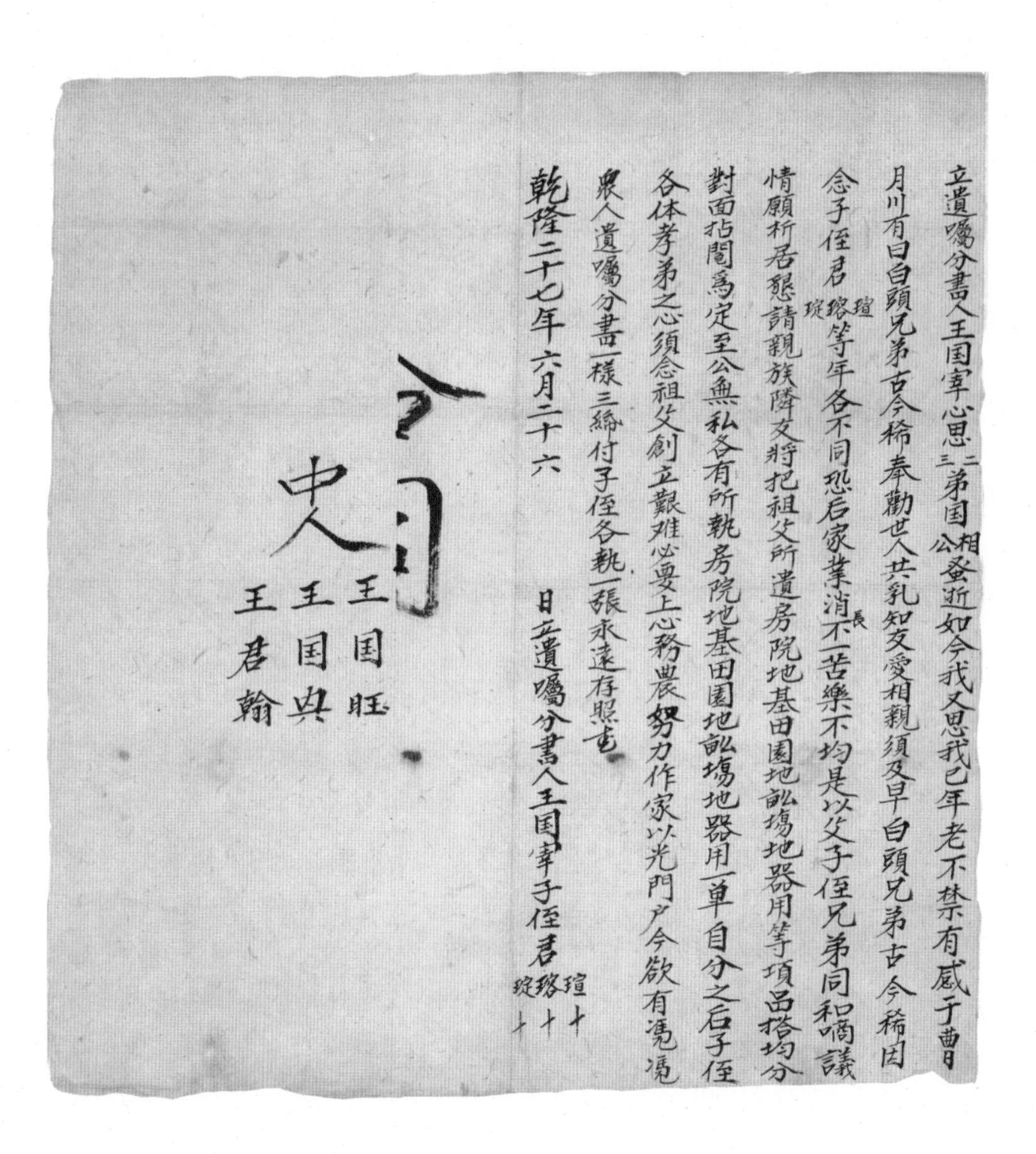
立遺囑分書人王国宰心思二三弟国相公蚤逝如今我又思我已年老不禁有感于曹
月川有曰白頭兄弟古今稀奉勸世人共乳知友愛相親須及早白頭兄弟古今稀因
念子侄君瑄璐琁等年各不同恐后家業消長不一苦樂不均是以父子侄兄弟同和商議
情願析居懇請親族隣友將把祖父所遺房院地基田園地畝塲地器用等項品搭均分
對面拈鬮爲定至公無私各有所執房院地基田園地畝塲地器用一單自分之后子侄
各体孝弟之心須念祖父創立艱难必要上心務農努力作家以光門戶今欲有凴凴
衆人遺囑分書一樣三紙付子侄各執一張永遠存照
乾隆二十七年六月二十六日立遺囑分書人王国宰子侄君瑄十 璐十 琁十

合同

中人 王国旺
王国與
王君翰

원문

立遺囑分書人王國宰，心思二弟國相、三弟國公蚤逝，如今我又思我已年老，不禁有感于曹月川有曰：白頭兄弟古今稀，奉勸世人共乳知；友愛相親須及早，白頭兄弟古今稀。因念子侄君瑄、(君)瑢、(君)琔等年各不同，恐后家業消長不一、苦樂不均，是以父、子、侄兄弟同和嘀議情願析居，懇請親族鄰友將把祖父所遺房院、地基、田園、地畝、場地、器用等項品搭均分。對面拈鬮為定，至公無私。各有所執房院、地基、田園、地畝、場地、器用一單。自分之后，子侄各体孝弟[悌]之心，須念祖父創立艱難，必要上心務農，努力作家，以光門戶。今欲有憑，憑衆人遺囑分書一樣三紙，付子侄各執一張，永遠存照。(花押)

乾隆二十七年六月二十六日立遺囑分書人王國宰

子侄君瑄(十字押)、君瑢(十字押)、君琔(十字押)

[半書] 合同

中人　王國旺、王國興、王君翰

번역

유촉 분서를 작성하는 王國宰는 둘째 동생 國相과 셋째 동생 國公이 일찍이 세상을 떠났고 (나도) 이미 연로했으니 일찍이 曹月川이 한 말에 공감하지 않을 수 없다. 즉 "형제가 모두 백발이 될 때까지 사는 경우는 예전이나 지금이나 드물다는 것을 세상 사람들에게 알도록 권고하니, 우애롭고 서로 친함은 반드시 일찍부터 해야 하는 것으로, 백발인 형제는 예전이나 지금이나 드물기 때문이다." 따라서 (내) 아들과 조카 君瑄, 君瑢, 君琔이 서로 연령대가 다르고 이후에 각자 가업의 성쇠가 같지 않고 고통과 기쁨이 고르지 않게 될 것을 염려하여, 내가 그들 형제와 상의한 후 분가하여 살기로 합의하였다. 이에 친족, 이웃, 친구에게 부탁하여 조부가 남긴

房院, 地基, 田園, 地畝, 場地와 器用 등의 물품에 대해 品搭을 진행한 후 균분하였고, 직접 제비뽑기를 하여 각자 받을 것을 확정함에 공정무사 했다. 형제 3인이 각자의 몫을 받았으며, 이들이 받은 房院, 地基, 田園, 地畝, 場地와 器用 등의 물품을 나열한 목록을 또한 각각 받았다. 분가한 후 아들과 조카들은 각자 힘을 다해 부모에게 효도하고 형제끼리 잘 지내도록 하며, 동시에 늘 조부가 창업 시에 겪었던 고생을 삼가 기려 반드시 힘을 다해 농사에 힘쓰고 일하여 가문을 빛내도록 해야 한다. 분가한 후 빙증이 있기를 원하여 衆人의 감독 하에 유언 및 분서를 하나의 형식으로 세 장을 작성하여 자식과 조카에게 나눠주고 각자 한 장씩 가져 이후의 증명서로 삼도록 했다.(서명)

건륭 27년 6월 26일, 유촉 분서를 작성한 사람 王國宰,
아들과 조카 君瑄(십자서명), 君瑢(십자서명), 君琁(십자서명)

[반서] 合同
중개인 王國旺, 王國興, 王君翰

해설

해당 분서상의 재산 상속인은 분가 주관인의 아들과 조카들이며, 분할된 재산은 주관인의 부친이자 상속인의 조부가 남긴 방원房院 등이다. 분서를 통해 분가 주관인인 왕국재王國宰에게 모두 3명의 형제가 있었으며 그들은 부모가 세상을 떠난 후에도 분가를 하지 않았고, 그 중 두 명의 동생은 일찍 사망하여 아들들이 그들 부친 소유 재산을 계승하여 경영과 관리를 진행했다는 것을 알 수 있다.

왕국재가 분가의 원인을 서술할 때 인용한 조월천曹月川의 "형제가 모두 백발이 될 때까지 사는 경우는 예전이나 지금이나 드물다(白頭兄弟古今稀)"는 구절은 분가의 부득이함을 완곡하게 표현한 것이며, 아마도 이전에 그와 아들 및 조카들 간에 갈등이 나타나서 부득이 분가를 진행할 수밖에 없었던 것으로 보인다.

분할되는 재산은 왕국재 부친이 남긴 방원房院, 지기地基, 전원田園, 지무地畝, 장지場地, 기용器用 등의 항목을 포함하고 있다. 한편 분서에는 주관인 왕국재 봉양 문제를 언급하고 있지 않은데 이는 이미 일정 부분의 재산을 제외하고 분가했기 때문인 것으로 보인다.

이 분서에서 나타난 것처럼 동일한 내용의 분서를 재산 승수자의 수만큼 만드는 방식은 상당히 보편적이었다. 각 분서의 내용은 동일하며, 분서 말미에 '계약(合同)' 두 글자를 기입하여 3분의 1로 분절한 흔적이 있다. (Ⅲ-1에도 해당)

03 광서21년 秦李成 分書

산서성, 1895

立分書文字人秦李成等情因家居[illegible]大難以同居[illegible]今同家
長說合人將祖遺留產業並三股均分秦李成分到[illegible]院東
房三間草房地基一所改[illegible]打坑厠一个坡底西房四間坑厠一个
三坡裡中地一畝[illegible][illegible][illegible]中地一畝[illegible]恐口無憑立分為文字存證
大清光緒二十一年十一月初拾日 立分為文字合秦[illegible]則 [illegible]成 [illegible]
[illegible]拾[illegible]半園[illegible]至拾[illegible]西[illegible]土墻地基一所
同家長人秦小孩 清林 天福 興法 全證
書人李增次

원문

立分書文字人秦李成等, 情因家居教[较]大, 難以同居度日, 今同家長說合, 又將祖祖遺留產業按五股均分。秦李成分到新院東房三間, 草房地基一所, 改鑿打坑厠一所, 坡底西房四間、坑厠一所, 三坡裡中地四畝, 鞍圪頂中地四畝。恐口無憑, 立分書文字存証。

大清光緒二十一年十一月初拾日, 立分書文字人等

秦拴則、(秦)拴成、(秦)三娃、(秦)四娃、(秦)李成。

[半書] 立分□, 各執一張

同家長人 秦小孩、(秦)天福、(秦)清林、(秦)興法 仝証。

后批 拴則牛圈邊至拴成西樓山墻地基一所。

代筆人 李增汶

번역

分書文字를 작성하는 秦李成 등은 집안에 사람이 많아 함께 살기 어려워졌기 때문에 지금 家長과 회동하여 그의 중재 하에 조부가 남긴 산업을 5등분한다. 秦李成은 新院東房 3間, 草房地基 1所, 改鑿打坑厠 1所, 坡地處西房 4間, 坑厠 1所, 三坡裡中地 4畝, 鞍圪頂中地 4畝를 받는다. 말로만은 증거가 없을까 염려하여 分書文字를 작성하여 증거로 삼는다.

대청 광서 20년 11월 初10일 分書文字 작성자

秦拴則, 秦拴成, 秦三妹, 秦四妹, 秦李成

[반서] 分□를 작성하여 각자 한 장씩 가진다.

同家長人　秦小孩, 天福, 清林, 興法이 공동으로 見證함.
첨언　牛圈邊到拴成西樓處山墻地基 1所를 더한다.
대서인　李增汶

해설

이 분서는 진이성秦李成의 친형제 5명이 가산을 분할할 때 받은 분서로 분가의 원인은 가족의 규모가 커짐에 따라서 같이 살아가기 힘들어진 데에 있었다. 전통적인 분서 중에는 각 장마다 나누어야 하는 재산 및 귀속되는 곳을 모두 기록하는 경우도 있고, 어떤 것은 각자 받은 재산만을 기록하는 경우도 있는데, 이 문서는 후자에 속한다. 이 문서는 진이성이 나눠받은 가산에 대해서만 상세히 기록하고 있다.

그 외에 주목할 부분은 이 문서가 붉은 색 천(布料) 위에 기록되었다는 점이다. 중국 전통사회에서 문서의 절대다수는 하얀색 종이 위에 기록되었지만 분가, 과계過繼(양자 계승), 결혼 등 신분과 관련된 문서에는 붉은 색 종이 혹은 천을 사용하는 경우가 있었다. 또한 이 분서에는 분절한 글자가 보이는데 이를 통해 장래에 있을지 모르는 위조를 방지하고 있다. (Ⅲ-1에도 해당)

04 광서25년 王悅亮, 王悅昌 分關

산서성, 1899

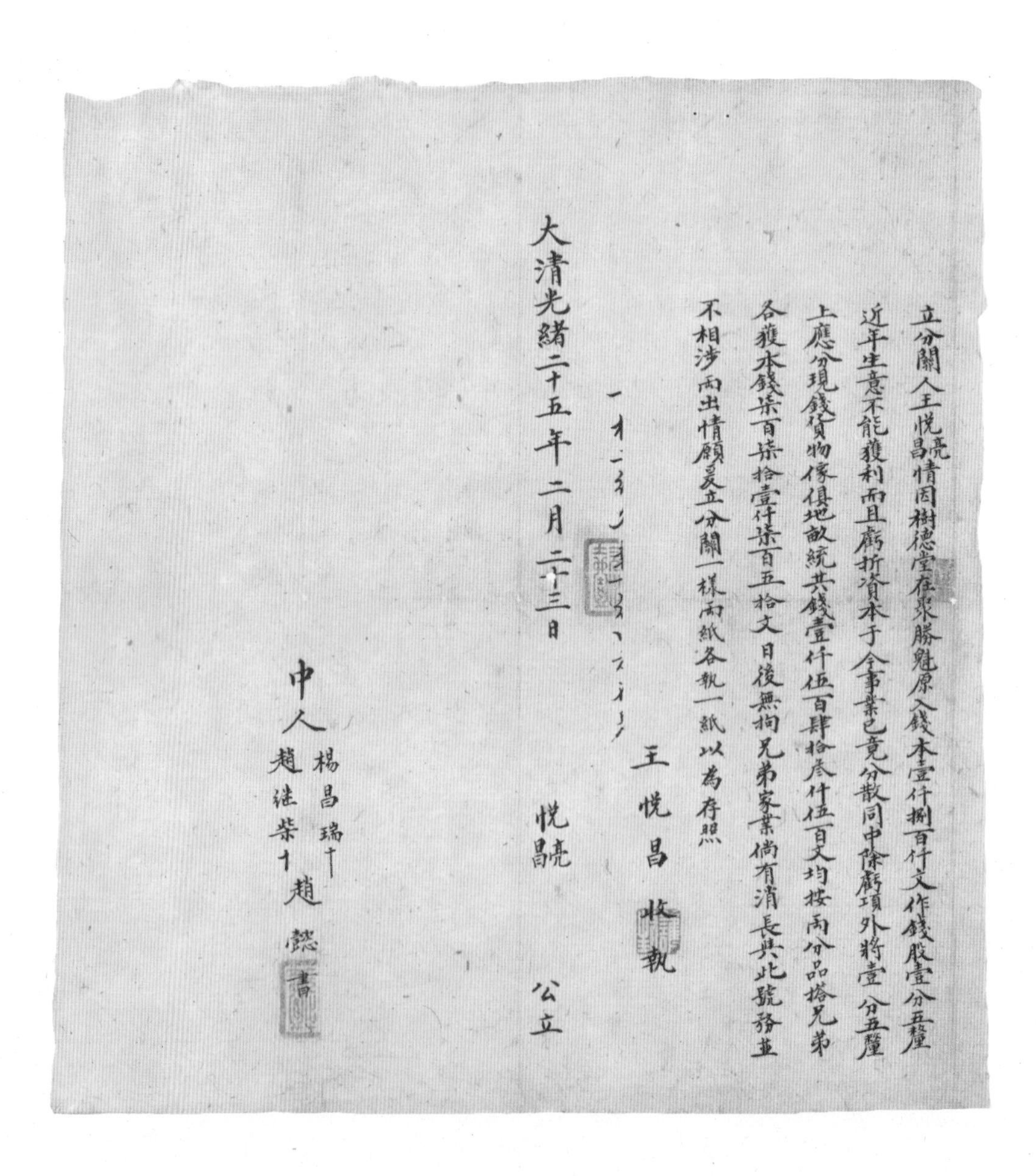

立分關人王悅昌亮情因樹德堂在眾勝魁原入錢本壹仟捌百仟文作錢股壹分五釐

近年生意不能獲利而且虧折資本于今事業已竟分散同中除虧項外將壹分五釐

上應分現錢貨物傢俱地畝統共錢壹仟伍百肆拾叁仟伍百文均按兩分品搭兄弟

各獲本錢柒百柒拾壹仟柒百五拾文日後無拘兄弟家業倘有清長與此號務並

不相涉兩出情願爰立分關一樣兩紙各執一紙以為存照

王悅昌 收執

大清光緒二十五年二月二十三日

悅昌亮 公立

中人 楊昌瑞十 趙继荣十

趙懿 書

원문

立分關人王悦亮、(悦)昌, 情因樹德堂 (印章) 在聚勝魁原入錢本壹仟捌百仟文, 作錢股壹分五釐, 近年生意不能獲利而且虧折資本, 于今事業已竟分散, 同中除虧項外, 將壹分五釐上應分現錢、貨物、傢俱、地畝統共錢壹仟伍百肆拾叁仟伍百文均按兩分品搭, 兄弟各獲本錢柒百柒拾壹仟柒百五拾文。日後無拘兄弟家業, 倘有消長, 與此號務並不相涉。兩出情願, 爰立分關一樣兩紙, 各執一紙, 以為存照。

王悦昌收(印章) 執
[半書] 一樣二紙, 各執(印章) 一紙以為存照

大清光緒二十五年二月二十三日 悦亮、(悦)昌 公立

中人 楊昌瑞(十字押)、趙繼柴(十字押)、趙懿書(印章)

번역

分關을 작성하는 王悅亮, 王悅昌은 이전에 樹德堂의 명의로 聚勝魁에 지분을 투자하여 사업을 하였는데, 근래 영업으로 이익을 낼 수가 없고 계속 손해가 나서 끝내 파산하게 되었다. 손해를 제하고 난 후 1分5厘(약 1,800,000文)의 지분으로 받을 수 있는 現錢, 貨物, 傢倨, 地畝를 계산해보니 모두 1,543,500文이므로 이를 品搭하여 양분한다. 형제 두 사람이 각자 받은 돈은 771,750文이다. 이후 형제 가업에 성쇠가 있다 하더라도 이 商號와는 관련이 없다. 양쪽이 원하여 분관을 같은 양식으로 2장을 작성하고 각자 한 장씩 가져 증명서로 삼도록 한다.

王悅昌이 영수함(인장)
[반서] 같은 양식으로 2장을 작성하여 각자 한 장씩 가지며 문서는 증거로 삼음(인장)

대청 광서 25년 2월 23일 王悅昌, 王悅昌이 함께 작성함

중개인　楊昌瑞(십자서명), 趙繼榮(십자서명), 趙懿書(인장)

해설

분관 내용에서 알 수 있는 것은 왕열량王悅亮, 왕열창王悅昌 형제가 이번에 분할하는 재산이 그들이 조상으로부터 물려받은 재산이 아니라 수덕당樹德堂이 취승괴호聚勝魁號에 투자한 지분을 분할한다는 점이다. 여기에서 '수덕당'은 그들 형제 부친이나 조부의 당호堂號일 가능성이 있다. 그들의 부친이나 조부 혹은 그들 형제가 부친이나 조부의 당호 명의로 취승괴호에 전錢 1,800,000문文 정도 투자를 하여 1분5리의 지분을 확보했다는 것이다. 이와 같이 당호 혹은 가족을 단위로 하여 상호商號에 지분을 투자하여 수익을 얻는 현상은 당시에도 많이 보인다.

그러나 근래 취승괴의 경영이 악화되어 해체되거나 파산함에 이르러 이를 청산한 후 수덕당의 1분5리 지분으로 받은 상호의 자산은 전 1,543,500문으로, 원래 투자한 자본에 비해 256,500문이 줄었다고 할 수 있다. 이는 당시의 고봉제股俸制(지분을 공동으로 소유) 상호에서 자본주股東가 무한책임을 지고 있다는 사실을 말해준다. 즉 상호의 자본으로 모든 채무를 갚을 수 없을 때 자본주가 자신의 개인 재산으로 그 채무를 갚아야 한다는 것으로, 이것이 바로 수덕당의 자본이 감소한 원인인 듯하다.

또 하나 이 분관에서 알 수 있는 것은, 왕씨 형제가 수덕당의 취승괴호에 대한 지분을 공동으로 소유하고 있었다는 점이다. 분가 사유는 "상호의 파산으로 재산을 분할한다"고 명기하고 있다. 분가할 때 상인가정에서는 상호의 소유권이나 지분에 대해 실제적으로 분할이 진행되지 않은 경우가 많았지만, 이 경우는 두 형제가 수덕당의 명의로 취승괴호에 투자했다가 실패하여 파산하자, 현금, 화물貨物, 가구 등을 처분하고 상호를 분할한 것이다. 이렇게 나눈 이상 "이후 형제 가업의 성쇠가 있다 하더라도 이 상호와는 무관하다"고 명시함으로써 이후의 분쟁의 여지를 차단하고 있다. (Ⅲ-2에도 해당)

05 민국2년 顔榮公과 자손들 合同議約

강서성, 1913

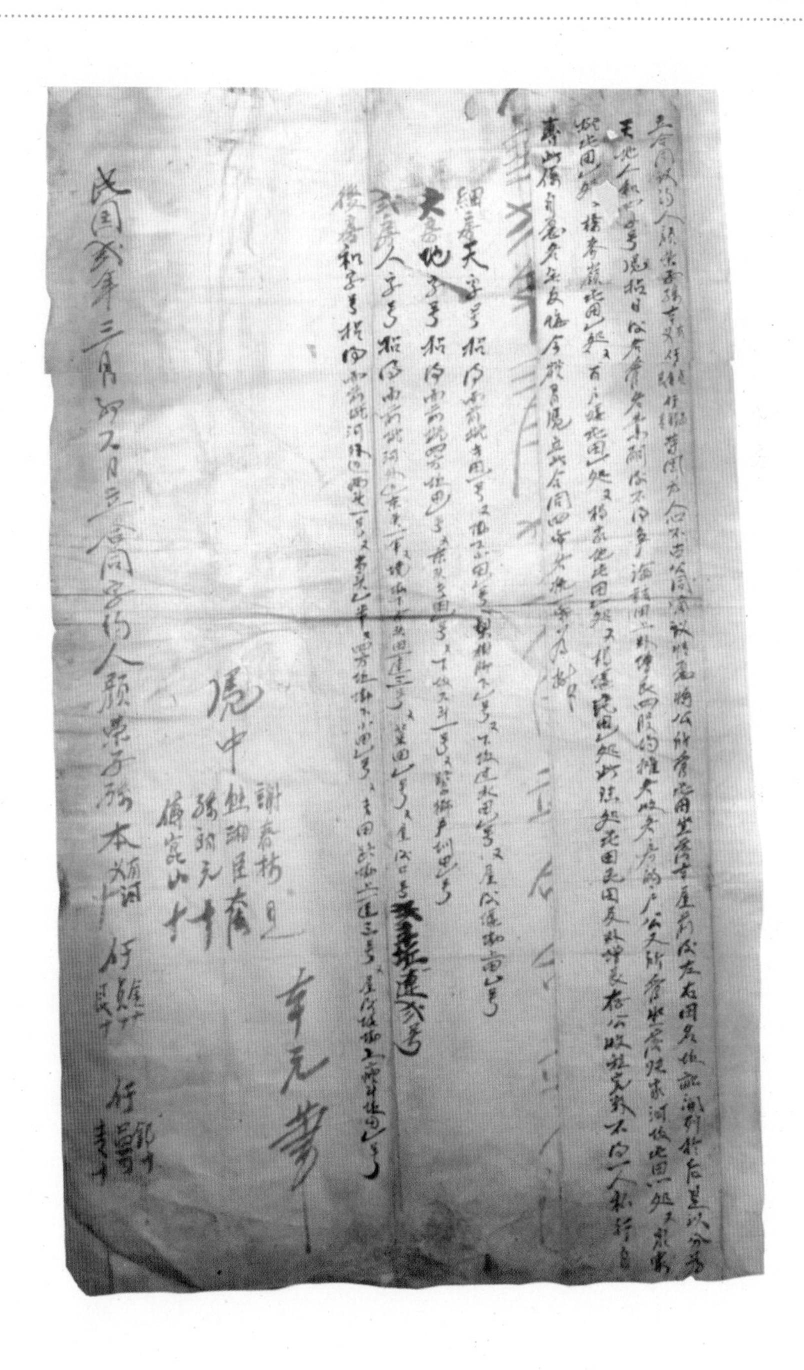

細房天字號

大房地字號

貳房人字號

從房和字號

憑中 謝春楊 孫朝元 傅寬山

民國貳年三月初五日立合同字約人顏榮子孫

원문

立合同議約人顏榮子孫本有、本義、仟金、仟貞、仟銀、仟昌、仟鈒、仟青等，因爲人心不古，公同商議，情願將公所管屯田，坐落本屋前後左右，田名坵畝開列於後。是以分爲天地人和四字號憑拈。日後各管各業，嗣後不得爭論。該田上糧增[征]銀，四股均攤，各收各房的戶公。又所管坐落張家河坂民田一處，又衆家撥民田一處，又有橋麥嶺民田一處，又百戶堰民田一處，又楊家地民田一處，又楊堰民田一處。此陸處花田、民田及糧增[征]銀，存公收租完糧，不得一人私行自專。此系自願，各無反悔。今欲有憑，立此合同四紙，各執一紙爲據。

[半書] 民國二年三月初六日立合同□□

細房天字號，拈得兩前壟□田一號，又□下小田一號，梨樹腳下一號，又下坵過水四一號，又屋後堰□上田畝一號；
大房地字號，拈得兩前壟四方坵田一號，又東頭□田一號，又下坵下斗一號，又鷺獅戶圳田一號；
二房人字號，拈得兩前壟河外邊東頭一半，又□□下東頭田一連三號，二半坵連二號；
後房和字號，拈得兩前壟河外邊兩頭一號，又當頭一半，又四方坵□下小田一號，又□田路□上一連三號，又屋後堰□上二□坵田一號。

本元筆。
憑中　謝春枯(花押)、熊湘臣(花押)、孫郎元(十字押)、傅崑山(十字押)

民國二年三月初六日立合同字約人顏榮子孫本有(花押)、孫本義(十字押)、
仟金(十字押)、仟貞(十字押)、仟銀(十字押)、仟昌(十字押)、
仟鈒(十字押)、仟青(十字押)

번역

분가 계약문서를 작성하는 颜榮公의 四房 자손들은 사회 풍기가 타락하여 사람들 심성이 옛날만큼 소박하고 너그럽지 못하게 되었음을 고려하여, 공동으로 상의하여 해당 房에서 관리하는 해당 가옥 전후 좌우에 위치하고 있는 坵畝民田을 하단에 열거하고, 그것을 天, 地, 人, 和로 4등분하고 제비뽑기를 진행하여 이후 각자의 재산을 관리하도록 한다. 제비뽑기를 한 후에는 다툼이 있어서는 안 된다. 제비뽑기를 통해 받은 田産에 딸린 苗粮賦稅와 地丁銀 등 역시 4등분하며 각 방은 각자가 맡도록 한다. 또한 張家河坂에 위치한 民田 1處, 衆家撥民田 1處, 橋麥岭民田 1處, 百戶堰民田 1處, 楊家地民田 1處, 楊堰民田 1處가 있는데, 이상 6處의 民田 및 糧征銀은 공동으로 지대를 걷어 賦稅를 완납하며 한 사람이 사사롭게 행동하고 독자적으로 일을 처리해서는 안 된다. 각기 이 계약서에 서명하여 협력하도록 하며 번복이 있어서는 안 된다. 이후에 증거가 없을 것을 우려하여 특별히 이 계약서를 작성하고 같은 양식으로 4장을 만들어 각자 1장씩 가지고 가서 증거로 삼도록 한다.

[반서] 민국 2년 3월 6일 合同을 작성한 사람 □□

細房 天字號는 추첨으로 兩前壟□田一號, □下小田一號, 梨樹腳下一號, 下坵過水四一號, 屋後堰□上田畝一號를 받는다.
大房 地字號는 추첨으로 兩前壟四方坵田一號, 東頭□田一號, 下坵下斗一號, 鷺獅戶圳田一號를 받는다.
二房 人字號는 추첨으로 兩前壟河外邊東頭一半, □□下東頭田一連三號, 二半坵連二號를 받는다.
後房 和字號는 추첨으로 兩前壟河外邊兩頭一號, 當頭一半, 四方坵□下小田一號, □田路□上一連三號, 屋後堰□上二□斗田一號를 받는다.

本元筆.
공증인 謝春枯(서명), 熊湘臣(서명), 孫郎元(십자서명), 傅崑山(십자서명)

민국 2년 3월 6일 계약 작성자

颜榮 자손 孫本有(서명), 孫本義(십자서명), 仟金(십자서명),
仟貞(십자서명), 仟銀(십자서명), 仟昌(십자서명), 仟鈒(십자서명),
仟青(십자서명)

해설

해당 분서는 안영공颜榮公의 자손들이 안영공 명의 아래 있는 재산을 대大, 이二, 세細, 후後라는 4방으로 나눈 것이다. 분가 이유는 '사람들의 심성이 옛날만큼 소박하고 너그럽지 못하게 되었음을 고려'한다고 하고 있다. 이 말에서 4방 자손 사이에 사소하지만 다툼이나 갈등이 있었을 것을 짐작해 볼 수 있다. 재산 분할의 범위는 가옥과 토지, 토지에 딸린 묘량부세苗粮賦稅와 지정은地丁銀도 4등분한다고 명기하고 있다. 또한 공동 관리지역인 6곳의 토지와 양정은糧征銀은 공동으로 지대를 걷어 부세賦稅를 완납해야 한다고 명기하고 있으며, 본 계약서에 서명한 이상 이후 쟁론을 할 수 없다고 못 박고 있다.

해당 분서 중간에 '民國二年三月初六日立合同□□'로 분절을 함으로써 나중에 문제가 발생했을 때 비교 · 대조하여 위조를 방지할 수 있도록 했다. 이런 종류의 관봉형제款縫形制는 옛날에 죽간이나 목간의 각흔을 반으로 나누었다가 합치는 '판서'형식이 변화한 것으로, 계미契尾, 관계지官契紙 제도의 보급에 따라 청대 부동산 계약문서 속에서 점점 간소화 되었고 민간의 차용(借貸), 증여(取予) 관계의 계약 중에서도 동일하게 사용되었다. (Ⅲ-1/Ⅲ-2에도 해당)

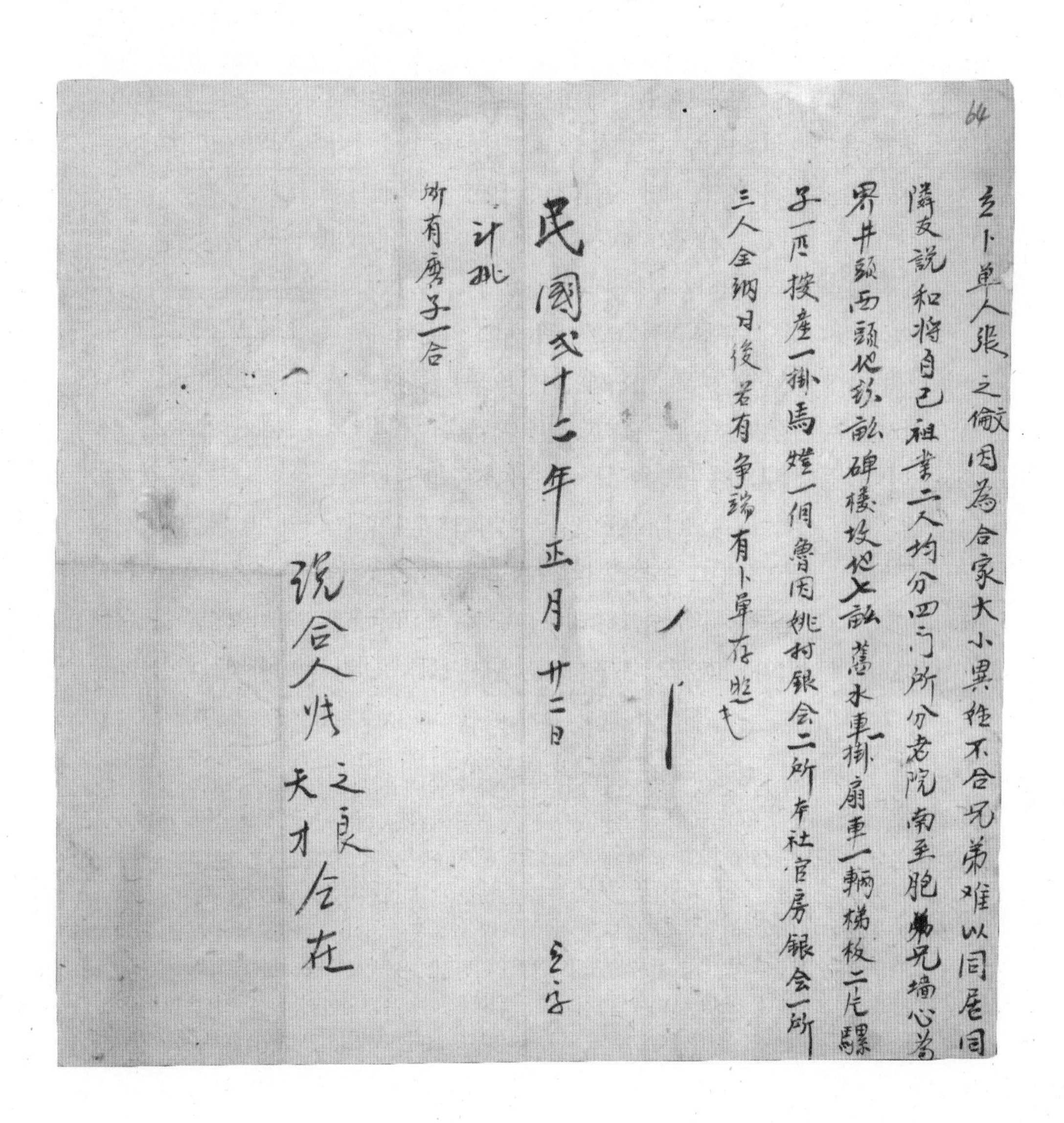

64

立卜单人張之倫文因為合家大小異性不合兄弟难以同居同
鄰友說和將自己祖業二人均分四门所分老院南至胞弟兄墻心為
界井頭西頭地叁畝碑樓坡地七畝舊水車一掛扇車一輛梯板二尼騾
子一匹按產一掛馬罐一個曹固姚村銀会二所本社官房銀会一所
三人全納日後若有爭端有卜單存照也

民國弍十二年正月廿二日 立字

計批
所有磨子一合

說合人 姚之良 天才 全在

원문

立卜單人張之文、(張)之倫，因為合家大小異姓不合，兄弟難以同居，同鄰友說和，將自己祖業二人均分，四門所分老院南至胞兄墻心為界、井頭西頭地玖畝、碑樓墳地七畝、舊水車一掛、扇車一輛、梯板二片、騾子一匹、按產一掛、馬鐙一個、魯因姚村銀會二所、本社官房銀會一所，三人全納，日後若有爭端，有卜單存照(花押)。

[半書] 合同

民國弍十二年正月廿二日 立字
計批
所有磨子一合
說合人張之良、張天才仝在

번역

卜單(分單)을 작성하는 張之文, 張之倫은 형과 아우 가족이 함께 살다가 異姓이 화목하게 지내지 못하여, 형제가 같이 살기 어렵게 되었으므로 이웃과 친우의 중재를 통해 조상이 남긴 유산을 두 사람이 균분한다. 四門이 받은 것은 집 남쪽에서 형님 집 담벼락까지의 井頭西頭地 9畝, 碑楼坟地 7畝, 舊水車 1掛, 扇車 1輛, 梯板 2片, 騾子 1匹, 按產 1掛, 馬鐙 1個, 魯因姚村銀會 2所, 本社官房銀會 1所이다. 세 사람은 모두 받아들였고 후에 만약 분쟁이 있다면 卜單을 그 근거로 제시하도록 한다.

[반서] 合同

민국 22년 정월 22일 작성함

計批

모든 내용이 일치함

중개인 張之良、(張)天才가 모두 참석했음.

해설

이 분서의 주관인인 동시에 재산상속인은 장지문張之文, 장지윤張之倫 형제이다. 분가의 원인은 '형제가 함께 살다가 다른 성씨간의 불화' 때문이다. 형제는 동성이므로 여기서 이성異姓이 서로 잘 지내지 못한다는 것은 두 사람의 처자 사이에 갈등이 있어 분가로 이어진 것으로 보인다. 이로 인해 중개인의 중재 하에 형제 두 사람이 분가를 진행하였다. '세 사람이 모두 받아들였다'는 것은 형제 두 사람과 중개인을 지칭하는 것으로 보인다.

문서 뒷부분에 첨부된 것은 사문四門에서 받은 재산 목록으로, 방원, 지무地畝, 농기구와 두 곳의 은회銀會를 포함하고 있다. 여기서 '은회'는 전회錢會의 일종으로 농촌에서 자금이 필요할 때 저리로 자금을 융통할 수 있었던 민간 대출, 저축 조직이다. 만일 이미 목돈을 탔다면 대출로 볼 수 있고 아직 목돈을 타지 않았다면 저축으로 볼 수 있다. 여기 2곳에 가입되어 있다는 의미인 것으로 보인다. '본사 관방 은회 1곳'이라는 말도 보이는데, 이것은 해당분서의 작성시기가 1933년이므로 촌에서 운영하는 신용합작사 조직에 가입되어 있었던 것으로 보인다. (Ⅲ-1에도 해당)

제1장

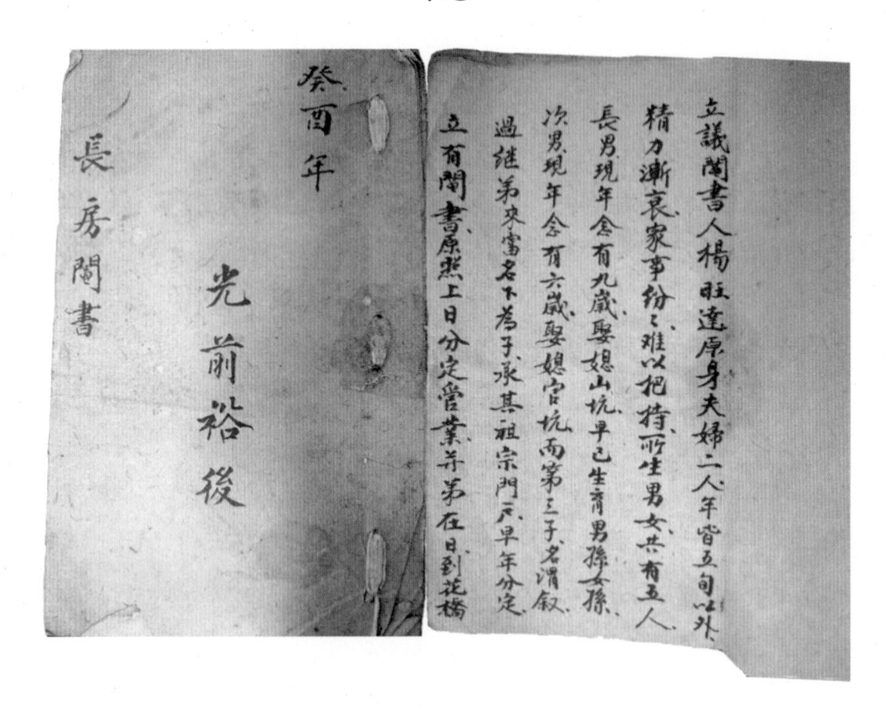

立議閹書人楊旺達原身夫婦二人年皆五旬以外、
精力漸衰家事紛紛難以把持、所生男女共有五人、
長男現年念有九歲娶媳山坑、早已生育男孫女孫、
次男現年念有六歲娶媳官坑、而第三子名謂叙、
過繼弟來富名下為子、承其祖宗門戶、早年分定、
立有閹書、原然上日分定營業、并弟在日到花橋

癸酉年

光前裕後

長房閹書

今将屋宇田園山場茶叢苗山述左

一 村心路裡正屋大邊對半 樓底房壹間 樓上房壹間 通頂公众大 與伯名下 拾伯名下

一 路裡廚房壹半 與伯名下 底坂為界

一 門口新造廚屋全堂 拾伯名下

一 茅坎陰陽兩培 杉松式木坐堂

一 鳳水前嵐培路上苗山壹塊 杉松式木坐堂

一 蛇形壟苗山茶叢壹塊

一 牛屎閙竹木苗山 內有笛竹坐堂

一 十八號苗山裡外兩塊

一 陰培口田皮乚大坵 計租又斗

一 金雞石茶叢下一半

一 村心路裡菜園裡壹半

王峯司家、領來一女、配渢叙為室、舊年十一月、請酒
合巹如式、又有小女二人、大女出嫁石嶺、亦生有外甥、
仍有末弟女、在是身邊、同衆領摑看門、都在目前、
託天庇佑、男亨女吉、洵可樂也、諺云、樹大枝分、世情
大概如此、雖是兄弟同心、而內眷各人各意、與其
包孫合敘莫若平分各爨、爰此良辰吉日、央託
王宠東翁、眼仝將家中所有農器傢伙、以及一
切物件、品搭均分、其屋宇田地、茶叢苗山、焚香拈
鬮、登寫身書、各管各業、自今分定之後、無論贏
虧、不能翻悔、惟願自今分開以後、男勤女儉、興
家創業、光前裕後、瓜瓞綿綿、共立身書一樣
兩本、永遠存照、

제3장

弍房阄得述左
一村心路裡正屋大邊對半堂前公全出入[illegible]
一仝路裡廚屋至低基爲界
一綮盤塢頭茶叢苗山壹塊 杉松弍木坐堂
一風水前嵐培路底苗山壹塊 杉松弍木坐堂
一方家塢上山苗山壹塊
一六畝路底茶叢壹塊
一仰天灣苗山壹塊
一金雞石官路底茶叢上山一半
一金雞石官路底苗山竹園壹塊
一桐木嶺官路底苗山下段一半
一方家宮路底苗山壹塊
一茅坎陽培苗山壹塊
坐堂田茶叢述左
一汪羅坑口田兩坵 父親自種
貼長子孫
一金雞石風水外手竹木苗山 致風水明堂底到脚 松木蔭坟三根存衆三根
一村心水坑外下大溪路裡茶園下段菜園壹片
央中面批雙親二老日後衰頹不能自給
三房供奉回首之日衣衾喪費三人全認
坐堂田地 杉松弍木仍是在衆 長次全派毋得異說

제4장

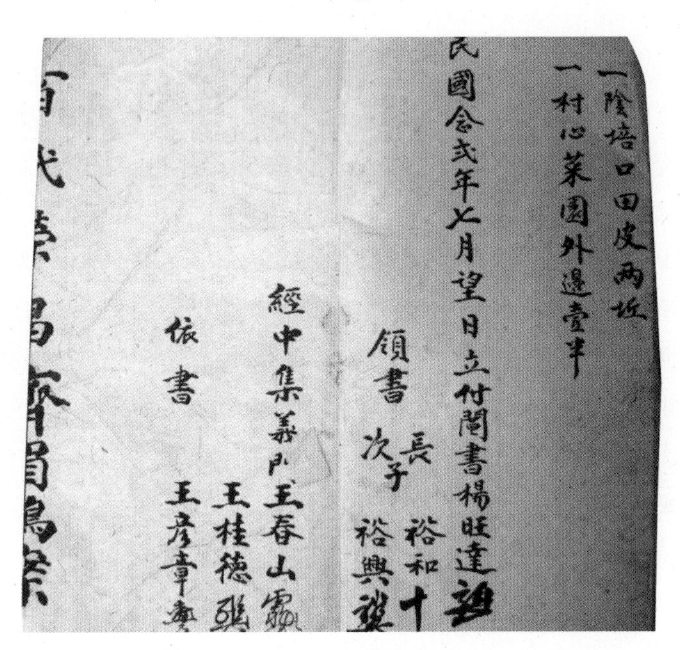
一陰培口田皮兩坵
一村心菜園外邊壹半
民國念式年七月望日立付閹書楊旺達
領書 長子 裕和
次子 裕興
經中集義戶王春山
王桂德
依書 王彦章

원문

癸酉年

光前裕後

長房鬮書
立議鬮書人楊旺達，原身夫婦二人年皆五旬以外，精力漸衰，家事紛紛難以把持。所生男女共有五人，長男現年念有九歲，娶媳山坑，早已生育男孫女孫；次男現年念有六歲，娶媳官坑；而第三子名渭敘，過繼弟來富名下為子，承其祖宗門戶，早年分定，立有鬮書，原照上日分定管業，并弟在日到花橋玉峰司家領來一女，配渭敘為室，舊年十一月請酒合婚如式。又有小女二人，女出嫁石嶺，亦生有外甥，仍有未蒂女，在是身邊，同衆領個看門，都在目前託天庇佑，男亨女言，洵可樂也。諺云：樹大枝分，世情大概如此。雖是兄弟同心，而內眷各人各意，與其勉強同炊，莫若評分各爨，趁此良辰吉日，央託王宅東翁眼仝將家中所有農器、傢伙以及一切物件，品搭均分。其屋宇田地、茶叢、苗山，焚香拈鬮，登寫鬮書，各管各業。自今分定之後，無論嬴虧，不能翻悔。惟願自今分開以後，男勤女儉，興家創業，光前裕後，瓜瓞綿綿，共立鬮書一樣兩本，永遠存据。

今將屋宇田園、山場、茶叢、苗山逑左：
一、村心路裡正屋大邊對半，樓底房一間，興仂名下，樓上房一間，裕仂名下，通頂公同出入。
一、路裡廚房壹半，興仂名下，底圾為界。
一、門口新造廚屋全堂，裕仂名下。
一、茅坟陰陽兩培，杉松弍木坐堂。
一、風水前嵐培路上苗山壹塊，杉松弍木坐堂。
一、蛇形壟苗山茶叢一塊。

一、牛屎闕竹木苗山，內有苗竹坐堂。

一、十八號苗山裡外兩塊。

一、陰培口田皮一大坵，計租六秤。

一、金雞石茶叢下一半。

一、村心路裡菜園裡壹半。

一、茅坮陽培苗山壹塊。

坐堂田、茶叢逑左:

一、汪羅坑口兩坵，父親自種。

貼長子孫

一、金雞石風水外竹木苗山，改風水明堂底到腳松木護墳三根，存衆三根。

一、村心水坑外下大溪路裡茶園下段菜園壹片。

央中面批，雙親二老日後衰頹，不能自給，三房供奉回首之日，衣衾喪費，三人仝認，坐堂田地杉松弍木，仍是在衆長次仝派，毋得異說。

二房鬮得逑左:

一、村心路裡正屋大邊對半，堂前公仝出入，樓上房壹間。

一、仝路裡廚屋至低基為界。

一、絮盤塢頭茶叢苗山壹塊，杉松弍木坐堂。

一、風水前嵐培路底苗山壹塊，杉松弍木坐堂。

一、方家塢上山苗山壹塊。

一、六畝路底茶叢壹塊。

一、仰天灣苗山壹塊。

一、金雞石官路底茶叢上山壹半。

一、金雞石官路底苗山竹園壹塊。

一、桐木嶺官路底苗山下段一半。

一、方家官路底苗山壹塊。
一、陰培口田皮兩坵。
一、村心菜園外邊壹牛。

民國念弍年七月望日立付鬮書楊旺達(花押)
領書　長子裕和(十字押)、次子裕興(花押)
經中集議　王春山(花押)、王桂德(花押)
代書　王彥章(花押)

[半書] 百代榮昌齊眉□□

번역

계유년

선조께는 영광을 더하고 후대에는 복을 준다.

장방의 구서
鬮書를 작성하는 楊旺達 부부는 50여세가 되자 기력이 쇠하여 집안일을 돌보기가 매우 힘들게 되었다. 아들, 딸 모두 5명을 양육하고 있는데, 큰 아들은 올해 29세이고 며느리는 山坑에서 시집왔으며 이미 손자와 손녀를 낳아 기르고 있다. 둘째 아들은 올해 26세이고 며느리는 官坑에서 시집왔다. 셋째 아들의 이름은 渭叙로 양자로 보내져 동생인 來富 밑에 들어가 아들이 되어 대를 이었다. 몇 년 전에 鬮書를 작성한 적이 있으며 원래 윗면의 약정에 의거하여 각자 그 재산을 관리하였다. 동생 來富에게는 일전에 花橋 玉峰司의 집에서 데려 온 딸아이가 하나 있는데, 그녀를 渭叙에게 주어 며느리로 삼고자 하여 작년 11월에 잔치를 열고 혼례를 마쳤다. 그리고 딸이 두 명 있는데, 한 명은 石嶺으로 시집가서 사내아이를 낳았고 다른 한 명은 아직 시집을 가지 않아 함께 살고 있다. 모두가 집안을 지키는 역할을 맡아주니 이는 모두 오늘날 하늘의 보우하심에 의탁한다. 남자들은 자식을 낳고 여자들은 현숙하니 생활이 행복하다. 속담에 이르길 나무가 크게 자라면 가지가 나눠진다고 하였다. 사람 사이의 정리도 모두 이와 같다. 형제 사이에는 情義가 서로 통하지만 가족 각자에게는 각자의 생각이 있다. 그들과 함께 있으려 고집을 부리는 것이 각자 생활하는 것만 못하다. 오늘 좋은 날을 맞이하여 王宅東 옹을 청하여 직접 함께 집안의 농기구와 가구 등 모든 물건을 평등하게 균분하고 좋고 나쁜 것을 서로 섞었다. 건물, 땅, 茶叢, 苗山은 향을 피운 후 제비를 뽑아 분배하고, 그 내용은 鬮書에 기재하여 각자가 자신의 산업을 관리하도록 한다. 오늘부터 분배가 시작된 것이며 많든 적든 돌이킬 수 없다. 다만 산업이 분배된 이후에는 남자는 열심히 일하고 여자는 근검절약하여 집안을 잘 꾸리고, 産業을 많이 증가시켜 祖宗을 빛내고 자손이 계속 이어지기를 바란다. 鬮書는 같은 형식으로 2부를 만들어 영원히 증빙으로 삼도록 한다.

이제 건물, 田園, 山場, 茶叢, 苗山을 서술하니 다음과 같다.

일, 村心路 안쪽의 正屋의 넓은 쪽 면의 절반(건물 아래의 房 1間은 興仂(裕興)의 명의 아래, 건물 위쪽의 房 1間은 裕仂(裕和)의 명의 아래에 있다)은 모두 공동으로 출입한다.

일, 路 안의 廚房 절반은 興仂(裕興)의 명의 아래에 두며 底圾을 경계로 삼는다.

일, 입구에 새로 만든 廚屋 건물 전체는 裕仂(裕和)의 명의 아래에 둔다.

일, 茅坟陰培와 茅坟陽培, 삼나무와 소나무는 坐堂.

일, 風水前 嵐培路 아래 苗山 1뙈기, 삼나무와 소나무는 坐堂.

일, 蛇形壟 苗山茶叢 1뙈기.

일, 牛屎闕 대나무 苗山, 안에 있는 대나무 묘목은 坐堂.

일, 18호 苗山 안팎의 2뙈기.

일, 陰培田皮 1大坵, 소작료는 6秤으로 센다.

일, 金鷄石 茶叢 아래 절반.

일, 村心路 안의 菜園 안쪽 절반.
일, 茅坛陽培의 苗山 1뙈기.

坐堂하는 田과 茶叢은 왼쪽에 기술한다.
일, 汪羅坑口 2坵는 부친이 직접 경작한다.

장손에게 더해주는 것
일, 金雞石風水 바깥쪽 대나무 苗山, 改風水明堂 아래로 뻗어 무덤을 지키고 있는 소나무 3그루, 모두 3그루가 남아 있다.
일, 마을 중심 水坑 바깥쪽 아래 大溪路 안의 茶園 하단의 菜園 한 토막
부모가 점점 늙어가서 생산과 생활을 스스로의 힘으로 할 수가 없다. 渭叙는 부모가 돌아가시면 함께 장례를 치르고 염하고 장례를 치르는 데 드는 비용을 함께 부담한다. 坐堂의 田地와 삼나무, 소나무는 그대로 공동 명의로 남겨 장남과 차남이 함께 분배하며 다른 어떤 뜻도 없다.

둘째의 가정이 제비를 뽑아 얻은 것은 왼쪽(아래 : 역자) 에 기술하였다.
일, 村心路 안의 正屋 넓은 쪽 면의 절반, 건물 앞으로는 공동으로 출입하며 건물 위쪽 房 1間.
일, 같은 路 안의 廚屋 低基까지를 경계로 삼는다.
일, 絮盤塢頭의 茶叢苗山 1뙈기, 삼나무와 소나무는 坐堂.
일, 風水前 嵐培路 아래 苗山 1뙈기, 삼나무와 소나무는 坐堂.
일, 方家塢上山 苗山 1뙈기.
일, 六畝路 아래 茶叢 1뙈기.
일, 仰天灣 苗山 1뙈기.
일, 金鷄石官路 아래 茶叢上山 절반
일, 金鷄石官路 아래 苗山 竹園 1뙈기.
일, 桐木岭官路 아래 苗山 하단 절반.

일, 方家官路 아래 苗山 1뙈기.
일, 隱培口의 田皮 2坵.
일, 마을 중심의 菜園 바깥쪽 절반.

민국 22년 7월 보름날 鬮書 작성자 楊旺達(서명)
수령인 큰 아들 裕和(십자서명), 둘째 아들 裕興(서명)
중재인 王春山(서명), 王桂德(서명)
대필자 王彦章(서명)

[반서] 오래도록 번창하고 □□ 존경함

해설

이 문서는 민국 22년 휘주의 양왕달楊旺達이 작성한 분서로, 형식으로 보면 성책분서이다. 이 문서의 내용에 따르면, 양왕달은 슬하에 3남 2녀를 두었고 3명의 아들은 모두 결혼을 하였으며, 그 중 셋째 아들 양위서楊渭叙를 자신의 동생 양래부楊來富에게 양자로 보내 사자嗣子(후계자)로 삼고 분서를 작성하여 재산분할을 한 바 있다. 따라서 이번에 양왕달의 분가에서 셋째 아들 양위서는 참여하지 않는다는 것이다. 다시 말하면 양왕달이 이번에 작성하는 분서는 장자 양유화楊裕和와 차자 양유흥楊裕興 두 방에게 진행한 것이고, 셋째 아들 양위서는 이미 양래부의 사자가 되어 재산을 분급 받았기 때문에 본 가족의 재산 분할에는 참여하지 않았다.

내용을 보면 양왕달이 분할하는 재산은 전지田地, 차밭茶叢, 묘산苗山 등 부동산 외에 농기農器, 생활용품傢伙 등 농구農具가 포함되었다. 농구는 농업 생산의 필수품이고 매우 중요한 생산도구였기 때문에 가산을 분할할 때 역시 분할대상이 되었다. 대부분의 분서와 마찬가지로 양왕달 역시 연로하여 가산 분할을 진행한 것이다. 좌당전坐堂田, 차밭의 일부 등을 남겨서 스스로 경작하여 이를 양로의 용도로 사용하고, 양왕달 부부가 세상을 떠난 후에 두 아들이 이를 분할할 수 있다고 명기하고 있다. 동시에 양왕달 부부가 연로하고 병이 위중하여 자급할 수 없는 시기가 되면 셋째 아들 양위서도 "돌아와 조상을 섬기는(回宗認祖)" 이치에 따라 세 아들이 공동으로 수의와 이불(衣衾), 장례비용을 부담할 것을 요구하고 있다. 또한 중국 전통의 적장자 우대에 근거하여 장손이 받은 별도의 재산 목록을 밝히고 있다. (Ⅲ-1/Ⅲ-2에도 해당)

Ⅱ-2 분가의식과 공정성의 강화

분석과 개괄

품탑과 제비뽑기를 통해 각자의 몫이 정해지면 가장家長의 동의를 얻어 친지들을 대청에 모아놓고 분가의식을 치른다. 분가 과정의 공정성, 투명성을 보증하기 위해서 분가할 때에는 그 과정에 반드시 친족을 참여시켰으며, 이들 친족이 담당했던 것은 일반적으로 중개인中人, 보증인知見人 등의 역할이었다. 이들 친족에는 부계의 당조부堂祖父, 숙백叔伯 혹은 당형제堂兄弟뿐만 아니라 모계의 외숙까지 있었다. 또한 친족이나 족장뿐 아니라, 10번, 13번, 31번의 분서처럼 보갑장保甲長이나 촌장村長, 촌경村警 등 공적 지위에 있는 사람을 보증인으로 내세우는 경우도 있었다. 이는 공적 인물의 권위를 이용하여 그 공정성과 합법성을 강화하기 위한 수단이었다.

분가의식과 함께 최종적으로 진행되는 것이 분서의 작성이었다. 그러나 분서 작성이 재산분할의 필수 조건이라고 말할 수는 없다. 분서를 작성하는 가정은 그나마 분할할 재산이 있는 경우이고 빈한한 가정은 분서의 작성도 필요치 않았던 것으로 보인다. 민국시기 대리원大理院에서도 분서는 일정한 형식이 없으며 분가의 의사를 판별할 수 있으면 되고,[6] 분서만이 재산분할을 증명하는 것은 아니라고 판결을 내리고 있다.[7]

6 上字 第870號(1914); 上字 第494號(1915), 모두 郭衛, 『大理院判決例全書』, 成文出版社, 1972, pp.292-293에 수록.

7 上字 第169號(1914), 郭衛, 『大理院判決例全書』, 成文出版社, 1972, p.292.

분서가 일단 작성되면 번복은 불가능했다. 분서의 말미에 "스스로 추첨하여 정한 후에는 장단長短을 다툴 수 없다"고 명시하는 것이 일반적이다. 어떤 분서는 번복하는 자에 대해 처벌조항을 명확하게 제시하기도 한다. 재산상속에는 각자의 이해관계가 얽혀있기 때문에 소송이나 분쟁에 이르게 되는 경우가 많았다. 장래의 분쟁을 막기 위한 최소한의 장치로서 이러한 벌칙규정을 두었던 것이다. 그러나 본서 48건의 분서 중 처벌조항이 있는 것은 5건에 불과하다. 특히 분쟁을 일으킬 경우 명확하게 처벌내용을 적시하는 경우가 있는데, 예를 들어 08번 분서에는 만일 계약을 위반하는 자가 있다면 '벌은罰銀 5천량을 부과하게 하여 공용으로 삼는다'고 규정하고 있다. 12번에서는 '벌금 은 1백 원을 내게 하여 관공용으로 사용한다'고 명시하고 있다.

그러나 때로는 처벌내용이 모호하게 표현되기도 했다. 예를 들어 09번 분서에는 만약 누군가 반목하는 일이 생긴다면 '불효의 죄로 처벌받을 것'이라고 엄포를 놓고 있으며, 27번 분서에서는 '관부에서 조사하고 처벌하도록 할 것'이라고 명시하고 있고, 11번에서는 '친족이 엄중하게 처벌한다'고 하고 있다. 당시 족장이 족인을 벌하는 것은 엄밀히 말하면 불법이었지만 거대 종족들은 종족 자체 내에서 족인들을 엄히 다스리고 처벌하기도 했다.[8] 따라서 종족 내부의 규율은 상당히 엄격했고 족장의 족인들에 대한 통제 또한 엄격했다. 처벌조항을 따로 명시하지 않았던 것 역시 '분서를 작성한 이상 번복할 수 없다'는 사회적인 묵인이나 동의가 전제되어 있었기 때문이었던 것으로 보인다.

만일 가산을 불균등하게 분할했을 경우, 우선은 당사자인 아들들 간의 불화와 반대에 부딪히게 되는 것은 물론이다. 또 분가의식에 참여했던 중개인이나 친족, 친우 등도 이의를 제기할 수 있고 동의를 하지 않을 수 있었다. 1933년 민국시기의 최고법원 판결에서 보이듯, "민법 계승편 시행 전 적서자에 가산을 분할할 때 아들의 수에 따라 평분하되, 존장이 가산 분할을 편향하게 했다면 비유卑幼(손아랫사람)가 분석分析을 청구하는 것은 위법이라 할 수 없다"고[9] 하여 불균등 분할에 대해

8 費成康主編,『中國的家法族規』, 上海社會科學院出版社, 1998, pp.110-111.

이의를 제기하는 것을 불법으로 보지 않았다.[10] 따라서 추후에 발생할 수도 있는 소송 등에 휘말리지 않기 위해서는 공정성을 확보할 필요가 있었고, 분가의식에 참여한 사람들의 동의는 곧 이 재산분할이 합법적이라는 증거였다. 이것이 분서가 각 가정에서 생성된 문서이지만 일종의 계약문서로 보는 이유이다.

즉 분서는 분가하는 부모형제간의 협상의 산물이고, 일종의 계약 관계에 의한 것이라고 보기 때문에 일반적으로 합동合同의 형태를 띠고 있다. 그 방법은 여타의 계약문서와 마찬가지로 종이 가운데를 접어 좌우에 각각 동일한 내용의 계약문을 적고, 중간에 접은 부분에 걸쳐 '합동合同(계약)' 혹은 '존조存照(증빙으로 남김)'등의 문구를 써넣는 것이다. 동일한 계약문서들이 서로 합쳐져야만 완전한 문구를 읽어낼 수 있게 함으로써 나중에 비교하고 대조하여 위조를 방지했던 것이다.

9 (13)「嫡庶子之應繼分及卑幼請求分析」, 上字 第57號(1933), 『最高法院民事判例匯刊』 15期.

10 동일한 판례가 대리원 판례에서도 보인다. 上字 第1254號(1918), 郭衛, 『大理院判決例全書』, 成文出版社, 1972, p.294.

08 만력38년 休寧 程夢暘 등 分家議約

안휘성, 1610

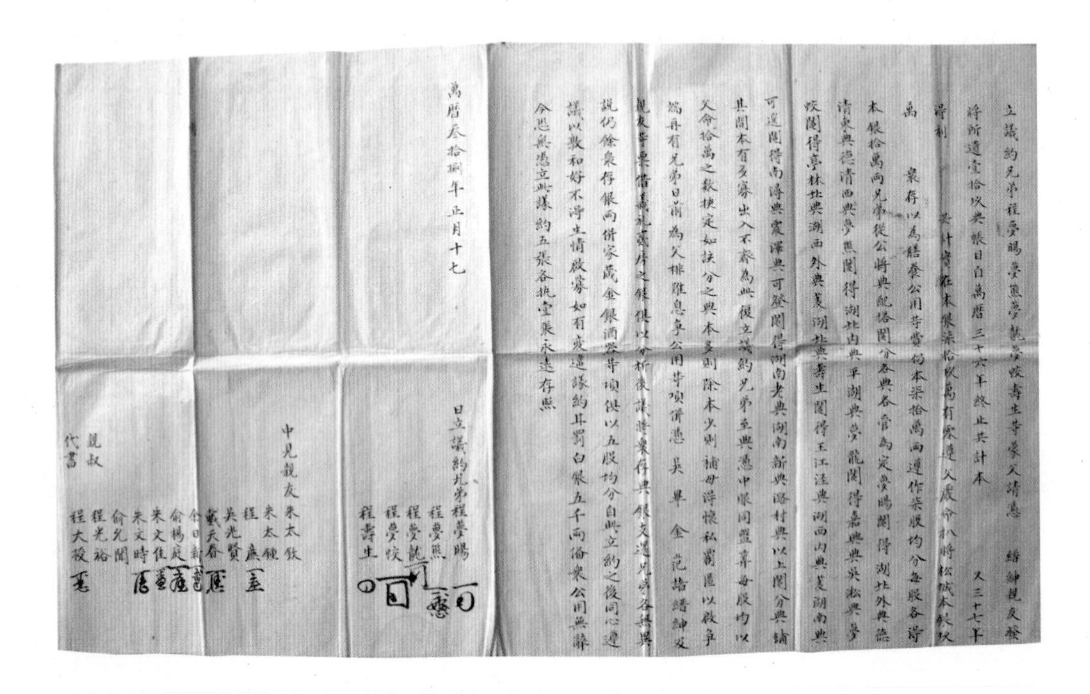

立議約兄弟程夢暘夢熙夢龍夢悏壽生等奉父請憑　縉紳親友發
將所遺壹拾玖典賬目自萬曆三十六年終止共計本　又三十七年
得利　共計實在本銀柒拾玖萬有零遵父處分將松城本銀玖
萬　衆存以為膳養公用等費仍本柒拾萬兩遵作柒股均分每股各得
本銀拾萬兩兄弟從公將典配搭鬮分各典各管為定夢暘鬮得湖北外典德
清東典德清西典夢熙鬮得湖北內典平湖典夢龍鬮得嘉興典吳淞典夢
悏鬮得亭林北典湖西外典蔓湖北典壽生鬮得王江涇典湖西內典蔓湖南典
可道鬮得南潯典震澤典可發鬮得湖南老典湖南新典路村典以上鬮分典鋪
其鬮本有多寡出入不齊為此復立議約兄弟五典憑中眼同盤算每股均以
父命拾萬之數抉定如抉分之典本多則除本少則補毋得懷私蔽匿以啟爭
端再有兄弟日前為父排難息爭公用等項俱憑　吳　畢　金　范諸縉紳及
親友等秉借義社葳序之額俱以分析後議將衆存典銀支還兄弟各其典
訖仍餘衆存銀兩併家藏金銀酒器等項俱以五股均分自此立約之後同心遵
議以敦和好不得生情啟釁如有變違議約甘罰白銀五千兩給衆公用無辭
今恐無憑立此議約五張各執壹張永遠存照

萬曆叁拾捌年正月十七　日立議約兄弟程夢暘
程夢熙
程夢龍
程夢悏
程壽生

中見親友朱太欽
朱太鍾
程　鹿
吳光賢
戴天春
俞日新
俞揚庭
朱文佐
朱文時
俞允聞
程光裕

親叔代書　程大稜

원문

立議約兄弟程孟夢暘、夢熊、夢龍、夢蛟、壽生等，蒙父請憑　紹紳親友發將所遺壹拾玖典帳目，自萬曆三十六年終止，共計本（注：原契无数字）。又三十七年得利（注：原契无数字），共計實在本銀柒拾玖萬有零。遵父嚴命，扒將松城本銀玖萬衆存，以為膳養公用等費，仍本柒拾萬兩，遵作柒股均分，每股各得本銀拾萬兩。兄弟從公將典配搭鬮分，各典各管為定。夢暘鬮得湖北外典、德清東典、德清西典；夢熊鬮得湖北內典、平湖典；夢龍鬮得嘉興典、吳淞典；夢蛟鬮得亭林北典、湖西外典、菱湖北典；壽生鬮得王江涇典、湖西內典、菱湖南典；可選鬮得南潯典、震澤典；可登鬮得湖南老典、湖南新典、谿村典。以上鬮分典鋪，其間本有多寡，出入不齊，為此復立議約，兄弟至典，憑中眼同盤算，每股內以父命拾萬之數挾定，如該分之典，本多則除，本少則補，毋得懷私霸匿，以啟爭端。再有，兄弟目前為父排難、息爭公用等項，并憑吳、畢、金、範諸紹紳，及親友等票借義、禮二房之銀，俱以分析，後議將衆存典銀支還兄弟，各無異說，仍餘衆存銀兩并家藏金銀、酒器等項，俱以五股均分。自此立約之後，同心遵議，以敦和好，不得生情啟釁。如有變違議約，甘罰白銀五千兩備衆公用無辭。今恐無憑，立此議約五張，各執壹張，永遠存照。

萬曆三十八年正月十七　　日立議約兄弟　程夢暘(花押)、程夢熊(花押)、
程夢龍(花押)、程夢蛟(花押)、程壽生(花押)

中見親友　朱太欽、朱太鐘、程廉(花押)、吳光賢、戴天春(花押)、
俞楊庭(花押)、朱文佳(花押)、朱文時(花押)、俞允聞
親叔　程光裕
代書　程大授(花押)

번역

議約을 작성하는 程夢暘, 夢熊, 夢龍, 夢蛟, 壽生 형제 등이 아버지의 요구를 받들어, 縉紳 親友로 하여금 부친이 남긴 199개의 典當 장부, 즉 만력 36년 말부터 합산한 자본과 (원문에는 빈칸), 37년에 얻은 이익을 (원문에는 빈칸), 모두 합한 실제 本銀은 약 79만량이다. 부친의 엄명을 준수하여 나누는 바, 松城의 본은 9만량은 공동 소유로 남겨 식비, 공용 등의 비용으로 사용한다. 남은 자본 70만(량)을 7개의 몫으로 균분하여 각 몫을 本銀 10만량으로 한다. 여러 형제는 典當을 적절히 나눈 뒤 제비를 뽑아 분배하고 각자 뽑은 것을 개인의 산업으로 관장한다. 夢暘이 뽑은 것은 湖北外典, 德清東典, 德清西典이다. 夢熊이 뽑은 것은 湖北內典, 平湖典이다. 夢龍이 뽑은 것은 嘉興典, 吳淞典이다. 夢蛟가 뽑은 것은 亭林北典, 湖西外典, 菱湖北典이다. 壽生이 뽑은 것은 王江涇典, 湖西內典, 菱湖南典이다. 可選이 뽑은 것은 南潯典, 震澤典이다. 可登이 뽑은 것은 湖南老典, 湖南新典, 潞村典이다. 이들 典當간에는 자본의 많고 적음이 균일하지 않다. 이 때문에 다시 議約을 작성하고 중재인의 눈을 빌어 함께 계산하여 각각 부친이 정한 10만이라는 액수에 비추어 典本이 많은 쪽은 줄이고 典本이 적은 쪽은 10만량의 한도까지 더하여 일정하게 한다. (이 과정에서) 사사롭게 많이 차지하고자 하여 분쟁이 발생해서는 안 된다. 또한 현재 부친의 곤란을 해결하고 소송을 수습하는 등의 공용 지출은 모두 吳, 畢, 金, 范의 여러 縉紳 그리고 친우 등이 義·禮 두 房에서 빌린 은에 근거하여 분할하고, 후에 다시 상의하여 공동 소유로 남긴 典銀을 각 형제에게 나누어주는 것에 전혀 다른 의견이 없다. 그리고 남은 공동 소유의 은과 집안에 현재 소장 중인 金銀, 酒器 등은 평등하게 다섯 몫으로 균분하여 여러 형제에게 준다. 계약을 작성한 후에는 여러 형제가 모두 한 마음이 되어 계약상의 규정을 잘 지키고 사이좋게 지내며 충돌을 일으켜서는 안 된다. 만약 누구라도 계약의 내용을 위배하면 벌금 5,000량을 내게 하여 공용으로 사용한다. 구두로만 약속하여 빙증이 없으니 같은 형식의 계약 5부를 작성하여 각 사람이 한 장씩 가지고 이후의 증거로 삼는다.

만력 38년 정월 17일 程夢暘(서명), 程夢熊(서명), 程夢龘(서명),
程夢蛟(서명), 程壽生(서명)이 의약을 작성함
중재 親友 朱太欽, 朱太鍾, 程廉(서명), 吳光賢,
戴天春(서명), 俞楊庭(서명), 朱文佳(서명),
朱文時(서명), 俞允聞
숙부 程光裕(서명)
대서 程大授(서명)

해설

현존하는 휘주문서에 의하면 형제균분에 따라 가산을 분할하고 재산의 일부를 '중존衆存' 형식의 '공산公産'으로 남겨 가족의 제사, 양로 등 예속禮俗의 수요를 충족하는 데 사용하였다. 이러한 재산은 종족 내의 성원 전체 혹은 일부가 공유하는 것으로 그 매매는 일정한 제한을 받았고, 종족 내에서 매매되는 경우가 많았다. 공동소유 재산이라고 해서 절대 분할이 불가능한 것은 아니었다. 최초에 분가할 때는 보류되지만 이후에 분가할 때는 현실적 수요에 근거하여 분할을 진행할 수 있었다.

이 분서는 명대 만력 연간 휘주 전상典商의 것이다. 이 분가 의약議約은 정씨 집안의 맏이인 몽양夢暘과 몽웅夢熊, 몽룡夢龍, 몽교夢蛟 형제와 그 조카인 수생壽生, 가선可選, 가등可登 등 사이에서 진행된 것으로 부친의 지시에 의해서였다. 그 가족이 경영하는 전당포가 199곳이나 되고 자본의 규모가 최소 79만량 이상으로 거상 가족이라는 것을 알 수 있다. 재산분할을 할 때, 송성松城의 본은本銀 9만량을 분할에 포함하지 않고 남겨 이를 가족의 공동비용으로 삼았다. 만력 36년 중반까지를 결산한 잉여자본 70만량을 형제균분제의 원칙에 따라 분할하여 7명이 각각 10만량을 나누어 가졌다. 또한 전당포도 분배 받았는데, 각자가 나누어받은 전포典鋪와 자본은 독립적으로 경영하고 각자 분별하여 관리하도록 했다.

다만 가족 내의 의방義房과 예방禮房 즉, 가선可選과 가등可登이 소재한 2방은 이전에 이미 재산분할을 진행한 바 있다. 이 때문에 남은 중존 은량 및 집안에 보관하고 있던 금은金銀, 주기酒器 등의 산업은 다섯 덩어리로 균분하였다. 합약合約이라는 계약 정신을 관철하고 이후 발생할 문제를 피하기 위해 계약을 위반하는 자에게는 벌은罰銀 5천량을 부과하여 공용으로 삼는다고 규정하고 있다. (Ⅱ-1/Ⅲ-1/Ⅲ-2에도 해당)

09 건륭14년 寧씨 가문 傅씨 아들들 分書

산서성, 1749

立分書人甯門傅氏所生四子 雖二子出継 多年同居 今因氏身
年邁人口繁衍 誠恐日後子孫返起爭言 今從出二子所贍業
產將長次四三門房院地土物件同人議明 從公均分
自分之後各執分單各管各業 不得有爭競異說 此係
為定並無強索 如有一人反目者得以不孝治罪 字據

乾隆十四年五月十一日立

合同

同 甯國進
曹全魁

長門長孫所分產業
場園地肆分捌厘弍毫
大段地叁畝伍分
南地畝弍畝柒分陸厘毫
土園地壹分叁厘
東堡地伍厘
社兒下地壹畝
內受北邊院內良叁間 又受地價銀壹拾肆兩
尽数椽同在場園內
立對換安兒地壹畝 甯有交情
二分幇麦弍斗
三分幇麦弍斗
築墻係官 築蓋房係私蓋
內槐樹係官

원문

立分書人寧門傅氏所生四子, 雖三子出繼, 多年同居, 今因氏身年邁、人口蘩衍, 誠恐日後子孫遂起爭言。今提出三子所賗業產, 將長、次、四、三門, 房院、地土、物件同人議明, 壹槩榀搭, 從公均分。自分之後各執分單、各管各業, 不得有爭競異說, 此係拈丸[鬮]為定, 並無強索等情, 如有一人反目者, 得以不孝治罪, 字證人。

乾隆十四年正月十一日立

[半書] 合同

同人 寧國進、曹全器

長門長孫所分產業

場園地肆分捌厘弍毫;

大段地叁畝伍分;

南地畝弍畝柒分陸毫;

土園地壹分柒厘;

東堡地伍厘;

社児下地壹畝;

尽数椽同在場園內, 立對換安児下地壹畝寧有交情。

(收完)內受北邊院內艮叁兩, 又受地價艮壹拾肆兩, 二分幫麥弍斗, 三分幫麥弍斗,

築嬙係官築, 盖房係私盖, 內槐樹係官。

번역

분서를 작성하는 寧氏 가문의 傅氏는 친생 네 아들 중 삼남이 비록 다른 가정의 양자로 갔지만 여러 해 동안 함께 살았고, 현재 (내가) 나이가 많이 들고 가족 수가 많아져 이후에 자손 사이에 갈등이 생길까 걱정된다. 현재 삼남이 자신의 양부의 산업을 받은 외에 장남, 차남, 그리고 사남과 함께 房院, 土地, 物件 등에 대해 品搭을 하고 상의한 후 同人이 주관하여 공평하게 균분한다. 분가한 후 각자 分單을 가지고 각자의 산업을 경영하되 논란을 일으키거나 이의를 제기해서는 안 된다. 이는 제비뽑기에 근거하여 결정된 것으로 결코 강압이나 협박 등의 일은 없었다. 만약 누군가 반목하는 일이 생긴다면 불효의 죄로 처벌받을 것이니 증서를 작성하여 증빙으로 삼는다.

건륭 14년 정월 11일
[반서] 合同
同人 寧國進, 曹全器

종갓집 장손이 받은 산업은 場園地 4分8厘2毫, 大段地 3畝5分, 南地 2畝7分6毫, 土園地 1分7厘, 東堡地 5厘, (그리고) 社兒下地 1畝, 場園內 모든 椽子와 교환한 安児下地1畝인데, (교환은) 寧씨와 친분이 있기 때문이다. (내가) 받은 北邊院內銀 3냥, 또 받은 地價銀 14냥. "다 받았음(收完)" 그 중 二分(차남)은 麥子 2斗를 보상받고, 三分(삼남)은 麥子 2斗를 보상받는다. 房院의 墻은 관에서 쌓은 것이며 房은 개인이 지은 것이고 院內의 槐樹는 관의 소유이다.

해설

해당 분서의 내용에서 알 수 있듯이, 이때의 분가는 영씨寧氏 집안의 부씨傅氏 자신이 연로하고 가족이 많아져서 후에 자손끼리 분쟁이 일어날 수 있는 상황을 방지하기 위해 진행한 것이다. 분가 주관인 영씨 집안의 부씨는 재산을 상속받는 자들의 모친이자 조모이며, 분가 당시 그들의 부친이 이미 세상을 떠난 상태라는 것을 알 수 있다. 분서에는 분가 주관인인 부씨 및 그의 네 아들 외에도 영국진寧國進과 조전기曹全器 두 사람의 이름이 함께 있는데, 이들은 분가를 감독하는 자들로 중개인에 해당한다.

영씨 집안의 부씨는 모두 네 명의 아들을 키웠고, 그 중 셋째 아들은 분가가 이뤄지기 전에 다른 사람에게 양자로 보내졌으나 '여러 해를 함께 살았기' 때문에 이번 분가에서는 이 셋째 아들이 상속한 재산 즉 그가 그의 계부 가정으로부터 받은 재산과 그 나머지 세 아들의 가옥, 토지와 물건 등을 모두 합쳐서 품탑을 한 후에 균분하도록 하였다. 이 점은 해당 분서의 특수한 부분이다. 분가 후에 상속자들은 "각기 명세서를 수령하고 각각의 재산을 관리하며 다툼이나 다른 말이 있어서는 안 된다"고 명시하고 있는데, 이는 분가 원인인 "진실로 이후에 자손들이 끝내 서로 다툴까 걱정된다"는 것과 서로 호응하고 있다. 그리고 "이는 (아들들이) 제비뽑기로 정한 것일 뿐 결코 강요 등의 정황은 없었다"고 하여 해당 분가 과정이 합법일 뿐만 아니라 사정에 부합하고 합리적인 것임을 나타내고 있다. "만약 한 사람이라도 반목하면 불효의 죄로 다스릴 것이다"는 것은 효도와 우애로써 각 상속인들이 분가의 결과를 준수해야 한다는 것을 강조한 것이다.

분가의 범위는 셋째 아들이 양부에게서 상속받은 재산과 그 나머지 세 아들의 방원房院, 토지 및 물건 등을 포함하고 있다. 분서 마지막에는 장손이 나눠받은 재산도 첨부되어 있는데 주로 각종 유형의 토지와 택원宅院의 일부분이다. (Ⅱ-1/Ⅲ-1/Ⅲ-2에도 해당)

10 도광3년 何顯耀 등 鬮書

복건성, 1823

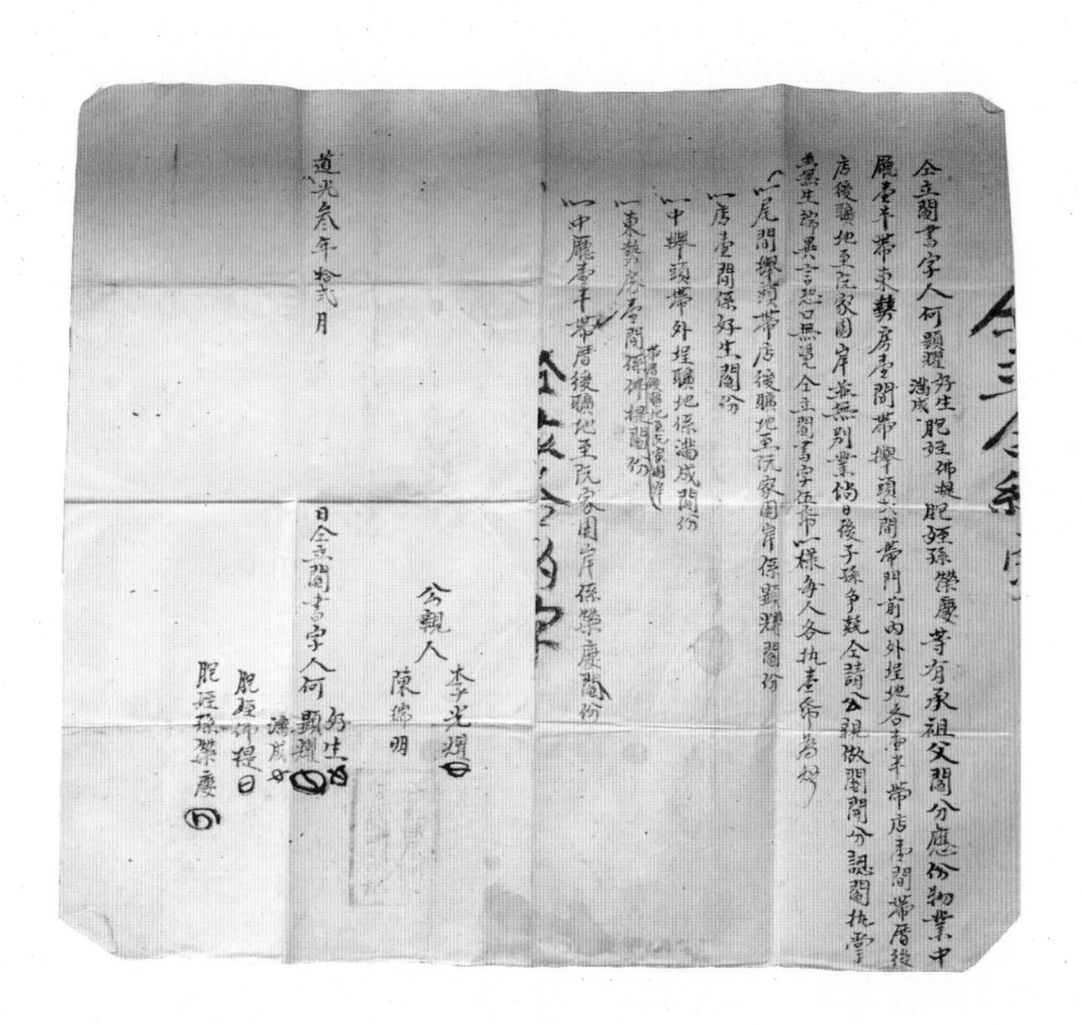
仝立鬮書字人何顯耀 好生 滿成 胞姪仰提 胞姪孫榮慶 等有承祖父鬮分應份物業中
廳壹半帶東勢房壹間帶櫸頭六間帶門前內外埕地各壹半 帶店壹間 帶厝後
店後曠地至阮家園岸 並無別業 倘日後子孫爭競 仝請公親做鬮鬮分認鬮執掌
無爲生端異言 恐口無憑 仝立鬮書字伍紙 一樣 每人各執壹紙 爲炤

一 尾間櫸頭帶店後曠地至阮家園岸係顯耀鬮份
一 店壹間係好生鬮份
一 中櫸頭帶外埕曠地係滿成鬮份
一 東勢房壹間(帶櫸頭後曠地至阮家園岸)係仰提鬮份
一 中廳壹半帶厝後曠地至阮家園岸係榮慶鬮份

公親人 李光耀 陳錦明

道光叁年拾弍月　日仝立鬮書字人 何顯耀 好生 滿成 胞姪仰提 胞姪孫榮慶

원문

[半書] 同立合約字

仝立鬮書字人何顯耀、好生、滿成, 胞侄佛提, 胞侄孫榮慶等, 有承祖父鬮分應份物業, 中廳壹半, 帶東勢房壹間, 帶攑頭二間, 帶門前內外埕地各壹半, 帶店壹間, 帶厝後店後曠地至阮家園岸, 並無別業。倘日後子孫爭競, 仝請公親做鬮開分, 認鬮執掌, 並無生端異言。恐口無憑, 仝立鬮書字伍紙一樣, 每人各執掌壹紙爲炤。

一、尾間攑頭帶店後曠地至阮家園岸, 系顯耀鬮份;

一、店壹間, 系好生鬮份;

一、中攑頭帶外埕曠地, 系滿成鬮份;

一、東勢房壹間, 帶厝後曠地至阮家園岸, 係佛提鬮份;

一、中廳壹半帶厝後曠地至阮家園岸, 系榮慶鬮份;

[半書] 同立合約字

公親人 李光耀(花押)、陳瑞明(印章 吳家保尾□□□[甲?]長陳瑞明□記)

道光叁年十二月 日

同立鬮書字人 何好生(花押)、何顯耀(花押)、何滿成(花押)、
胞侄佛提(花押)、胞侄孫榮慶(花押)

번역

구서를 작성하는 何顯耀, 何好生, 何滿成, 조카 佛提, 조카 孫榮慶 등이 조부의 뜻에 따라 제비뽑기를 통해 분할 받은 産業은 다음과 같다. 그것은 中廳 1半과 그 일대의 東邊房 1間, 攑頭 2間, 門前內外의 공터 各 1半, 店 1間, 厝 뒷면과 店 뒷면부터 阮家의 園岸까지의 공터이며, 이 외에 재산은 없다. 혹시 이후에 자손들 사이에 분쟁이 생길까 우려되어 오늘 일동이 公親을 모셔와 분가를 주관하도록 하였고, 한 사람씩 뽑은 제비에 따라 각자 받은 몫에 근거하여 각자 産業을 관리하도록 함에 어떠한 이의도 없다. 이후 증거가 없을까 염려하여 같은 양식의 구서를 5장을 만들어 각자 한 장씩 가져가서 증거로 삼도록 한다.

일, 尾間廂房 일대 店 뒷면에서부터 阮家 園岸까지의 개활지는 何顯耀가 제비를 뽑아 받게 되었다.

일, 店 1間은 何好生이 제비를 뽑아 받게 되었다.

일, 中攑頭 일대의 바깥 공터는 何滿成이 제비를 뽑아 받게 되었다.

일, 東勢房 1間과 그 일대의 厝 뒷면에서부터 阮家 園岸까지의 개활지는 佛提가 제비를 뽑아 받게 되었다.

일, 中廳 1半과 그 일대의 厝 뒷면에서부터 阮家 園岸까지의 개활지는 榮慶이 제비를 뽑아 받게 되었다.

[반서] 함께 계약서를 작성한다.

공친인 李光耀(서명),
陳瑞明(붉은 방형도장: 吳家保尾□□□[甲 ?]長陳瑞明□記)

도광 3년 12월 일
鬮書를 작성한 사람 何好生(서명), 何顯耀(서명), 何滿成(서명),
胞侄 佛提(서명), 胞侄 孫榮慶(서명)

해설

청대 복건福建 지역에서 분서의 명칭으로 '합약자合約字', '유시초諭示抄', '분관초分關抄' 등이 사용되기도 했지만 가장 많이 사용되었던 것은 구서鬮書이다. 해당 구서에서 분배한 재산은 조부가 제비뽑기를 통해 나눠준 물산物業이며 각각의 몫은 별로 많지 않다. 이 때문에 이 구서는 모든 상속인이 물려받은 재산을 모두 열거하여 한 눈에 다 볼 수 있게 한 것이(互見他分 방식) 특징이다. 어떤 구서는 각각이 받은 재산만 열거하는 경우도 있다.(止錄己分 방식) 이처럼 두 가지 서로 다른 구서의 작성 방법에 대해 송대宋代 원채袁采는『원씨세범 · 분석구서의상구袁氏世範 · 分析鬮書宜詳具』에서 다음과 같이 분석한 바 있다.

분가석산分家析産하는 집안에서 구서를 작성할 때, 어떤 경우에는 각 상속자가 자신이 받은 전산田產만을 기록하고, 어떤 경우에는 그 나눈 것을 한 번에 볼 수 있도록 기록한다. 그 자신이 분배받은 것만을 기록한 경우는 대부분 이기적이고 부당함이 있게 되어 원치 않는 쟁송이 늘 많았다. 다른 상속자가 분배받은 것을 서로 볼 수 있도록 기록한 경우는 물려받은 재산의 많고 적음을 모두 볼 수 있어 공적으로든 사적으로든 쉽게 나눌 수 있다.

한편 '다른 사람의 몫을 서로 볼 수 있게 하는 방식'의 구서는 분할한 재산의 수량이 분명하게 나타나 있어 은폐 등의 폐단을 방지하기 때문에 오랜 분쟁 끝에 관청에까지 가서 판단을 요청하는 경우는 줄어들게 된다. 이 때문에 한 사람 몫만 기록하는 방식보다 더 바람직하다고 할 수 있다.

또한 이 구서에는 '공친인公親人'이 기재되어 있는데 이는 증인을 의미한다. 일반적으로 족장族長, 가장家長 그리고 지역에서 명망이 있는 사람이 현장의 증인이 되었다. 특히 이 구서에는 붉은색의 방형 도장이 찍혀있는데, "吳豪保尾□□□[甲?]長陳瑞明□記"라고 적혀있다. 아마도 지역의 보갑장保甲長을 초빙하여 현장 증인으로 삼아 분가의 합법성과 이로 인한 법적 효력을 갖춤으로써 분쟁 발생의 가능성을 줄이려고 했던 것으로 보인다. 공적 인물을 증인으로 세움으로써 분서의 공정성과 권위를 보장하고자 했던 것이다. (Ⅱ-1/Ⅲ-1에도 해당)

11 동치9년 李程씨와 아들, 손자 分關

산서성, 1870

立寫分關人老母李程氏所生六子已亡其三爰請親族無後者議
立其後命長門次孫守玉承祧二門六門孫來玉承祧四門五子幼
亡兼無餘丁三門孫方鎮兼祧並將所有業産品搭停匀按分均分
以後各經各業不得有詞誰敢較額親族重處因立分關四張各執
一張存照

陝西生意道隆清凝每人分每年共老母拔良六兩守玉來玉永貴共三人各拔禮良三
十兩道清凝拔盐良各三十兩

養老地大段地一十五畝粮照地均攤

長子道隆老院一所門外糞基東邊照院界墻池児柿樹兩株王昷斜
地一段交河地一段大西溝地一段西嶺地一段

次門孫守玉牛院一所門外糞基西邊後园場帶地東邊常娃院一所北廈
三間斜畛地一段大段地一段高村西坪西邊柿樹一株撓棗樹一株

三子道清東院一所門外墻南糞基一塊場帶地西邊出場厦良十五兩高村西
坪西邊第三株柿樹高村西地兩段短畛地一段

六子道凝小巷東邊新院一所南邊牛院一所門外路西糞基一塊小巷場
一塊出場厦良十五兩瑪子地一段陳庄斜地一段高村西坪東邊柿樹一株

後园地西邊壹畝六分

家長李方元 道周 邦善 盛洽

凭事人 李維籓 謝金生 李華國 程學信 李廷棟

同治九年三月十三日 立

원문

立寫分關人老母李程氏, 所生六子已亡其三, 爰請親族無後者議立其後, 命長門次孫守玉承祧二門、六門孫來玉承祧四門, 五子幼亡兼無餘丁, 三門孫方鎖兼祧。並將所有業產品搭停勻, 按分均分, 以後各經各業, 不得有詞。誰敢較賴, 親族重處。立分關四張, 各執一張存照。

陝西生意道隆、道清、道凝每人一分, 每年與老母撥艮六兩, 來玉、守玉、永貴與三人各撥禮艮三十兩; 道清、(道)凝撥監艮各三十兩; 養老地大段地一十五畝, 粮照地均攤。

長子道隆: 老院一所、門外糞基東邊照院界墻池, 見柿樹兩株, 王顯斜地一段, 爻河地一段, 大西溝地一段, 西嶺地一段。

次門孫守玉: 牛院一所、門外糞基西邊後園, 場帶地東邊常娃院一所, 北廈三間, 斜畛地一段, 大段地一段, 高村西坪西邊柿樹一株, 挽枣樹一株。

三子道清: 東院一所, 門外墻南糞基一塊, 場帶地西邊出場廈艮十五兩, 高村西坪西邊第三株柿樹, 高村西地兩段, 短畛地一段。

六子道凝: 小巷東邊新院一所, 南邊牛院一所, 門外路西糞基一塊, 小巷場一塊, 出場廈艮十五兩, 堨子地一段, 陳庄斜地一段, 高村西坪東邊柿樹一株, 後園地西邊壹畝六分。

管事人　李維藩、謝金生、李華國、程學信、李廷棟
家長　李道周、李邦善、李方元、李盛洽

同治九年三月十三日立

번역

分關을 작성하는 李氏 집안의 程氏는 키운 아들 6명 중에 3명이 이미 사망하였기 때문에 친족에게 요청하여 후사가 없는 아들들에게 후사를 정해주었다. 장남의 둘째 아들 守玉이 차남의 후사가 되었고, 육남의 아들 來玉이 사남의 후사가 되었으며, 오남은 어릴 때 사망하여 餘丁이 없으므로 삼남의 아들 方鎖로 兼祧(양가를 겸하여 대를 이음)하게 했다. 후사를 세우고 모든 재산에 대해 品搭을 진행하여 균분하니, 이후 각자 재산을 관리하고 다른 말을 할 수 없다. 누구라도 감히 교활하게 억지를 부리면 친족이 엄중하게 처벌한다. 分關은 4장을 작성하여 각기 한 장씩 가져 증빙으로 삼는다.

陝西에서 장사를 하는 道隆, 道清, 道凝은 매년 노모에게 각각 은 6량씩을 드린다. 來玉, 守玉, 永貴은 위의 세 사람에게 각각 禮銀 30량을 드리며 道清, 道凝은 각기 監銀 30량씩을 드린다. 養老를 위한 토지는 大叚地 15畝이며, 양식은 각자 받은 토지에 따라 할당한다.

장남 道隆은 老院 1所, 門外糞基東邊照院, 界牆, 池児, 柿樹 2株, 王顯斜地 1叚, 爻河地 1叚, 大西溝地 1叚, 西嶺地 1叚을 받는다.

차남의 후계자 孫守玉은 牛院 1所, 門外糞基西邊後園, 場帶地東邊常娃院 1所, 北厦 3間, 斜畛地 1叚, 大叚地 1叚, 高村西坪西邊柿樹 1株, 挽棗樹 1株를 받는다.

삼남 道清은 東院 1所, 門外牆南糞基 1塊, 場帶地西邊出場厦 銀으로 환산하여 15兩, 高村西坪西邊第三株柿樹, 高村西地 2叚, 短畛地 1叚을 받는다.

육남 道凝은 小巷東邊新院 1所, 南邊牛院 1所, 門外路面糞基 1塊, 小巷場 1塊, 出場厦 銀 15兩, 塢地 1叚, 陳莊斜地 1叚, 高村西坪東邊柿樹 1株, 後園地西邊 1畝6分을 받는다.

管事人 李華國, 李維藩, 謝金生, 程學信, 李廷棟
가장 李方元, 李道周, 李邦善, 李盛洽

동치 9년 3월 13일

해설

이 분서를 작성하는 이씨李氏 집안의 정씨程氏에게는 여섯 아들이 있었는데, 둘째, 넷째, 다섯째 아들은 이미 세상을 떠났고 후사를 남기지 않았다. 따라서 분가하기 전에 이미 세상을 떠난 세 아들의 후사를 세워 그 계부의 명의로 재산 분할에 참여할 수 있도록 한 것이다.

정씨의 주관 하에 가옥은 섬서陝西에서 장사를 하고 있던 세 아들에게 분할하였고, 이 세 아들이 정씨의 봉양을 책임지게 했다. 이미 세상을 떠난 세 아들의 후사들이 그들의 계부를 대신하여 정씨를 봉양해야 한다고 언급하지 않았다. 그러나 이 세 아들의 후사인 수옥守玉, 내옥來玉, 영귀永貴는 매년 도륭道隆, 도청道清, 도응道凝에게 '예은禮銀' 30량을 드려야 했다. 여기서 '예은'은 이들이 비록 다른 가정의 양자로 갔지만 친생 부친에게도 효도해야 하기 때문에 드리는 것으로 보인다. 그 다음의 '감은監銀'이 무슨 뜻인지는 현재로서는 판단하기 어렵다.

이 분서에서 특이한 점은 정씨가 재산을 장남 도륭, 차남의 양자 손수옥, 삼남 도청, 육남 도응에게 분할했지만, 사남의 후계인 내옥과 오남의 후계인 영귀 두 사람이 받은 재산에 대해서는 언급하고 있지 않아 수옥이 재산을 분할 받은 것과는 모순된다는 것이다. 이는 내옥이 육남 도응의 아들이자 동시에 사남의 후계자를 겸하고, 영귀는 삼남 도청의 아들이자 동시에 오남의 후계자를 겸하지만, 재산을 분할할 때에 그들은 여전히 육남의 아들, 삼남의 아들로 간주되었기 때문이다. 따라서 그들은 그 부친 도청과 도응이 각각 분가할 때 각각 1방房으로서 재산을 분할 받게 될 것이다. 그러나 차남의 양자 수옥은 이미 친부인 장남 도륭과 부자 관계를 완전히 끝냈기 때문에 차남의 계승자로서 차남 몫의 재산 분할에 참여할 수 있었던 것이다. (Ⅱ-1/Ⅲ-1에도 해당)

12 민국4년 趙雙玉과 아들들 分單

미상, 1915

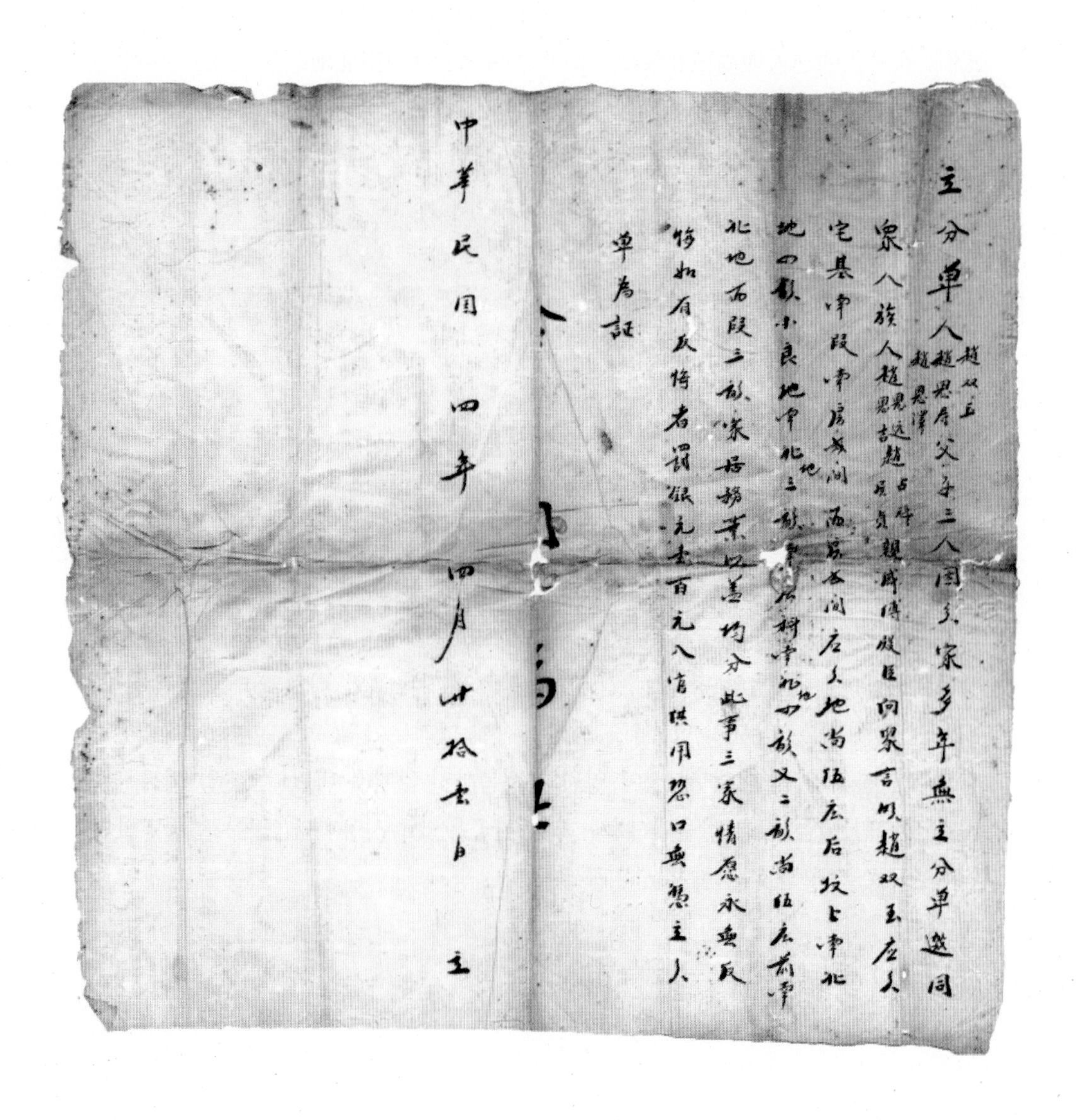

立分单人趙双玉趙思存趙思洋父子三人因之家多年無主分单邀同
衆人族人趙思远趙思吉趙思貴趙石樑親戚傳殿臣向衆言明趙双玉应人
宅基中段中房三间西房各间店之地尚伍庄后坟上中北
地四畝小良地中北地三畝房树中北地四畝又二畝尚伍庄前中
北地西段二畝家居物業以善均分此事三家情愿永無反
悔如有反悔者罰銀元壹百元入官供用恐口無憑立人
单為証
中華民国四年四月廿拾壹日立

원문

立分單人趙雙玉, 趙恩壽, 趙恩澤父子三人因分家多年無立分單, 邀同衆人族人趙恩遠、趙恩吉、趙占祥、趙□貞, 親戚傅殿臣, 向衆言明趙雙玉應分宅基南段南房弍間, 西房弍間應入地尚伍莊後墳上南北地四畝小良地南北地三畝, □□科南北地四畝又二畝, 尚伍莊前南北地西段三畝家居務業以蓋, 均分。此事三家情願, 永無反悔, 如有反悔者, 罰銀元壹百元入官供用。恐口無憑, 立分單為證。

[半書] 分單爲證
中華民國四年四月廿拾壹日　立

번역

分單을 작성하는 趙雙玉, 趙恩壽, 趙恩澤 부자 세 사람은, 아들이 분가한 지 여러 해가 되도록 분서를 작성하지 않았기 때문에 同衆人 族人 趙恩遠, 趙恩吉, 趙占祥, 趙展貞, 친척 傅殿臣을 초빙하여 다음과 같이 언명한다. 趙雙玉은 저택 남단의 南房 2칸 西房 2칸을 분할하며, 토지는 尙伍莊 뒤에 있는 분묘에서부터 南北의 땅 4畝, 小良地 南北의 땅 3畝, □□科 南北의 땅 4畝와 다시 2畝를 분할한다. 尙伍莊 앞에 있는 남북의 땅 西段 3畝는 집에 남겨두어 業으로 한다. 대략 이와 같으니 균분의 일에 대해 세 집이 영원히 번복하지 않기를 바란다. 만일 번복하는 자가 있으면 벌금 銀 1백 원을 내게 하여 관공용으로 사용한다. 구두로 증명하기 어려우므로 分單을 작성하여 증거로 삼는다.

[반서] 분단으로 증거를 삼는다.
중화민국 4년 4월 21일 작성

해설

이 분단分單의 재산분할 주재자는 조쌍옥趙雙玉이고 재산 승수자는 조은수趙恩壽, 조은택趙恩澤이다. 조쌍옥의 아들이 결혼 후 실제로는 분가를 했지만 재산분할은 하지 않은 상태로 있다가 이 때 비로소 분단을 작성했다는 것을 알 수 있다. 이 분단에는 저택과 토지에 대한 분할을 명시하고 있다. 상오장尙伍莊 앞에 있는 남북의 땅 서단西段 3무畝를 남겨서 생업으로 한다고 명시하고 있는데, 이는 부모의 생활비와 양로비용인 듯하다. 그러나 어떤 아들에게 어떤 분량이 분할되었는지에 대해서는 언급이 없다.

분서의 제작이 완료되면 주재인, 분가하는 사람, 중개인 등이 서명을 하고 날인하는 것이 일반적이다. 그러나 이 분단에는 서명이나 날인이 없다. 다만 문서 세로 중간에 분절의 흔적이 보인다. 분절의 글씨를 알아보기는 힘들지만 '분단위증分單爲證'이라고 쓰여 있는 듯한데, '분단위증'이 정확하게 반쪽이 아니라 글자의 3분의 1정도인 것으로 보아 아버지와 분가한 두 아들이 함께 분절한 것으로 보인다. 문서의 말미에는 번복할 수 없다고 언급하고 만일 번복하는 자가 있으면 벌금 은銀 1백 원을 내게 하여 관공용으로 사용한다고 명시하고 있다.

13 민국8년 陳永吉과 아들들 分單約

산서성, 1919

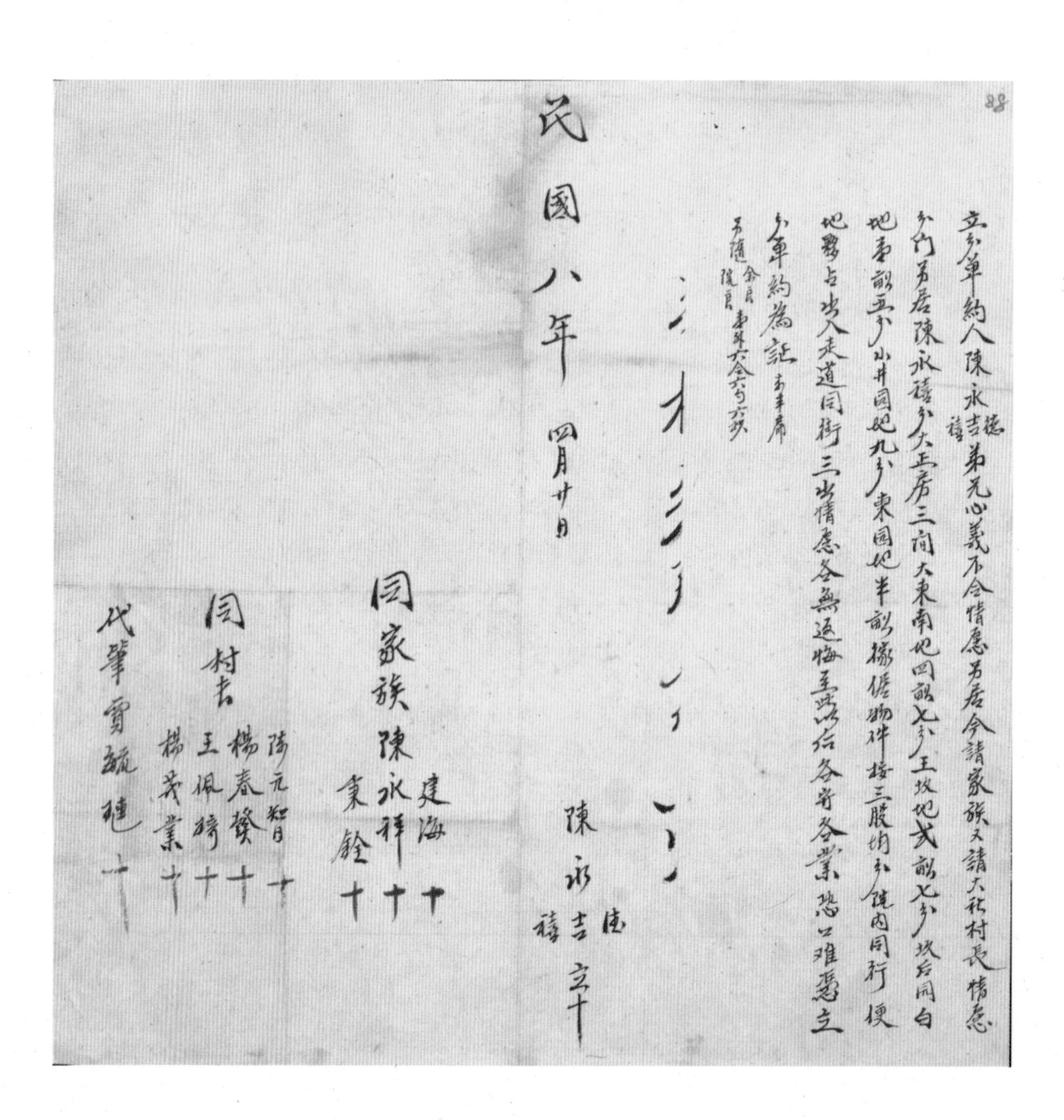

立分單約人陳永吉德禧弟兄心義不合情愿另居今請家族又請大社村長情愿
分門另居陳永禧分大正房三間大東南地四畝七分王坟地弍畝七分坟后同白
地東畝五分小井園地九分東園地半畝傢俱物件按三股均分院內同行便
地數占出入走道同街三出情愿各無返悔至此以后各管各業恐口難憑立
分單約為証 右半席
另隨余良陸良東平六合六勺六抄

民國八年四月廿日

陳永吉德禧立十

同家族 陳永祥 建海十 東銓十 十

同村長 陳元智十 楊春發十 王佩璋十 楊義業十

代筆 賈毓璉十

원문

立分單約人陳永德、永吉、永禧弟兄心義不合，情願另居。今請家族又請大社村長，情願分門另居。陳永禧分大正房三間、大東南地四畝七分、王墳地弍畝七分、墳後園白地壹畝五分、小井園地九分、東園地半畝。傢俱物件按三股均分，院內同行便地夥占，出入走道同街，三出情願，各無返悔，至此以後，各守各業，恐口難憑立分單約為証□豊扁。
另隨餘良院良壹升六合六勺六抄。

[半書] 壹樣三張，各執一張 。

民國八年四月廿日 陳永德、(永)吉、(永)禧立(十字押)
同家族 陳建海(十字押)、永祥(十字押)、秉銓(十字押)
同村長 陳元智(十字押)、楊春發(十字押)、王珮琦(十字押)、
楊茂業(十字押)
代筆 賈毓璉(十字押)

번역

分單 계약서를 작성하는 陳永吉, 陳永德, 陳永禧는 형제간에 뜻이 맞지 않아 분가하기를 희망한다. 오늘 친족과 大社村 村長 등에게 요청하여 분가를 진행하고 따로 살도록 한다. 陳永禧는 大正房 3間, 大東南地 4畝7分, 王墳地 2畝7分, 墳後園白地 1畝5分, 小井園地 9分, 東園地 半畝를 분배받는다. 傢俱 등의 물건은 삼분하고, 院內의 便道와 출입로는 형제 세 사람이 공동으로 소유한다. 이상은 세 사람이 원한 것이며 번복할 마음이 없으니, 이후 각자의 재산을 관리하도록 한다. 증거가 없을까 염려하여 分單 계약서를 작성하여 근거로 삼는다.
(陳永禧은) 별도로 餘糧, 院糧 1升6合6勺6抄를 갖는다.

[반서] 하나의 양식으로 세 장을 만들어 각기 한 장씩 갖도록 한다.

민국 8년 4월 20일 陳永吉, 陳永德, 陳永禧 작성(십자서명)
가족 陳永祥(십자서명), 陳建海(십자서명), 陳秉銓(십자서명)
촌장 楊春發(십자서명), 王珮琦(십자서명),
陳元智(십자서명), 楊茂業(십자서명)
대서인 賈毓璉(십자서명)

해설

분가할 때 재산 상속인의 친족이나 친우 등을 초빙하여 분가의식을 치루고 재산분할의 합법성과 공정성을 보장받았는데, 이는 가정의 재산분할이 각 가정의 일이었을 뿐 아니라 지역사회의 일종의 승인을 받는 일이었다는 것을 의미한다. 이런 점은 토지 매매에서 가장 명료하게 드러난다. 분가 과정에서도 이웃이나 친척에게 요청한다는 말이 보편적으로 나타나는 것에서 확인할 수 있다. 즉 중개인中人 중에 분가 주관인 혹은 재산 상속인과 친족 관계에 있는 사람, 예를 들어 부친의 사촌형제, 조카 혹은 모친의 친족 등이 등장한다는 것이다.

이 분서처럼 분할과정에서 친족뿐이 아니라 촌장과 같은 마을의 공적인 인물을 부르기도 했는데, 이를 통해 더욱 더 분서의 공적인 증거를 확보하고자 했던 것이다. 분서 내용을 보면 이 분서는 진영희陳永禧의 것이며, 형제 4인이 가옥, 토지, 생활용품 등에 대한 분할을 진행했으나 마당 등은 여전히 공유로 남겨두었다는 것을 알 수 있다. (Ⅲ-1/Ⅲ-2에도 해당)

III
형제균분의 운용

Ⅲ-1 형제균분의 전형

분석과 개괄

분가의 원칙인 형제균분은 전국시기에 그 정형이 나타나 민간에 널리 퍼져 있다가 당대에 와서 법제화되었다. 그 후 각 왕조들도 이를 법률 법령으로 규정했는데 문구에 거의 변화가 없을 정도로 유사성을 보이고 있다. 당대의 『당률소의唐律疏議』에 의하면 "동거 자손의 별적이재別籍異財를 허락하며 토지와 주택, 재물을 분할하되 형제에게 균분한다"고 되어 있다. 송대의 『송형통宋刑統』에도 동일한 내용이 보이고 있다. 『대명령大明令』 호령戶令에는 "적서嫡庶의 아들은 관직을 적장자손이 세습하는 것 외에, 가산과 토지를 분할하여 처첩 비생婢生을 불문하고 아들의 수에 따라 균분한다. 사생자는 아들 분량에 따라 반분半分한다. 만일 아들이 없으면 응계지인應繼之人(합당한 계승인)을 사자嗣子로 삼고 사생자와 균분한다. 응계지인이 없으면 (사생자가) 재산의 전부를 승계한다"고 규정되어 있다. 『대청율례大清律例』, 심지어는 민국시기의 현행법인 『대청현행률大清現行律』에도 이 『대명령』과 동일한 규정이 보이고 있다.[1]

1 『唐律疏議』 卷12 〈戶婚律〉에는 "疏議曰: 同居應分, 謂準令分別, 而財物不平均者, 準戶令: 應分田宅及財物者, 兄弟均分。妻家所得之財, 不在分限"이라고 되어 있다.(岳純之 點校, 『唐律疏議』, 上海古籍出版社, 2013, p.202) 『宋刑統』 卷12 〈戶婚律〉에는 (準)"戶令, 諸應分田宅者及財物, 兄弟均分, 妻家所得之財, 不在分限。兄弟亡者, 子承父分, 兄弟俱亡, 則諸子均分。其未娶妻者, 別與娉財。姑姊妹在室者, 減男娉財之半。寡妻妾無男者, 承夫分。若夫兄弟皆亡,

가산을 승수할 수 있는 사람은 일반적으로 적서嫡庶를 불문하고 가산분할 주재자의 친생자親生子였다. 딸은 가산 분할에서 제외되었다. 현실적으로 숙질간, 조손간의 분가가 행해졌지만 분방은 반드시 부자지간에 성립되는 것이므로 직접적으로 숙질간 혹은 조손간의 분방이 이루어지는 것은 아니었다. 만일 분가할 때 형제 중 사망자가 있을 경우 형제를 대신하여 그 아들, 즉 조카가 그 형제의 몫을 분배받는 것이었다(兄弟亡者, 子承父分). 조손간, 숙질간이라는 것은 결과적인 것이었을 뿐, 분방의 기본 원칙은 부친과 아들 간의 분배였기 때문이다.

가산을 분할할 때 품탑과 제비뽑기 그리고 분가의식을 통해 분서는 그 합법성을 인정받았다. 따라서 민간에서 가산을 분할할 때 형제균분의 원칙은 기본적으로 준수되었던 것으로 보인다. 민국시기 전반의 민사 습관을 반영하고 있는 『민사습관조사보고록民事習慣調査報告錄』에 따르면, 호북성湖北省 등지에서는 적서에 차별을 두어 형제균분 했으며, 복건성福建省, 흑룡강성黑龍江省, 하남성河南省, 산동성山東

同一子之分"으로 되어 있다.((宋)竇儀 等, 『宋刑統』, 中華書局, 1984, p.197) 『大明律』 卷4 〈卑幼私擅用財條〉에는 "凡同居卑幼不由尊長, 私擅用本家財物者, 二十貫笞二十, 每二十貫加一等。罪止丈一百。若同居尊長應分家財不均等者, 罪亦如之"로 되어 있다. 이에 대해 『大明令』 〈戶令〉에서 보충 설명하고 있다. 즉 "凡嫡庶子男, 除有官廕襲, 先儘嫡長子孫, 其分析家財田產, 不問妻妾婢生, 止依子數均分。姦生之子, 依子量與半分, 如別無子, 立應繼之人爲嗣, 與姦生子均分。無應繼之人, 方許承繼全分", "凡戶絶財產, 果無同宗應繼者, 所生親女承分。無女者入官。"(懷效鋒點校, 『大明律』, 遼瀋書社, 1990, p.48, pp.238-239) 이것은 그대로 대청율례로 이어졌다. 『大清律例』 卷8 〈戶律戶役〉에는 "凡同居卑幼, 不由尊長私擅用本家財物者, 十兩笞二十, 每十兩加一等, 罪止杖一百。若同居尊長應分家財不均等者, 罪亦如之", "嫡庶子男, 除有官蔭襲先盡嫡長子孫, 其分析家財田產, 不問妻妾婢生, 止以子數均分。姦生之子, 依子量與半分。如別無子, 立應繼之人爲嗣, 與姦生子均分。無應繼之人, 方許承繼全分。戶絶, 財產果無同宗應繼之人, 所有親女承受。無女者, 聽地方官詳明上司, 酌撥充公"으로 되어 있다.(上海大學法學院, 『大清律例』, 天津古籍出版社, 1993, pp.201-202) 이는 대청현행률에서도 동일하다. 『大清現行律』 卷5 〈戶役〉에는 "嫡庶子男分析家財田產, 不問妻妾所生, 止以子數均分。姦生之子, 依子量與半分。如別無子, 立應繼之人爲嗣, 與姦生子均分。無應繼之人, 方許承繼全分。戶絶財產, 果無同宗應繼之人, 所有親女承受。無女者, 聽地方官詳明上司, 酌撥充公"으로 되어 있다.(懷效鋒主編, 『清末法制變革史料』(下卷), 刑法·民商法編, 中國政法大學出版社, 2010, p.302)

省, 섬서성陝西省 등지에서는 적서의 차별 없이 형제균분이 행해졌다고 보고되어 있다. 그러나 다른 지역에서는 호절戶絶(대가 끊긴) 가정에서의 친녀의 재산분할 여부나 이성異姓 사자嗣子의 계승 여부 등은 언급하면서도[2] 형제균분에 대해서는 보고하고 있지 않은데, 이것은 지극히 당연하여 오히려 특별히 언급하지 않았다고 할 수 있다.

1940년대 화북 농촌관행조사에서도 균분의 재산분할이 준수되었다는 것이 확인된다. 만일 가장이 임의로 불균등 분배를 할 수 있는가라는 물음에 "가능하지 않다"고 대답하고 있으며, 그 이유는 모두 동거했다가 재산 분할을 하므로 특별한 이유가 없는 한 반드시 균분을 해야 하고, 그렇게 하지 않았을 때에는 불만을 갖게 되고 이의를 제기할 수 있다는 것이다.[3] 심지어는 만일 부친이 분가할 때 특정한 아들에게 더 많이 분할하도록 유언을 남겼다면 과연 준수해야 하는가를 묻는 질문에 "준수할 필요가 없다"고 답하고 있다.[4] 이 말은 유언을 완전히 무시해도 된다는 의미가 아니라 유언도 형제균분을 크게 벗어나지 않는 범위 내에서, 재산 승수자나 분가의식의 참여자들이 수긍하는 범위 내에서 이루어졌다는 의미일 것이다.

2 前南京國民政府司法行政部編, 『民事習慣調査報告錄』, 中國政法大學出版社, 2005, pp.609-856.
3 中國農村慣行調査刊行會編, 『中國農村慣行調査』(3), 岩波書店, 1955, p.86.
4 中國農村慣行調査刊行會編, 『中國農村慣行調査』(5), 岩波書店, 1956, p.457.

14 강희40년 分單

하북성, 1701

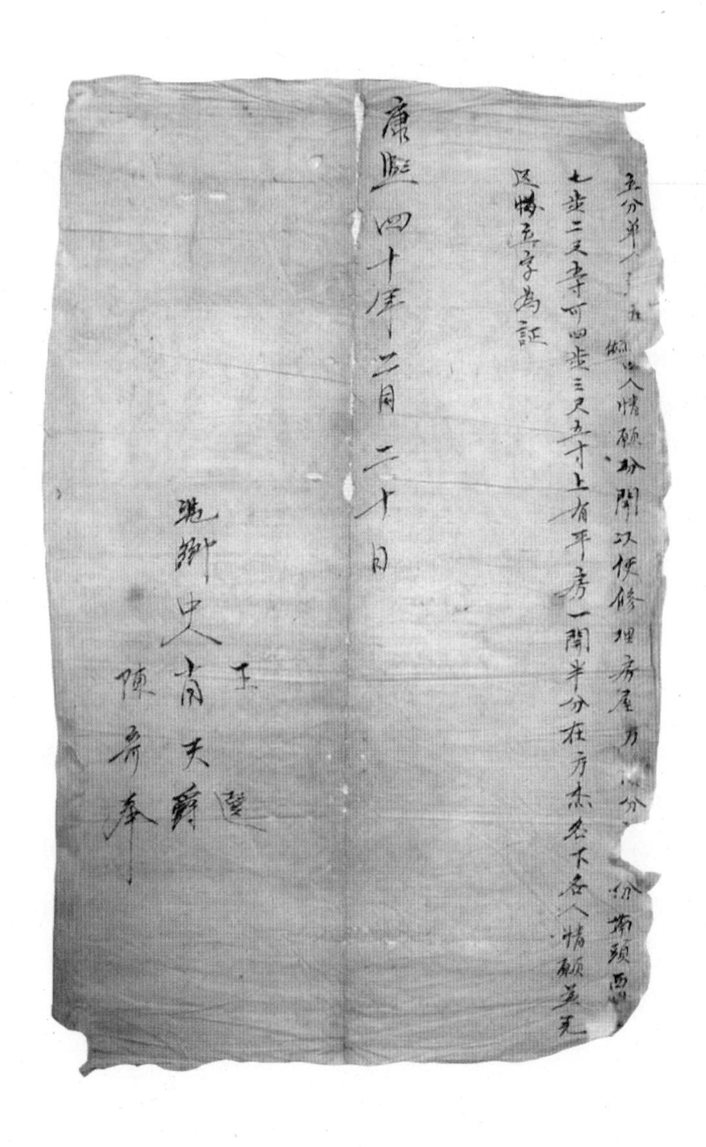
立分單人[illegible] 婦[illegible]人情願將閑以便修理房屋方[illegible]分[illegible]分南頭西[illegible]
七步三丈寺 可四步三尺五寸 上有平房一間半 分在方杰名下 各人情願並无
反悔 立字為証
康熙四十年十二月二十日
說鄉中人 王甫 夫爵
陳希季

원문

立分單人……人情願分開, 以使修理房屋方……分……分, 南頭西……七步二尺五寸, 可四步三尺五寸, 上有平房一開半, 分在方杰名下, 各人情願, 並無返悔, 立字為証。

康熙四十年二月二十日
憑鄕中人　王選、肖天爵、陳奇奉

번역

분단을 작성하는 □□□는 분가를 원하여 방옥을 수리하게 하고 남쪽…7步2尺5寸, 4보3척5촌, 위에 있는 平房 1칸 반을 方杰에게 분배한다. 각 사람이 원하고 동의하여 후회하지 않으니 계약서를 작성하여 증거로 삼는다.

강희 40년 2월 20일
중재인　王選, 肖天爵, 陳奇奉

해설

이 분서는 여타의 분서에 비해 내용이 상당히 간략하고 분서 작성인 부분에서 글자의 결락으로 확인할 수 없으나 方杰에게 재산분할을 했다는 것을 그 다음 행에서 확인할 수 있다. 또한 분서에서 빠질 수 없는 부분이 분가사유인데 이 분서에는 "원해서 분가한다"라고만 되어 있어 자세한 것은 알 수 없다. 이 분서는 택지의 면적을 나타낼 때 일반적으로 사용되는 무畝로 표기하지 않고 토지의 길이와 너비로 표기하고 있는 것이 특징이다.

15 광서23년 甯金鏞, 甯金銑 형제 分撥字據

산서성, 1897

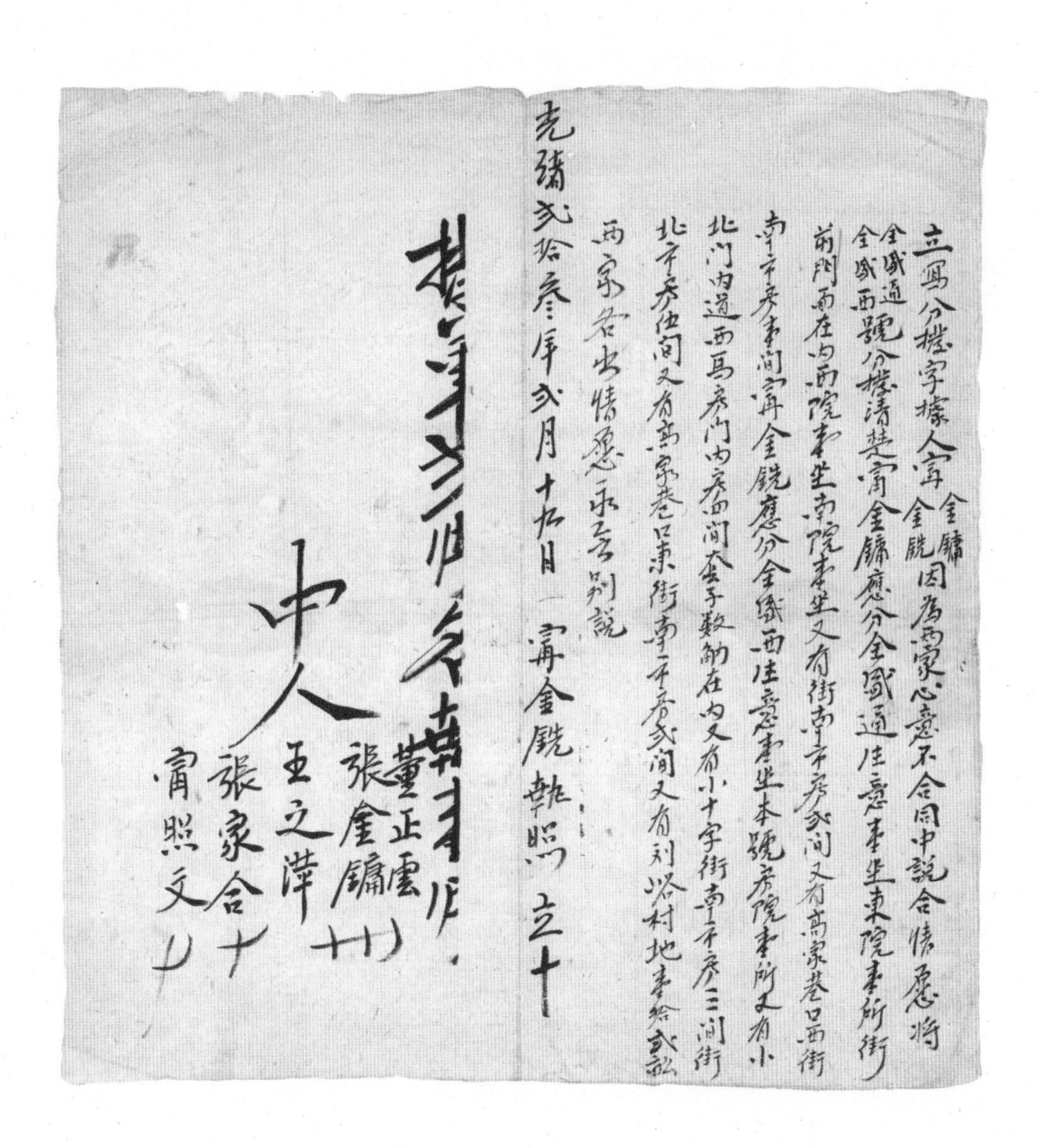
立寫分撥字據人甯金鏞 金銑 因為兩家心意不合同中說合情愿將
金盛道 金盛西號分撥清楚甯金鏞應分金盛道住意東坐東院東所街
前門面在內西院東坐南院東坐又有街南平市房貳間又有高家巷口西街
南平市房東間甯金銑應分金盛西住意東坐本號房院東所又有小
北門內道西高房門內房西間大盆子數前在內又有小十字街南平市房三間街
北平房伍間又有高家巷口東街南平市房貳間又有劉姚村地東給貳畝
兩家各出情愿承無別說
光緒貳拾叁年貳月十九日 甯金銑 執照 立十
中人 董正雲 張金鏞 十 王之湋 十 張家合 十 甯照文 十

원문

立寫分撥字據人寧金鏞、金銑，因為兩家心意不合，同中説合，情願將全盛通、全盛西號分撥清楚。寧金鏞應分全盛通生意壹坐、東院壹所、街前門面在內西院壹坐、南院壹坐，又有街南市房弍間，又有高家巷口西街南市房壹間。寧金銑應分全盛西生意壹坐、本號房院壹所，又有小北門內道西馬房門內房四間套子數斛在內，又有小十字街南市房三間、街北市房伍間，又有高家巷口東街南市房弍間，又有劉峪村地壹拾弍畝。兩家各出情願，永無別說。

光緒弍十叁年弍月十九日 寧金銑執照 立(十字押)。
[半書] 撥单弍張，各執壹張。

中人 董正雲(十字押)，張金鏞(十字押)，王之萍(十字押)
張家合(十字押)，寧照文(十字押)

번역

分撥字據를 작성하는 寧金鏞，寧金銑은 양가의 뜻이 맞지 않아，중개인의 중재 하에 全盛通，全盛西 양가의 商號에 대해 분할을 진행한다. 寧金鏞은 全盛通 生意 1座，東院 1所，街前門面在內 西院 1座，南院 1座，街南市房 2間，高家巷口 西街南市房 1間을 받는다. 寧金銑은 全盛西 生意 1座，本號房院 1所，小北門內道 西馬房內房 4間(套子數斛在內)，小十字街南市房 3間，街北市房 5間，高家巷口 凍結南市房 2間，劉裕村地 12畝를 받는다.
양가가 모두 원한 것이므로 영원히 다른 말을 해서는 안 된다.

광서 23년 2월 19일 寧金銑이 증명서 작성
[반서] 撥單 2장은 각기 1장씩 소지한다.

중개인 王之萍(십자서명), 董正雲(십자서명), 張金鏞(십자서명),
張家合(십자서명), 寧照文(십자서명)

해설

분발서를 작성한 사람은 영금용寧金鏞과 영금선寧金銑 두 형제이다. 이 분발서는 양가의 생각이 맞지 않아서 전성통全盛通, 전성서全盛西 두 상호商號 자산에 대해 분할을 진행한 것이다. 해당 분발서에 따르면 영금용, 영금선 형제가 분할한 재산은 주로 두 곳의 상호였으며, 형제 두 명이 각기 한 상호를 분배받는다는 것이다. 그중 이 분발서는 마지막 낙관으로 보아 영금선의 것이라는 것을 알 수 있다. 이러한 분할 방식은 일반적으로 상인가정에서 소유권과 경영권을 한 사람의 수중에 몰아주는 방식과는 달리 각각 한 상호를 소유하고 경영하게 하는 것이다. 상호를 하나씩 나누어 갖게 되면 이후 형제 가정 간의 분쟁의 가능성은 줄어들게 된다.

두 곳의 상호 외에, 형제는 또 가옥, 점포門面, 시방市房 등을 받았는데, 여기서 '시방'이라는 것은 영업을 하는 건물을 가리키는 것으로 보인다. 즉 영씨 집안은 상업을 주업으로 하는 상인가정으로, 건물 등의 고정 자산을 주요 자산으로 가지고 있는 것으로 보아 가산이 상대적으로 많은 가정임을 알 수 있다.

16 광서24년 張貞祥과 조카 張六合의 分單

하북성, 1898

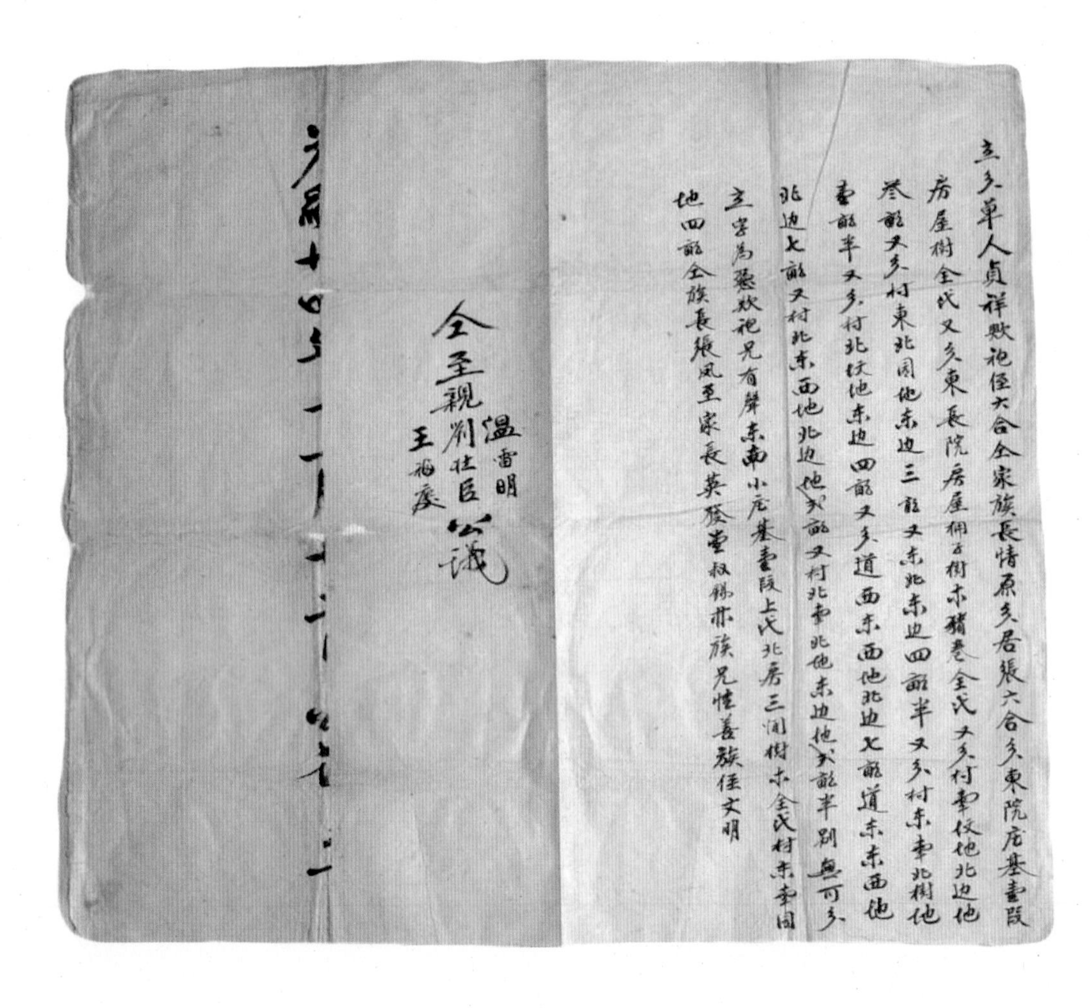

立分單人貞祥歎袍侄六合仝家族長情愿分居張六合分東院房基壹段
房屋樹全代又分東長院房屋捌分樹木楮卷全代又分村東伙地北邊地
叁畝又分村東北園地東邊三畝又東北東邊四畝半又分村東東北樹地
壹畝半又分村北伙地東邊四畝又分道西東西地北邊七畝道東東西地
北邊七畝又村北東西地北邊地弍畝又村北東北地東邊地弍畝半別無可分
立字為張歎袍兄有聲東南小房基壹段上代北房三間樹木全代村東東園
地四畝仝族長張鳳至家長英發壹叔錫爵族兄惟善族侄文明

仝至親 温普明 劉壯臣 王福慶 公議

光緒廿四年十一月十二日立

원문

立分單人貞祥欵袍侄六合仝家族長情原[願]分居, 張六合分東院莊基壹叚, 房屋樹全代; 又分東長院房屋, □子、樹木、猪卷全代; 又分村南墳地北邊地叁畝; 又分村東北園地東邊三畝; 又東北東邊四畝半; 又分村東南北樹地壹畝半; 又分村北墳地東邊四畝; 又分道西東西地北邊七畝, 道東東西地北邊七畝; 又村北東西地北邊地弍畝; 又村北南北地東邊地弍畝半, 别無可分, 立字為憑。欵袍兄有聲東南小莊基壹叚, 上代北房三間, 樹木全代, 村東南園地四畝, 仝族長張鳳至、家長英發、堂叔錫林、族兄性善、族侄文明。

仝至親 溫雷明、劉壯臣、王福慶公議
[半書] 光緒廿四年……

번역

분단을 작성하는 張貞祥은 친조카 張六合과 함께 家長의 면전에서 分居하기를 희망한다. 張六合이 분배받은 것은 다음과 같다. 즉 東院宅基地 1段을 분배받는데 房屋과 나무도 여기에 포함된다. 東長院의 방옥과 □子, 樹木 그리고 豬圈도 함께 분배받으며, 마을 동쪽에 남북방향으로 뻗은 樹地 1.5무도 받는다. 또 마을 북변의 墳地의 동쪽 모서리 4무와 길 서쪽에 동서 방향으로 뻗은 땅 북변의 7무, 길 동쪽에 동서 방향으로 뻗은 땅 북변의 7무를 분배받는다. 마을 북변에 동서 방향으로 뻗은 땅의 북변 2무를 분배받으며, 마을 북변에 남북 방향으로 뻗은 땅 동변 2.5무를 분배받는다. 그 외에 다른 것은 (더 이상) 나눌 것이 없다. 서면계약을 작성하여 이를 후일의 빙증으로 삼는다. 친형과 함께 동남쪽 작은 장원 터 1 段은 北房 3칸과 上代하고 수목은 모두 마을 남쪽의 園地 4무에 포함한다는 것을 언명한다. 족장 張鳳至, 가장 (張)英發, 당숙 (張)錫林, 족형 (張)性善, 족질 (張)文明이 (이를) 명문화한다.

至親인 溫雷明, 劉壯臣, 王福慶이 의논함.

[반서] 광서24년……

해설

이 분서의 분가 주체는 항렬이 다른 두 사람인 숙부 장정상張貞祥과 조카 장육합張六合이다. 이는 전통 분서에서 일반적으로 보이는 유형으로, 분가 당시 장육합의 부친은 이미 세상을 떠난 상태였고 부친 생전에 분가가 이루어지지 않았기 때문에 부친을 대신하여 장육합이 분가에 참여한 것임을 알 수 있다. 한편 문서에는 장육합이 나누어 받아야 할 가산의 수량만 기재되어 있는 것으로 보아 이 문서는 장육합의 것으로 보인다.

이 분서에서 주목할 만한 것은 나눈 가산 중에 분가할 때 일반적으로 볼 수 있는 토지, 가옥, 가축, 수목 외에 특수한 토지 자산, 즉 분지墳地가 있다는 것이다. 이러한 토지는 형제들이 서로 약속하여 매장을 위한 용도로만 쓰고 경작을 하지 않았던 것이다. 문서 마지막에 증인으로 채택된 사람 중에는 해당 종족의 족장, 가족의 가장, 당형堂兄, 족형族兄 및 족질族侄 외에 지친至親 세 명이 초청되었다. 이들은 성이 다른 것으로 보아 같은 종족의 사람은 아니지만 한 가정의 대사를 결정하는 과정에서 중요한 작용을 하는 외숙부, 외사촌 등 친연親緣 관계에 있는 사람으로 보인다.

17 민국3년 原啓鐸과 조카들 分書

산서성, 1914

立寫分書人原啟鐸同姪泉潭同寫家道不和難以理料家事叔姪商議各情願
析居另過各管各業亦因胞三兄啟鏞去世乏嗣無後令同親族說合將啟鐸次子
孔名海過繼與胞三兄承嗣所有產業地畝均按四股分明自分之後各出情願並
無異說不可有違分書恐後無憑立分書一樣四張為據

分書一樣四張各執一張

大中華民國三年歲次甲寅二月二十二日 立寫分書人原啟鐸同姪泉潭析居照

泉分大院西房儘南壹間半 大院南房弍間 北門內路西場四股之一儘南邊場房壹間 牛圈四股之一北房儘東弍間
欽水缸壹箇 獅子墓地八畝九分壹厘弍毫 二橫道地弍畝七分九厘 馬村斜地叁畝九分五厘五毫 老坟地四畝
橫村道地弍畝五分 東東鄉垛地六畝九分 西北斜地七畝叁分六厘 西五合地弍步 東五合北邊地叁步
小泉地壹畝弍分叁厘三毫 梔園地壹畝五分 大院北房若有紅白喜事許泉居站

同親族 原國泰 原春發 王儒 郭家麟 原麒 張五四

원문

立寫分書人原啟鐸同姪泉潭因爲家道不和, 難以理料家事, 叔姪商議, 各情願析居另過, 各管各業。玆因胞三兄啟鏞去世乏嗣, 無後, 今同親族說合, 將啟鐸次子乳名海過繼與胞三兄承嗣。所有產業、地畝均按四股分明, 自分之後, 各出情願並無異說, 不可有違分書, 恐後無憑, 立分書一樣四張為據。

[半書] 分書一樣四張, □□一張

大中華民國三年歲次甲寅二月二十二日 立寫分書人原啟鐸同姪泉潭析居照。
泉分大院西房儘南壹間半, 大院南房弍間出入場門樓許官, 北門內路西場四股之一儘南邊場廈壹間牛圈四股之一北房儘東弍間。
鉄水缸壹箇, 獅子墓地八畝九分壹厘弍毫, 二橫道地弍畝七分九厘, 馬村斜地叁畝九分五厘五毫, 老墳地四畝。
續村道地弍畝五分, 東棗墎垛地六畝九分, 西北滰地七畝叁分六厘, 西五東邊合地弍步, 東五和北邊地叁步。
小泉地壹畝弍分參厘叁毫, 桃園地壹畝五分, 大院北房若有紅白喜事許泉居站。

同親族 原國泰、原春發、王儒、郭家麟、原麒、張五四

번역

분서를 작성하는 原啟鐸은 조카 泉, 潭과의 불화로 가사를 관리하기 어려워져 숙질 간 상의한 후 분가하여 각기 산업을 관리하기를 원한다. 셋째 형 啟鏞이 세상을 떠났지만 후사가 없어 금일 친족의 중재 하에 계탁의 차남 海를 셋째 형의 양자로 보낸다. 집안의 產業, 地畝는 모두 확실하게 4등분한다. 분가는 각자 원해서 한 것이니 이의가 없어야 하며 분서에 위반하는 행위가 있어서는 안 된다. 이후 증거가 없을 것을 염려하여 분서를 같은 양식으로 4장을 작성하여 근거로 삼는다.

[반서] 동일 분서 4장으로 증거를 삼는다.

중화민국 3년 歲次 甲寅 2월 21일 분서 작성인 原啟鐸, 조카 泉과 潭이 분가하여 증서를 보관한다.
조카 泉이 받은 것은 大院西房儘南 1間半, 大院南房 2間, 北門內路西場四股之一儘南邊場廈 1間, 牛圈四股之一北房儘東 2間, 鐵水缸 1箇, 獅子墓地 8畝9分1厘2毫, 二横道地 2畝7分9厘, 馬村斜地 3畝9分5厘5毫, 老墳地 4畝, 續村道地 2畝5分, 東棗埒垛地 6畝9分, 西北滰地 7畝3分6厘, 西五合地 2步, 東五和北邊地 3步, 小泉地 1畝2分3厘3毫, 桃園地 1畝5分, 大院北房若有紅白喜事許泉居站이다.

친족 王儒, 郭家麟, 原國泰, 原春發, 原麒, 張五四

해설

분서의 주관자는 원계탁原啟鐸이고 상속인은 천泉과 담潭 두 조카이다. 그러나 "집안의 산업產業과 토지地畝는 모두 확실하게 4등분 한다"는 것으로 보아, 원계탁의 형제는 넷이며 이중 셋째 형의 후사가 없어 자신의 차남 해를 셋째 형의 후사로 삼았다. 이들 원계탁의 네 형제는 이전에 분가한 적이 없었던 것으로 보인다. 천과 담은 각각 첫째 형과 둘째 형의 아들인데, 두 명의 조카가 이 분가에 참여한 것으로 보아 원계탁의 첫째 형과 둘째 형도 이미 사망한 것으로 추정된다. 이들은 각각 자신의 부친을 대신하여 이 분가에 참여한 것이다. 그러므로 분가는 자신과 두 조카 그리고 셋째 형의 후사인 자신의 차남 해海, 이렇게 네 명이 한 것이다.

분서 뒷부분에 분가 후 각 상속인이 받은 가산의 목록을 첨부하였는데, 이 목록으로 보아 이 분서는 원계탁의 조카 '천'의 것이며, 그가 받은 가산은 가옥과 토지 등이었다. 마지막 부분에 약정한 "큰마당大院 북방北房은 만약 경사가 있을 경우 '천'의 거참居站을 허락한다"고 하였는데, 여기서 '거참居站'은 참여한다는 뜻으로 추정된다. 북방北房은 일반적으로 집안 손위 어른이 거주하는 가옥으로서, 원씨 가족의 어른, 즉 이 분가의 주관인인 원계탁이 이번 분가 후 경사가 있을 때 조카 '천'이 참여할 수 있도록 허가한다는 뜻인 것으로 보인다.

18 민국9년 邱集德堂 椒字號 鬮書

안휘성, 1920

제1장

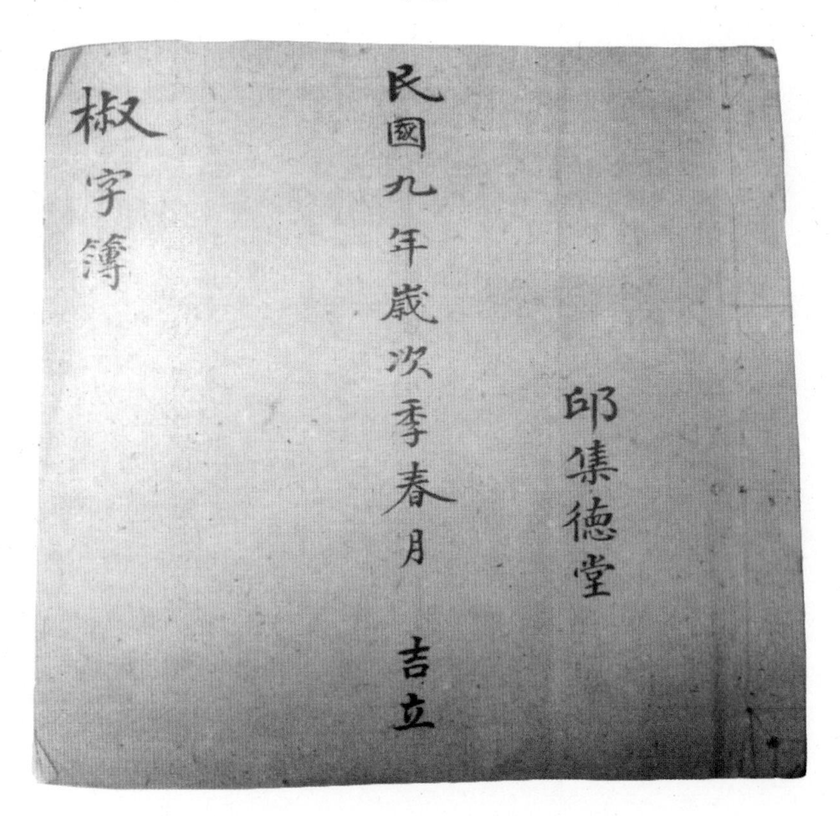
邱集德堂
民國九年歲次季春月 吉立
椒字簿

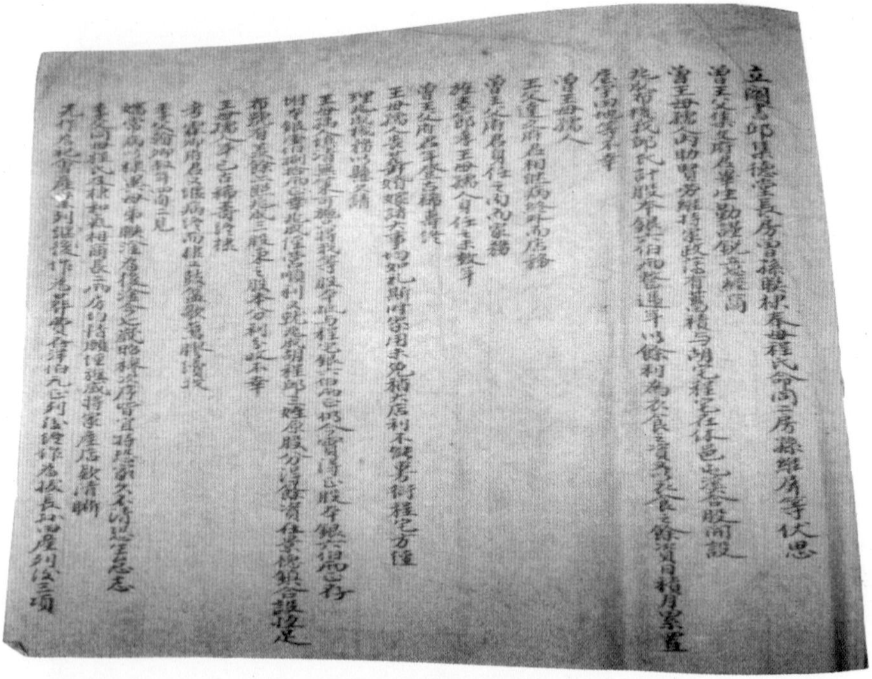

제3장

제4장

一土名 章子墩田一坵計租六碩正 下漆灯坦一块計豆子斤 共典價英洋四拾元正

一土名鴨脚林黃麥典首坦一块

一土名 烏陽林下灰 坐西下坵 係欣字號田[illegible]坵計租九碩

一地土名郎氏祠前園地叁块

共計屋兩堂計地弍處計田四處計坦弍處

集德堂存葬費

议存洋佰元正其洋存二房各領五拾元正

葬故之日兩房認出不得藉口以延期誤葬大事

제5장

集德堂拨長孫産現銀

一土名社屋背係昃字號計田租廿四碩正

一土名社屋背係昃字號計田租拾碩正

一現洋壹佰元正以上田洋永归長孫支承受

제6장

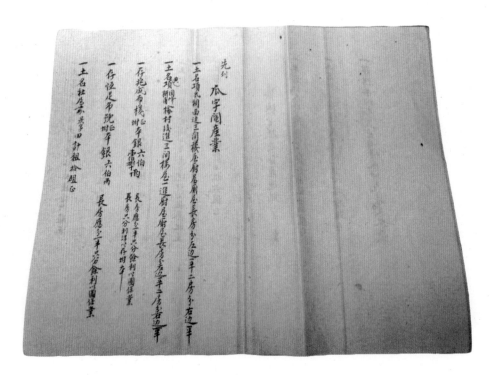

先列

瓜字閣產業

一土名項大祠西边三间樓屋厨屋厠屋長房分左边一半二房分右边一半

一土名項[illegible]榆村後進三间樓屋一進厨屋厠屋長房分左边一半二房分右边一半

一存兆成布棧[illegible]本銀六伯[illegible]兩　長房應分一半只分餘利以圖保業　長房只分利洋以存本

一存恒足布號[illegible]本銀六伯兩　長房應分一半只分餘利以圖保業

一土名社屋前[illegible]田計租拾砠[illegible]

제7장

一土名社尾前吳字號計田租拾六碩正

一土名社尾脚下吳字號計田租九碩正

一土名社尾脚下吳字號計田租六碩正

一土名檢村本菜園脚下吳字號計田租叁碩正

一土名青陂段日字號計田租六碩正

一土名程高段　字號計田租拾八碩正

共計田租六拾八碩　比較閏三田租叁碩孫補青田之息

一土名社尾脚下坦壹坵計豆租兩斤半

一土名和尚林坦壹坵計豆租五斤

共計坦租七斤

一餘菜園壹坵僳三間屋面前長二兩房各分一半

제8장

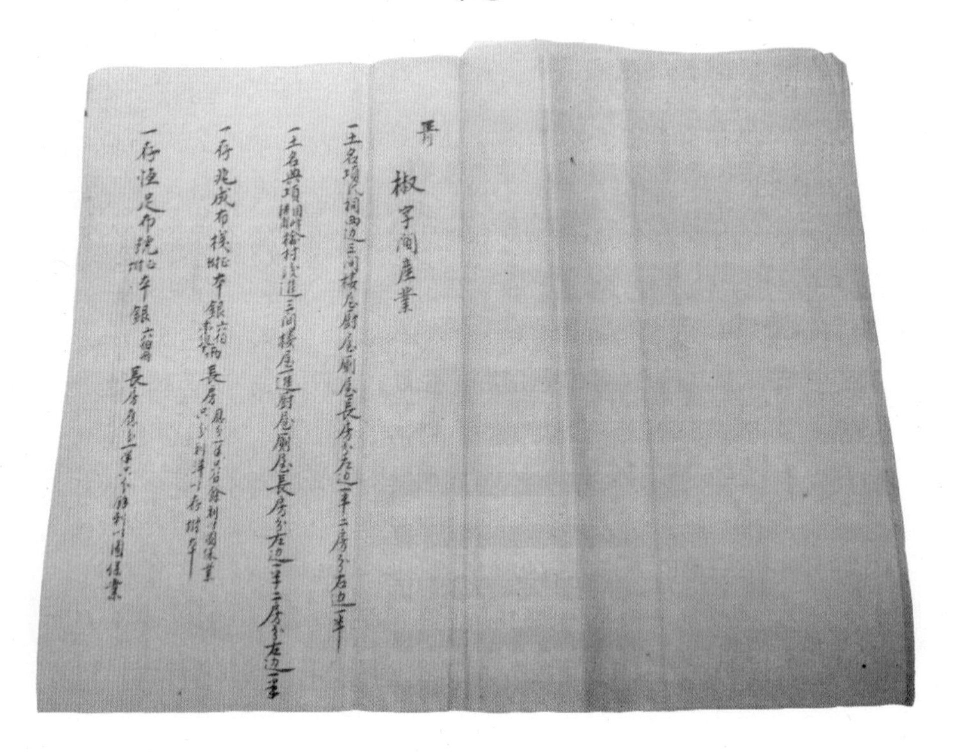

[illegible]

椒字閣產業

一土名項氏祠西边三间楼屋厨屋厕屋長房分左边一半二房分右边一半

一土名典項[illegible]梅村後進三间楼屋進厨屋厕屋長房分左边一半二房分左边一半

一存兆成布栈[illegible]本銀六佰[illegible] 長房[illegible]

一存恆足布號[illegible]本銀六佰[illegible] 長房[illegible]

제9장

一土名楡村大路边昃字號計田租拾碩正

一土名楡村本屋背昃字號小大田兩坵計租弍拾碩正

一土名本屋脚下昃字號計田租六碩正

一土名楡村三房昃字號計租捌碩正

一土名青陂段　字號計租捌碩正

一土名青陂段大路边　字號計田租拾叁碩正

共計田租六拾五碩 此係閣少田租叁碩官合叁兩息也

一土名楡村胡氏祠面前坦屯坵計豆子兩斤半

一土名[illegible]洸坦屯坵計豆子五斤 洸排

共計坦租七斤

一餘安園屯坵係三間屋面前長二兩房各分一半

제10장

원문

1

邱集德堂　　　　民國九年歲次季春月　吉立　　　　椒字簿

2

立鬮書邱集德堂長房曾孫聯棣，奉母程氏命，同二房孫維屏，等伏思

曾王父集文府君，畢生勤謹，銳意經商。

曾王母孺人，內助賢勞，維持家政，蕩有蓄積，與胡宅、程宅在休邑屯溪合股開設兆成布棧。我邱氏計股本銀六百兩整，遞年以餘利爲衣食之資，又以衣食之餘資日積月累，置屋宇、田地等。不幸曾王母孺人、王父達之府君相繼病終，外而店務。曾王父府君身任之，內而家務。

旌表節孝王母孺人身任之，未數年，曾王父府君年登古稀壽終。王母孺人，喪葬、婚嫁諸大事均如禮，斯時家用未免稍大，店利不能敷衍。程宅方經理兆成棧務以懸欠請。王母孺人填清無策可施，只將我等股本抵與程宅銀六百兩整，仍今實得正股本銀六百兩整存坿，本銀壹佰捌拾兩正。幸兆成經營順利，又就兆成胡、程、邱三姓，原股分得餘資在景德鎮合設恒足布號。有羨餘二照，兆成三，股東之股本分利分收。不幸王母孺人年已古稀壽終。棣考霖卿府君又繼病終，而棣又鼓盆歌鳶膠。續我季父翰卿叔年四旬二，見嬸常病，以棣異母弟聯淦爲後，淦今七歲，昭穆次序皆宜，特恐家久不清，恐生怠志。季父同母程氏及棣，和氣相商，長、二兩房均情願，經旌戚將家產、店款清晰。先作爲祀會產業列，繼後作爲葬費存洋佰元正列後，終作爲撥長孫田產，列後三項（接後文）

3

以外配搭勻停，分瓜、椒兩鬮，立鬮書一樣兩册，取瓜綿椒衍意也。擇吉拈鬮，各管各業，勿得異言。其祀會長、二房各經理一年，祭祖、納糧均值年家主任，責有攸歸，此舉本長、二房同心，絕無私見，方期清晰之後，我長、二兩房，各宜奮志，時刻

不念前人創守之難，勉我等後日振興之志，榮我宗，耀我祖，願合力勖之。敬書緣由，以弁鬮書首。

民國九年歲次庚申季春月　　吉日 邱集德堂

長房曾孫聯棣(押)、母奉程氏(押)、二房孫翰卿(押)

秉筆　曾孫聯棣(押)

族　篤平(押)、積達(押)、建樊(押)

戚　項榮士(押)

世誼　胡慶祥(押)

集德堂祀會產業

一土名睦讓佃，汪連信益達共典價英洋四拾元正；

一餘小屋壹披，土名邱氏祀東邊隔壁；

一項氏祀西邊，即住屋前面四合破屋全堂；

一地土名大坿塢坦兩級，上級有墳王父考 母妣合墓，又舒氏墓；

一土名水碓邊青田計租陸砠正價四拾元正。

4

一土名童子墩田一坵計租八砠正，下添燈坦一塊計豆子五斤，共典價英洋四拾元正；

一土名鴨腳林黃苓典首坦一塊；

一土名鳥豬林下嶺、照童子墩係成字號田壹坵計租九砠；

一地土名邱氏祀前園地叁塊；

共計屋兩處，計地弍處，計田四處，計坦弍處。

集德堂存葬費

議存洋佰元正，其洋存長、二房，各領五拾元正；

葬墳之日，兩房認出，不得借口以延期，誤葬大事。

5

集德堂撥長孫產現銀

一土名祉屋背係戻字號計田租廿四砠正;

一土名祉屋背係戻字號計田租拾砠正;

一現洋壹佰元正, 以上田洋永歸長孫支承受;

6

先列　　瓜字鬮產業

一土名項氏祀西邊三間, 樓屋、廚屋、廁屋, 長房分左邊一半, 二房分右邊一半;

一土名典項閆峰、耕甫, 榆村設進三間樓屋一進, 廚屋、廁屋。長房分左邊一半, 二房分右邊一半;

一存兆成布棧正本銀六百兩, 長房應分一半, 只分餘利以圖保業; 坿本銀一百捌十兩, 長房只分利洋以存坿本 ;

一存恒足布號坿、正本銀六佰兩, 長房應分一半, 只分餘利以圖保業;

一土名祉屋前戻字田計租拾砠正。

7

一土名祉屋前, 戻字號計田租拾六砠正;

一土名祉屋腳下, 戻字號計田租九砠正;

一土名祉屋腳下, 戻字號計田租六砠正;

一土名榆村本□圓腳下, 戻字號計田租叁砠正;

一土名青陂段, 日字號計田租六砠正;

一土名程高段,　　字號計田租拾八砠正;

共計田租六拾八砠,　比椒鬮多田租叁砠, 彌補青田之意;

一土名祉屋腳下坦壹塊, 計豆租兩斤半;

一土名和尚林坦壹塊, 計豆租五斤;

共計坦租七斤半;

一餘□圓壹塊，係三間屋面前長二兩房各分一半。

8

正列

椒字鬮產業

一土名項氏祠西邊三間，樓屋、廚屋、廁屋，長房分左邊一半，二房分右邊一半;

一土名典項閏峰、耕甫，榆村後進三間樓屋一進，廚屋、廁屋。長房分左邊一半，二房分右邊一半;

一存兆成布棧正本銀六百兩，長房應分一半，只分餘利以圖保業; 坿本銀一百捌十兩，長房只分利洋以存坿本 ;

一存恒足布號坿、正本銀六佰兩，長房應分一半，只分餘利以圖保業。

9

一土名榆村大路邊，戻字號計田租拾砠正;

一土名榆村本屋背，戻字號小大田兩坵計租弍拾砠正;

一土名本屋腳下，戻字號計田租六砠正;

一土名榆村三房，戻字號計租捌砠正;

一土名青陂叚，　　字號計租捌砠正;

一土名青陂叚大路邊，　　字號計田租拾叁砠正;

共計田租六拾五砠，比瓜鬮少田租叁砠，皆穀麥兩熟也;

一土名榆村胡氏祠面前坦壹塊，計豆子兩斤半;

一土名沉排坦壹塊，計豆子五斤，共計坦租七斤半;

一餘□圓壹塊係三間屋面前，長二兩房各分一半。

10

[반서] 民國九年庚申春季吉邱集德堂分瓜字椒字鬮書一樣二册

[반서] 拈各執一册

번역

1

邱集德堂이 민국 9년 봄 3月에 작성한 椒字 장부

2

邱集德堂 長房의 증손자 聯棣는 모친 程氏의 뜻에 따라 二房의 손자인 維屏 등과 先祖를 추억하였다. 증조부인 集文 府君께서는 일생을 성실하고 건실하게 상업에 종사하셨다. 증조모는 근검절약하며 가사를 주도하셔서 적지 않은 돈을 남기시어 胡氏와 程氏 두 가문과 休邑 屯溪에 동업으로 兆成布棧을 개설하셨다. 우리 邱氏 가문은 600량의 자본금을 출자하였고 매년 나오는 이윤을 일가의 생활비로 삼았다. 또한 의복비와 식비를 제외하고 남은 돈은 날마다 달마다 모아서 건물과 田地 등을 구입하셨다. 불행히도 증조모와 조부께서 잇달아 돌아가셨으니, 증조부는 밖으로는 상점을 경영하고 안으로는 가문의 일을 처리하셨으며 정절과 효성의 조모로 하여금 가문의 일을 처리하게 하셨다.
불과 몇 년 못가서 증조부 府君께서 고희에 돌아가시니, 조모께서는 장례와 혼례 등 여러 大事를 모두 예법대로 처리하셨다. 이때에 집안에서 사용한 비용이 상당히 큰 것은 어쩔 수 없었지만 점포에서 나오는 이익으로는 감당할 수가 없었다. 程氏 가문이 마침 兆成棧의 경영을 맡고 있으면서 집안에 밀린 빚을 독촉하기 시작하자 조모께서는 다른 뾰족한 수가 없어 집안의 원래 자본금 600량을 사용하여 程氏 가문에 주어 차압하도록 하였다. 지금은 원래 지분에 투자했던 600량을 그대로 가지고 있을 뿐 아니라 180량의 자본금을 추가하였다. 다행히 점포의 경영이 잘 되어서 股東인 호씨, 정씨, 구씨 가문은 원래의 자본금에서 잉여가 생겨 이 돈을 가지고 다시 경덕진에 恒足布號를 열어 역시 자본금의 출자 비율에 따라 이익을 가지게 되었다. 불행히도 조모께서 이미 세상을 뜨셨고 손자 聯棣의 부친인 卿 府君도 병으로 돌아가셨다. (聯)棣는 효를 다하여 장례를 치르고 서글프게 곡하였다. 이후 나의 숙부인 翰卿은 나이가 42세인데 (아들이 없고) 숙모는 항상 병에 걸려 있어 聯棣의 배다른 동생인 聯淦을 거두어 아들로 삼았다. 聯淦은 올해 7살로 소목(항렬)의 순서가 모두 합당하며, 특히 이후 시간이 길어지면 이 일이 분명해지지 않을 것을 대비하기 위해 막내 숙부와 모친인 程氏와 상의하여 長房과 二房이 모두 분가를 원하니, 가산과 점포, 금전 등을 모두 분명하게 정리한다. 우선 祀會의 產業을 열거하고 그 다음에 이어서 장례비로 남기는 洋(銀) 100元 정을 열거한 후, 마지막으로 장손의 田產을 처리한다. 이후 3개 항목을 열거한다. (뒷 문서로 이어짐)

3

이것 외의 다른 家產은 이미 모두 분배가 끝나서 瓜와 椒이라는 2개의 鬮書로 나누었는데, 이는 瓜綿椒衍의 吉祥을 우의적으로 사용한 것이다. 길일을 골라서 제비를 뽑고 각자가 자신의 산업을 관리하며 분란을 일으켜서는 안 된다. 祀會의 產業은 長房과 二房이 1년씩 돌아가며 관리하고 제사비용과 세금납부는 모두 해당 당번 가정이 부담하니 각자가 해당 연도의 직책을 부담한다. 이와 같은 안배는 長房과 二房이 동의한 것으로 모두 이의가 없다. 부동산과 동산의 분배가 완료된 이후에는 두 房이 각자 노력하고 근검하며 도리에 맞게 가정을 다스리고 계속하여 재부를 쌓아 가문을 빛내기를 희망한다.

민국 9년 歲次로는 庚申 季春月 吉日 邱集德堂

長房의 증손자 聯棣(서명), 모친 程氏(서명), 二房의 손자 翰卿(서명)

작성자 증손자 聯棣(서명)

族人 篤平(서명), 積達(서명), 建樊(서명)

戚人 項榮士(서명)

世誼 胡慶祥(서명)

集德堂의 祀會 產業

일, 이름이 睦인 땅, 汪連信, 益達에게 소작을 주었으며 典價는 도합 40元整

일, 小屋 1채, 땅 이름은 邱氏 사당 동쪽 벽 사이 (건물)

일, 項氏 사당 서쪽의 全堂 四合屋 1채

일, 땅 이름 大坿塢坦 2級, 위쪽 면에는 先父 · 先母의 합장묘와 더불어 舒氏의 묘가 있다.

일, 땅 이름 水碓邊의 田 한 뙈기 租 6砠, 도합 正價는 40元整

4

일, 땅 이름 童子墩의 田 1坵—租를 계산하면 정확히 8砠—와 田 아래에 붙어있는 燈坦 1뙈기—(소출을) 계산하면 콩 5근—典價는 모두 英洋 40元整;

일, 땅 이름 鴨腳林 黃苓典首坦 1뙈기;

일, 땅 이름 鳥豬林下嶺, 童子墩에 비추어서 成字號의 田 1坵, 租를 계산하면 9砠;

일, 땅 이름 邱氏 사당 前園地 3뙈기;

모두 계산하면 건물은 2곳, 地 2곳, 田 4곳, 坦 2곳이다.

集德堂의 장례비 存留

의논하여 洋(銀) 100元 정을 남기기로 하였으며 그 洋(銀)은 長房과 二房이 각각 50원정씩 낸다;

매장 당일 양쪽 房이 내도록 하며 핑계를 대면서 질질 끌어서 장례의 대사가 차질을 빚어서는 안 된다.

5

集德堂이 長孫에게만 주는 産業과 현금

일, 땅 이름 社屋背의 昃字號, 田租를 계산하면 24砠;

일, 땅 이름 社屋背의 昃字號, 田(租)를 계산하면 10砠;

일, 현금으로 洋(銀)洋 100원정, 이상의 田과 洋(銀)은 영원히 장손에게 귀속시켜 사용하고 계승하도록 한다.

6

先列 瓜字 鬮書의 産業

일, 땅 이름 項氏 사당 서쪽의 3間(樓屋, 廚屋, 厠屋), 長房이 좌변 절반을 二房이 우변 절반을 나눠 가진다.

일, 땅 이름 項閏峰, (項)耕甫에게 전당잡힌 楡村에 건설된 三間一樓屋 1채, 廚屋, 廁屋. 長房이 좌변 절반을 二房이 우변 절반을 나눠 가진다.

일, 兆成布棧에 正本으로 남아 있는 은 600량은 長房에 반을 분배하되 餘利만 나누어서 산업의 유지를 도모한다; 坿本으로 남아 있는 은 180량은 長房에 이익만 분배하고 자본금은 남겨둔다.

일, 恒足布號에 坿、正本으로 남아 있는 은 600량은 長房에 반을 분배하되 餘利만 나누어서 산업의 유지를 도모한다.

일, 땅 이름 社屋前의 昃字 田, 租를 계산하면 10砠이다.

7

일, 땅 이름 社屋前의 昃字號, 田租를 계산하면 16砠;

일, 땅 이름 社屋脚下의 昃字號, 田租를 계산하면 9砠;

일, 땅 이름 社屋脚下의 昃字號, 田租를 계산하면 6砠;

일, 땅 이름 楡村本□圓脚下의 昃字號 田租를 계산하면 3砠;

일, 땅 이름 青陂叚의 日字號 田租를 계산하면 6砠;

일, 땅 이름 程高叚의 　字號, 田租를 계산하면 18砠;

田租를 모두 합산하면 68砠로 椒鬮와 비교했을 때 田租가 3砠가 많은데, 이는 青田을 보충하는 의미이다.

일, 땅 이름 社屋脚下 坦 1뙈기, 豆租를 계산하면 2.5斤;

일, 땅 이름 和尚林 坦 1뙈기, 豆租를 계산하면 5斤;

坦租를 모두 합산하면 7.5斤;

일, 餘□圓 1뙈기는 3間 건물의 앞쪽에 있는 것으로 長房과 二房이 반씩 분배한다.

8

正列 椒字 鬮書의 產業

일, 땅 이름 項氏 사당 서쪽의 3間(樓屋, 廚屋, 廁屋), 長房이 좌변 절반을 二房이 우변 절반을 나눠 가진다.

일, 땅 이름 項閭峰, (項)耕甫에게 전당잡힌 榆村에 건설된 三間一樓屋 1채, 廚屋, 廁屋. 長房이 좌변 절반을 二房이 우변 절반을 나눠 가진다.

일, 兆成布棧에 正本으로 남아 있는 은 600량은 長房에 반을 분배하되 餘利만 나누어서 산업의 유지를 도모한다; 坿本으로 남아 있는 은 180량은 長房에 이익만 분배하고 자본금은 남겨둔다.

일, 恒足布號에 坿、正本으로 남아 있는 은 600량은 長房에 반을 분배하되 餘利만 나누어서 산업의 유지를 도모한다.

9

일, 땅 이름 榆村大路邊의 昃字號, 田租를 계산하면 10砠;

일, 땅 이름 榆村本屋背의 昃字號 크고 작은 田 2뙈기, 租를 계산하면 20砠;

일, 땅 이름 本屋腳下의 昃字號, 田租를 계산하면 6砠;

일, 땅 이름 榆村三房의 昃字號, 田租를 계산하면 8砠;

일, 땅 이름 青陂段의 　字號, 田租를 계산하면 8砠;

일, 땅 이름 青陂段大路邊의 　字號, 田租를 계산하면 13砠;

田租를 모두 합산하면 65砠로 瓜鬮와 비교했을 때 田租가 3砠가 적은데, 이는 모두 穀과 麥 양쪽의 熟(地)이기 때문이다.

일, 땅 이름 榆村胡氏祠面前의 坦 1뙈기, (租를) 계산하면 콩 2.5斤;

일, 땅 이름 沉排의 坦 1뙈기, (租를) 계산하면 콩 5斤;

坦租를 모두 합산하면 7.5斤;

일, 餘□圓 1뙈기는 3間 건물의 앞쪽에 있는 것으로 長房과 二房이 반씩 분배한다.

10

[반서] 민국 9년 庚申年 춘3월 吉(日), 邱集德堂이 양식이 같은 瓜字와 椒字의 鬮書 2册으로 분배하였다.

[반서] 각자 제비를 하나씩 갖는다.

해설

휘주 지역은 민간계약에 대한 의식이 강해서 분서가 비교적 완전한 형태로 전해져 내려온다. 분할하는 재산은 보통 방산房産과 전산田産으로 구분된다. 방산은 가옥 등의 재산이고 전산은 토지의 소작 용지, 제산(祭産 혹은 祀産), 상점과 점포 등이 여기에 속한다. 방산房産은 일반적으로 그 유형이 많지 않아 누구누구 명의의 건물을 나눈다고 하면 된다. 이에 비해 전산은 분배되는 토지의 지리적 칭호, 자호字號의 명칭, 산지인지 평지인지 등의 지형, 경작용인지 산림인지 경제작물용 원림園林인지 등 토지의 용도, 소작료와 세금의 납부 항목, 소작료와 세금의 납부 방식, 예를 들어 다른 호戶의 명의 아래 납부하는지 직접 납부하는지 등을 기록한다. 이 분서에는 이러한 내용들이 상세하게 기록되어 있는 것이 특징이다.

가정의 상업적 자본을 분할할 때는 이윤에 대해서만 나누고 자본금은 그대로 유보하는 것이 일반적이었다. 특히 합과로 경영되는 상점일 경우 상업 계약에 근거하여 그 경영의 연속성을 보장하기 위해 자본금은 나누지 않았다. 토지 중에서도 사산祀産은 부모의 장례나 제사를 위한 것이기 때문에 통상적으로 분할하지 않고 남겨두었다가 부모가 사망하면 분할했다. 이러한 재산에 대해서는 해당 가정의 자손들이 돌아가면서 관리하며 제조祭租를 수취하고 세량稅量을 납부했는데 이 분서에도 이러한 내용을 볼 수 있다.

이 분서는 휘주의 상인 집안의 것으로, 상업을 경영하면서 겪었던 흥망성쇠의 내용을 상세히 담고 있으며 분가하게 된 경위도 서술하고 있다. 즉 숙부가 아들이 없어 연체聯棣의 동생으로 아들을 삼았는데 그가 7살이 되었고 항렬에도 부합하니 방을 형성하기에 적당하다고 판단했으며, 더욱이 시간이 더 길어지면 여러 가지 변수가 발생할 수 있기 때문에 숙부와 연체의 모친 정씨가 의논하여 장방長房과 차방(二房)에게 가산과 점포의 부채를 모두 명확하게 분배한다는 것이다. (Ⅱ-1에도 해당)

19 민국10년 王元任과 王元陞의 合同分關據

산서성, 1921

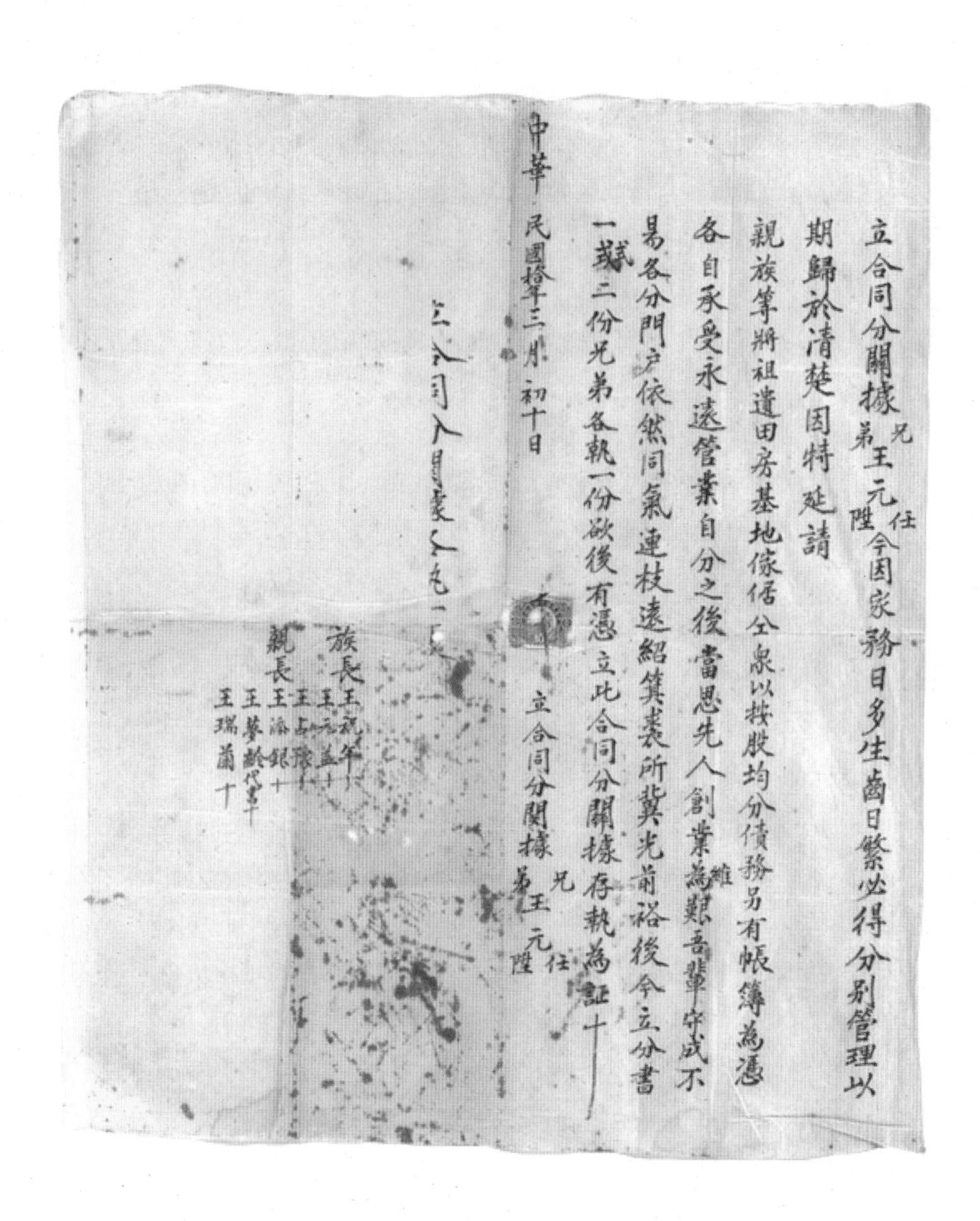

立合同分關據兄王元任弟王元陞今因家務日多生齒日繁必得分別管理以
期歸於清楚因特延請
親族等將祖遺田房基地傢俱仝泉以按股均分債務另有帳簿為憑
各自承受永遠管業自分之後當思先人創業維艱吾輩守成不
易各分門户依然同氣連枝遠紹箕裘所冀光前裕後今立分書
一式二份兄弟各執一份嗣後有憑立此合同分關據存執為証十
立合同分關據兄王元任弟王元陞

中華民國拾年三月初十日

[illegible]

族長王親年十
王元益十
王占隆十
親長王海銀十
王藝齡代筆
王瑞蘭十

원문

立合同分關據兄王元任、弟王元陞今因家務日多，生齒日繁，必得分別管理，以期歸於清楚。因特延請
親族等將祖遺田、房、基地、傢俱仝衆以按股均分，債務另有帳簿為憑，各自承受，永遠管業，自分之後，當思先人創業為維艱，吾輩守成不易，各分門戶，依然同氣連枝、遠紹箕裘，所冀光前裕後。今立分書一式二份，兄弟各執一份，欲後有憑，立此合同分關據，存執為証(十字押)。

中華民國拾年三月初十日（稅票）立合同分關據兄王元任、弟王元陞

[半書] 立合同分關據各執一張
族長 王祝年(十字押)、王元益(十字押)、王占豫(十字押)
親長 王添銀(十字押)、王夢齡代書(十字押)、王瑞蘭(十字押)

번역

分關문서를 작성하는 王元任, 王元陞 형제는 집안일이 날로 많아지고 식구가 많아져서 부득이 분가를 진행하여 가무를 관리하고 확실하게 처리하고자 한다. 이로 인해 친족에게 특별히 요청하여 조부가 남긴 田地, 房院, 地基를 중개인의 감독 하에 균분하고, 채무 등의 항목은 따로 장부를 만들어 증거로 삼는다. 분가한 뒤 각자가 재산을 승수하여 관리하도록 한다. 선인이 창업할 때의 곤경을 생각한다면 우리들이 이를 지켜나가는 것도 쉽지 않을 것이니, 분가한 후에도 형제가 힘을 합해 선조의 산업을 계승하여 선대를 빛내고 후손의 생활이 풍요롭게 되기를 바란다. 지금 분관문서를 하나의 양식으로 두 장을 작성하여 형제가 각기 한 장씩 가지도록 한다. 나중에 빙증으로 삼고자 이 분관 계약을 작성하고 각자 보관하여 증거로 삼도록 한다.(십자서명)

중화민국 10년 3월 초10일 분관 계약을 작성하는 형 王元任, 동생 王元陞

족인 王祝年(십자서명), 王元益(십자서명), 王占豫(십자서명)
친장 王添銀(십자서명), 王夢齡 대서(십자서명), 王端蘭(십자서명)

해설

이 분서는 왕원임王元任과 왕원승王元陞 형제 사이에 작성된 것으로 이 두 사람이 주관인이며 상속인이다. 분할한 물품은 조부가 남긴 토지, 가옥, 택지, 생활용품 등의 재산이며 이 외에 채무가 있으나, 따로 장부를 만든다고만 언급하고 있고 이 분서에는 기재되어 있지 않다.

이 분서의 두 번째 행의 '연청延請' 두 글자 뒤에 빈 공간이 있고 내용은 그 다음 행에서 이어지고 있다는 것이 특이하다. 이렇게 행을 바꾸어 서술하는 방식은 중국 고대 관부 공문서를 작성할 때 엄격하게 적용되는 격식으로, 문장 가운데 황제의 연호年號, 묘호廟號, 조대朝代 등의 명칭을 사용하게 될 경우 존중을 표시하기 위한 것이다. 이런 경우뿐 아니라 상사 관원, 연장자 등 지위가 자신보다 높은 사람들의 이름을 쓸 때도 행을 바꾸어 존중과 존경을 표시하는 경우도 있는데, 이 문서에서 '연청' 두 글자 다음에 행을 바꾸고 '친족親族'을 기술한 것 역시 친족에 대한 존중과 존경을 표시한 것으로 보인다. 이러한 현상은 민간 문서에서는 보편적인 것은 아니었지만 여전히 존재했다는 것을 알 수 있다.

20 민국26년 胡世方 등의 合同分關字約

강서성, 1937

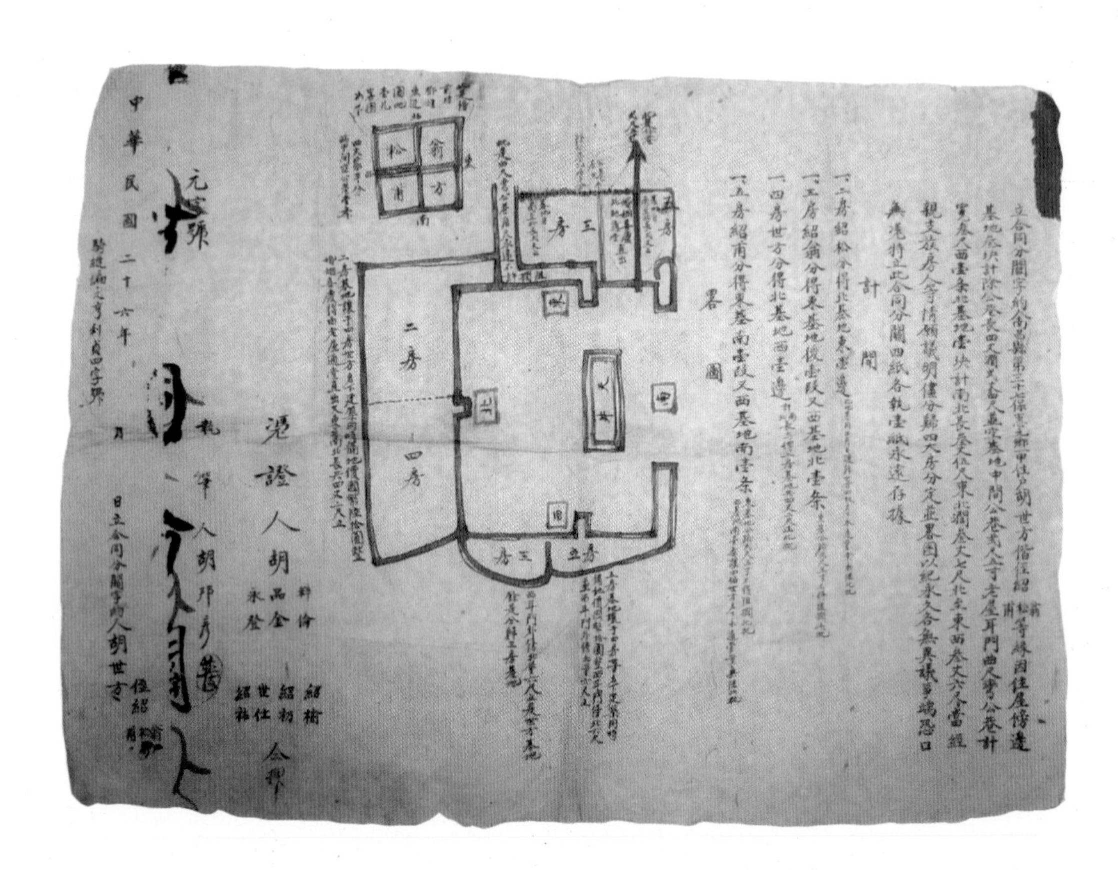

원문

立合同分鬮字約人南昌縣第三十七保惠元鄉一甲住戶胡世方偕侄紹松、(紹)翁、(紹)甫等，緣因住屋傍邊基地叁塊，計除公巷長四丈、闊弍丈四尺，並空基地。中間公巷弍尺五寸，老屋耳門曲尺彎，公巷計寬叁尺。西壹條北基地壹塊，計南北長叁丈伍尺，東北闊叁丈七尺；北至東西叁丈六尺，當經親支族房人等，情願議明儘分歸四大房分定，並略圖以紀永久。各無異議爭端，恐口無憑，特立此合同分鬮四紙，各執壹紙永遠存據。

計開

一、二房紹松分得北基地東壹邊，此地基同年月讓歸世方四叔名下永遠管業無阻，此批。

一、三房紹翁分得東基地後壹段，又西基地北壹條。東基公路弍尺五寸，不得阻攔，此批。

一、四房世方分得北基地西壹邊，計南北長與得二房基地共四丈弍尺正，此批。

一、五房紹甫分得東基南壹段，又西基地南壹條。東基地公路弍尺五寸，不得阻攔，此批。西基地南壹條讓四伯世方名下永遠管業無阻，此批。

略圖

憑證人　胡粹倫、(胡)品金、(胡)永登、(胡)紹榆、(胡)紹礽、(胡)世仕、(胡)紹祐仝押

執筆人　胡邦彥(花押)

[半書] 分鬮合同，元字號

中華民國二十六年月日立合同分鬮字約人胡世方、侄紹松、(紹)翁、(紹)甫

騎縫編元亨利貞四字號

번역

분가 계약을 체결하는 사람은 南昌縣 제37保, 惠元鄕 1갑의 住戶 胡世方과 그의 조카 (胡)紹松, (胡)紹翁, (胡)紹甫 등이다. 本家의 住房 옆에 건축부지 세 곳이 있는데, 계산하면 공공도로의 길이 4장 폭 2장4척과 그 부지를 제외한다. 基地 중간에 있는 공공도로는 2척5촌, 老屋 耳門의 曲尺처럼 휘어있는 공공도로 폭은 3척이다. 서쪽에 있는 북쪽 基地 한 뙈기를 계산하면 남북으로 길이가 3장5척, 동쪽의 북쪽 폭은 3장7척, 북쪽 변 동서 길이는 3장6척이다. 이에 親支와 族房의 사람들(의 공증)을 거쳐 획분하여 4방에 귀속시키는 분할 약정을 논의하고 약도로 기록하여 영구화하길 바란다. (이에 대해) 각기 다른 의견이나 분쟁의 단서가 없고, 구두만으로는 증거가 없어 특별히 이 분관 계약서를 4장 작성하여 각각 1장씩 소지하여 영원히 증거로 보존한다.

내용:

일, 二房 紹松은 북쪽 基地의 동쪽 부분을 분할 받는다. 이 基地는 분관문서를 체결하는 동시에 四叔 世方의 명의 아래로 양도하여 (世方이) 영원토록 産業을 관리한다. 이에 동의한다.

일, 三房 紹翁은 동쪽 基地의 뒤쪽 1段, 그리고 서쪽 基地의 북쪽 1條를 분할 받는다. 이 기지의 동쪽 측면에는 공공도로 폭 2척5촌이 있는데 衆人이 자유롭게 다니는 곳이니 이를 막을 수 없다. 이에 동의한다.

일, 四房 世方은 북쪽 기지의 서쪽 부분을 분할 받는다. 해당 基地는 남북의 길이가 二房이 분배받은 基地와 같다. (둘) 모두 정확히 4장2척이다. 이에 동의한다.

일, 五房 紹甫은 동쪽 基地의 남쪽 1段, 그리고 서쪽 基地의 남쪽 1條를 분할 받는다. 동쪽 基地에는 공공도로 폭 2척5촌이 있는데 衆人이 자유롭게 다니는 곳이니 이를 막을 수 없다. 이에 동의한다. 서쪽 基地의 남쪽 1條는 四伯 世方의 명의 아래 양도하여 (世方이) 영원히 産業을 관리한다. 이에 동의한다.

약도

공증인 胡粹倫, 胡品金, 胡永登, 胡紹榆, 胡紹礽, 胡世仕,
胡紹祐가 전부 서명

대필자 胡邦彥(서명)

[반서] 分關合同, 元字號

중화민국 26년 월 일 合同分關 작성자 胡世方, 조카 紹松, 紹翁, 紹甫
절취선은 元·亨·利·貞의 4자로 구성함

해설

이 문서는 숙질간의 분서로 균분의 원칙에 의거하여 친지와 족방의 공증을 거쳐 재산이 분할되었다. 이 분서에서는 4방이 형제균분의 원칙에 의해 재산분할을 하고 있다. 문서 말미에 언급된 '원元·형亨·리利·정貞'은 이 분가에서 사용되었던 방의 명칭이다. 중국 전통 가정에서 분가할 때 가산을 아들의 수대로 나눈 다음 제비를 만들어 추첨을 통해 자신의 몫을 정하게 되는데, 이 때 만들어진 제비 즉 구서는 해당 분가에서 하나의 방을 대표하게 되고 방에는 각각의 이름이 붙여진다.

이 분서의 주관인은 숙부 호세방胡世方인데 자신의 형제가 아닌 조카들과 재산분할을 하는 것으로 보아 그 형제들은 이미 사망했으며 형제들 생전에는 분가를 하지 않았다는 것을 알 수 있다. 그런데 이 분서만 가지고는 그 연유를 알 수 없으나, 분할 내역을 보면 '양도' 현상이 보인다. 2방房 소송紹松이 북쪽 기지基地의 동쪽 부분을 분할 받음과 동시에 숙부 세방世方에게 양도하여 소유권을 넘기고 있으며, 5방 소보紹甫가 분할 받은 일부 재산인 서쪽 기지의 남쪽 1조條를 백부 세방에게 양도하고 있다는 것이다. 일단 형제균분에 의해 균등 분할을 한 다음 이런 방식으로 다른 형제에게 양도하는 현상은 당시 많이 존재했던 것으로 보인다. 그 대가로 대금을 영수했을 가능성도 있는데 이 문서에는 나타나 있지 않다. (Ⅱ-1에도 해당)

Ⅲ-2 공유재산의 존재

개괄과 분석

분가의 목적은 원래 공동의 재산을 몇 개의 몫으로 나누어 개별 가정이 독립적으로 생활을 영위할 수 있도록 경제적 기초를 마련해 주기 위한 것이었다. 따라서 분가하여 재산을 나눈 후에는 각 개체 가정 간에는 상대적으로 독립적인 지위를 가지게 된다. 그러나 한편으로는 종족과 각 가정 간에는 종법적 관련성이 밀접해져 종족의 일원이 된다. 이러한 면은 현실에서도 그대로 나타나는데, 각 가정의 재산은 각 방에게 균분되지만 조상에 대한 제사나 부모의 봉양 혹은 다른 이유로 공유재산을 남겨두어 공동으로 사용하기도 했기 때문이다. 따라서 각 방은 분가로 나뉘지만 가족 혹은 종족으로 '합合'이 된다는 말이 성립된다. 이러한 현상은 종족제도가 발달한 곳일수록 더욱 특징적으로 드러난다.[5]

분가 시기와 관련해서는, 아들이 여럿인 경우 아들이 결혼할 때마다 차례로 하는 경우도 있고 가산을 한 번에 전부 분할하는 경우도 있는데 후자가 더 일반적이었다. 때로는 부자간에 정식으로 재산분할이 진행된 후, 부모 사후 형제지간에 부모의 양로를 위한 토지(養膳田)를 분할하거나 숙부나 조카 등과 함께 가족의 공유재산

5 관련 연구에 의하면, 명청 휘주문서에서는 분가하여 재산은 분할하지만 호를 나누지는(分號) 않는 경우가 많았는데, 이는 부역과 납세는 분가 전의 총호를 단위로 하는 것이 보편적이었기 때문이다. 劉道勝, 凌桂萍, 「明清徽州分家鬮書與民間繼承關係」, p.191.

을 분할하는 경우도 있었다. 재산분할에 참여한 대상이 복잡하여 일가 혹은 일족의 재산이 종종 한 번에 완전히 분할되지 않아 몇 차례의 분배 과정을 거치는 경우도 있었다. 이는 바로 분배가 형제간 뿐이 아니라 숙질간, 조손간 등 서로 항렬이 같지 않은 사람들 사이에서도 진행되었기 때문이다. 이러한 방식은 휘주지역과 같이 종족제도가 발달한 지역에서 전형적으로 보이는 형태로, 이는 분가가 종족제도의 발달과 밀접한 관계가 있다는 증거이다.

예를 들어, 25번 분서는 1909년 형제간 작성된 것으로, 모친 생전에 한 번 분가가 이루어진 바 있었고 모친 사후에 모친이 남긴 가옥과 토지 등에 대한 재분배를 진행한 것이다. 입성호立盛號 상호에 대한 자본금을 양분하고 이에 대한 배당금(餘利)도 균분을 약속하고 있는 것이 특징이다. 24번 분서에는 "다른 날 통화영通和永의 모든 가구를 3등분한다"고 별첨을 붙여 이번 분가 후 언젠가 다시 한 번 재산 분할이 이루어질 것임을 명기하고 있다. 뿐만 아니라 별첨을 통해 재차 분할을 진행했다는 것을 보여주고 있는데, 분가가 한 번으로 끝나지 않고 여러 차례에 걸쳐 이루어지는 경우이다. 두 차례 이상 분가를 거치는 경우 나중에 작성된 분서는 원래의 분서에 첨부하는 것이 일반적이었고 이 분서처럼 별첨으로 부기하기도 했다.

이러한 공유재산은 부모 사후에 다시 분할하는 경우도 있지만 영원히 공유로 한다고 명시하는 경우도 있었다. 예를 들면, 23번 분서는 영성호永成號에 투자한 지분은 영원히 공동으로 소유하도록 하고 이를 모친 사망 시까지의 봉양 자금으로 하며 사망 후에도 분할하지 않도록 한다고 명시하고 있다.

21 순치11년 休寧 汪씨 鬮書

안휘성, 1654

제1장

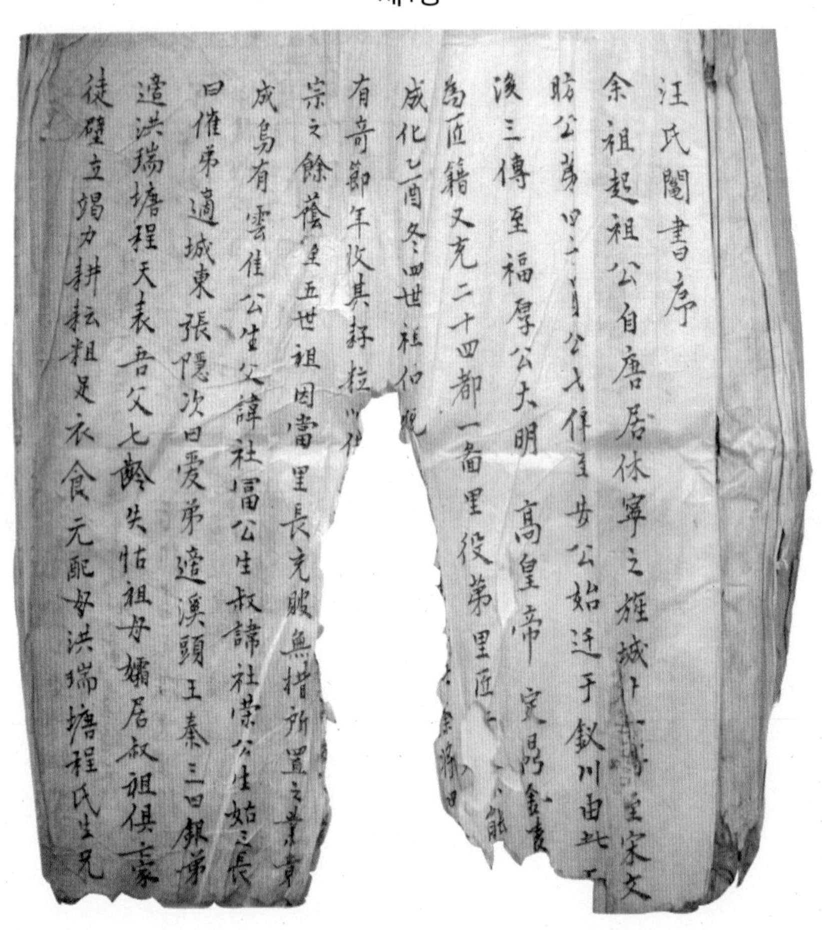

汪氏鬮書序
余祖起祖公自唐居休寧之旌城下十[illegible]傳至宋文
昉公第四子[illegible]公七傳至安公始迁于欽川由北[illegible]
後三傳至福厚公大明　高皇帝　定[illegible]僉責
爲匠籍又充二十四都一啚里役第里匠[illegible]能
成化乙酉冬四世祖伯[illegible][illegible]
有奇節年收其籽粒以[illegible]
宗之餘蔭至五世祖因當里長充賠無措所置之業[illegible]
成烏有雲佳公生父諱社富公生叔諱社崇公生姑三長
曰[illegible]弟適城東張隱次曰愛弟適溪頭王秦三四[illegible]弟
適洪瑞塘程天表吾父七齡失怙祖母孀居叔祖俱[illegible]
徒壁立竭力耕耘粗足衣食元配母洪瑞塘程氏生兄

제2장

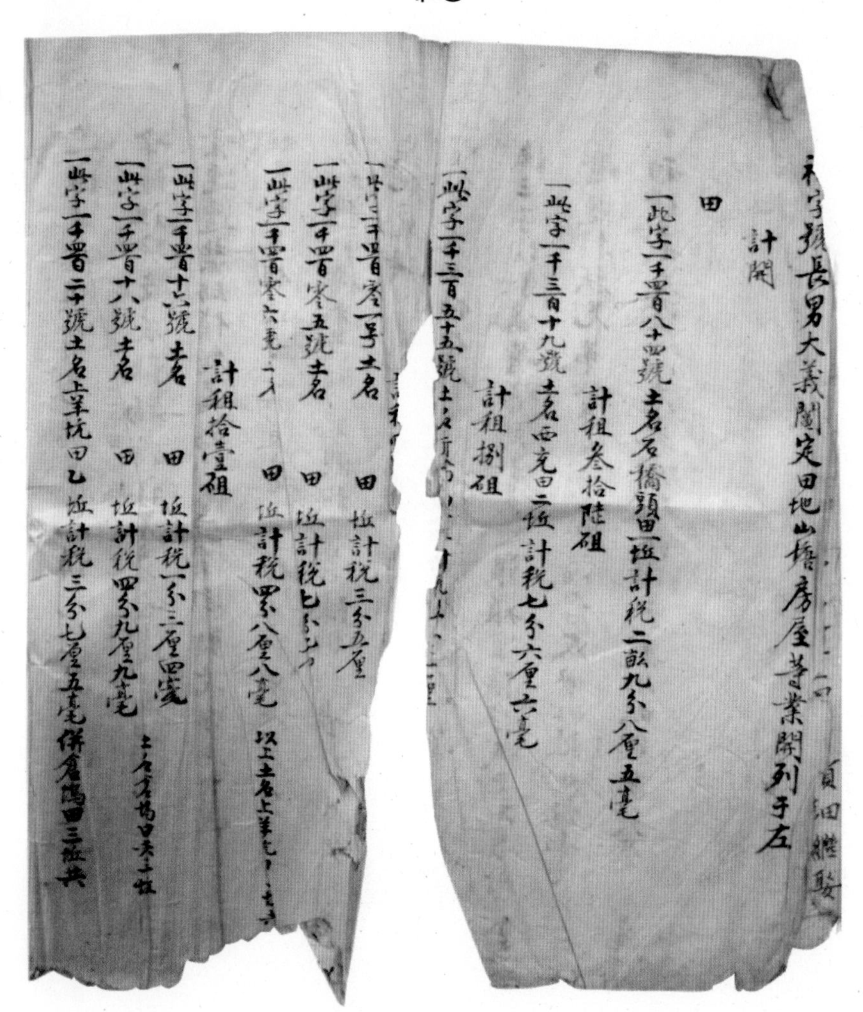

[illegible]字號長男大義鬮定田地山塘房屋等業開列于左

計開

田

一此字一千四百八十四號土名石橋頭田一坵計稅二畝九分八厘五毫

計租叁拾陸砠

一此字一千三百十九號土名西充田二坵計稅七分六厘六毫

計租捌砠

一此字一千三百五十五號土名[illegible]

[illegible]

一此字一千四百零一號土名 田 坵計稅三分五厘

一此字一千四百零五號土名 田 坵計稅[illegible]

一此字一千四百零六號[illegible] 田 坵計稅四分八厘八毫 以上土名上羊[illegible]

計租拾壹砠

一此字一千四百十六號土名 田 坵計稅一分三厘四毫

一此字一千四百十八號土名 田 坵計稅四分九厘九毫 [illegible]

一此字一千四百二十號土名上羊坑田乙坵計稅三分七厘五毫併倉塢田三坵共

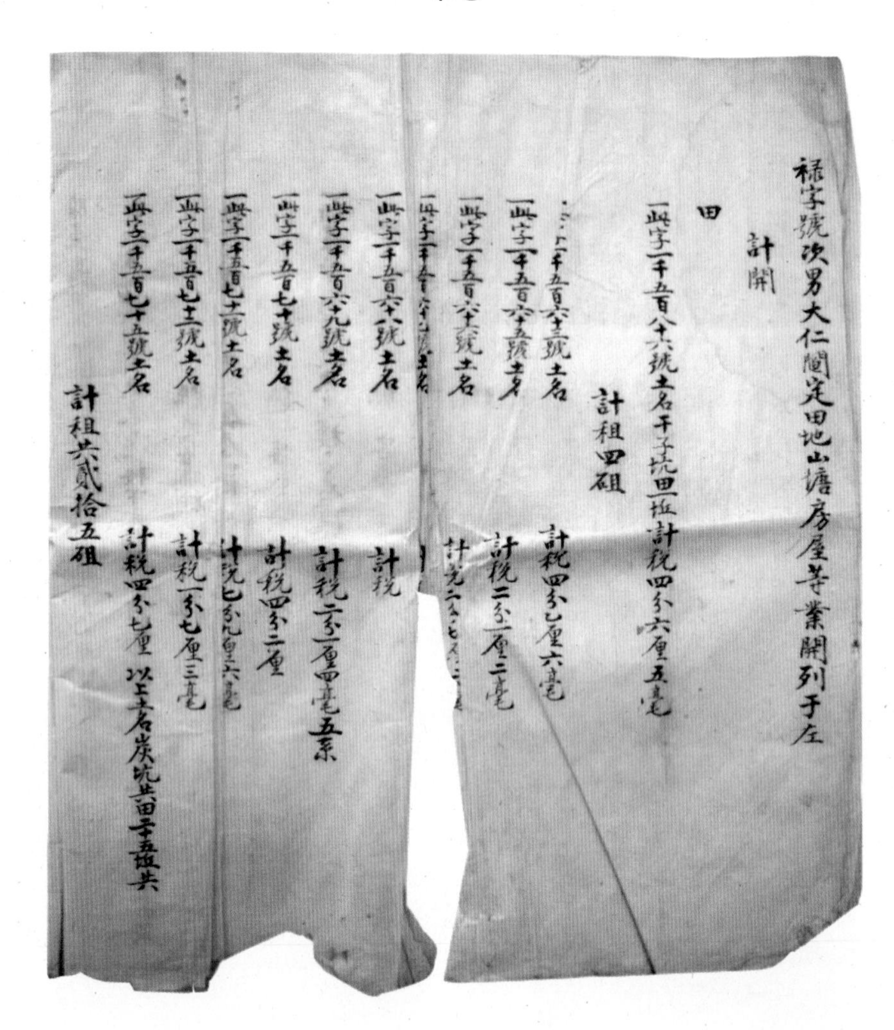
祿字號次男大仁鬮定田地山塘房屋等業開列于左

計開

田

一坐字一千五百八十六號土名千子坑田一坵 計稅四分六厘五毫

計租四砠

一〃〃〃千五百六十三號土名 計稅四分七厘六毫

一坐字一千五百六十五號土名 計稅二分一厘二毫

一坐字一千五百六十六號土名 計稅二分[illegible]

一坐字一千五百六十[illegible]號土名 [illegible]

一坐字一千五百六十八號土名 計稅

一坐字一千五百六十九號土名 計稅二分一厘四毫五絲

一坐字一千五百七十號土名 計稅四分二厘

一坐字一千五百七十一號土名 計稅七分九厘六毫

一坐字一千五百七十二號土名 計稅一分七厘三毫

一坐字一千五百七十五號土名 計稅四分七厘 以上土名炭坑共田十五坵共

計租共貳拾五砠

제4장

壽字號三男大都䦨定田地山塘房屋等業開列于左

計開

田

一毋字一千二百七十號土名大塘田一坵計稅七分五厘三毫

計租五砠

一毋字一千二百七十一號土名 計稅乙畝一分九厘五毫

一毋字一千二百七十四號土名 計稅二分七厘六毫 以上土名大塘田二坵共

計租拾叁砠

一毋字一千二百七十七號土名大塘田一坵計稅三分四厘

一毋字一千二百七十八號土名土墻塢田一坵計稅二分五厘一毫

一毋字一千二百八十八號土名楓和塢田二坵計稅三分六厘六毫 併前田二坵共

計租柒砠

一毋字一千二百九十七號土名 計稅二分七厘二毫四系

一毋字一千二百九十八號土名 計稅五分 以上土名二千四坵尾田五坵

一毋字一千二百九十二號土名椑塢田二坵 計稅一分三厘 併前田五坵共

計租四砠

一宋家塢土庫內前進西邊樓上房一眼樓下房一眼

係　字　號

以上各闔定田地山等業備日後抒出風水俱存衆公用

批與長孫光聪田業開計于左

一髮字二千零二十號土名章光田一坵計分法稅

計租拾伍租

與金壽溥姪共業議分法

又將存衆產業開列于左

一些字一千七百八十號土名金竹園之地計稅三分四厘四毫

一　字　號土名金竹園菜園地一號

一　字　號土名石峯園石地一號　係合族祖業

一　字　號土名宋家塢土庫西邊墙外舊廚屋弍間

一　字　號土名叙川廳屋東邊墙外基地一號　係買六房業者分定後邊

원문

1

汪氏鬮書序

余祖起祖公自唐居休寧之旌城□□□, 至宋文昉公第四子員公, 七傳至安公, 始遷於釵川, 由此□后, 三傳至福厚公, 大明　高皇帝定鼎金陵, □□為匠籍, 又充二十四都一圖里役, 第里匠, □□不能□□。成化乙酉冬, 四世祖祥□□□□□□□□□□□□□□□, 有奇節, 年收其籽粒以□□□□□□□□□□□□□□□□宗之餘, 蔭至五世祖, 因當里長, 充服無措, 所置之業, 竟成為烏有。雲佳公生父諱社富公生叔, 諱社榮。公生姑三, 長曰催弟, 適城東張隱; 次曰愛弟, 適溪頭王泰; 三曰銀弟, 適洪瑞塘程天表。吾父七齡失怙, 祖母孀居, 叔祖俱亡, 家徒壁立, 竭力耕耘, 粗足衣食, 元配母洪瑞塘程氏生兄 (該序文下缺頁, 系提供時不完整)

2

福字號, 長男大義鬮定田地山塘房屋等業, 開列于左:

計開

田

一、此字一千四百八十四號, 土名石橋頭田一坵, 計稅二畝九分八厘五毫, 計租叁拾陸砠。

一、此字一千三百十九號, 土名西充田二坵, 計稅七分六厘六毫, 計租捌砠。

一、此字一千三百五十五號, 土名 (下文字不清)。

一、此字一千四百零一號, 土名　　　　, 田 坵, 計稅三分五厘。

一、此字一千四百零五號, 土名　　　　, 田 坵, 計稅七分二毛。

一、此字一千四百零六號, 土名　　　　, 田 坵, 計稅四分八厘八毫, 以上土名上羊坑 (以下文字不清), 計租拾壹砠。

一、此字一千四百十六號, 土名　　　　, 田 坵, 計稅一分三厘四毫。

一、此字一千四百十八號, 土名　　　　, 田 坵, 計稅四分九厘九毫。

一、此字一千四百二十號，土名上羊坑，田一坵，計稅三分七厘五毫，併倉塢田三坵，共（以下缺頁）

3

祿字號，次男大仁鬮定，田地山塘房屋等業，開列于左：

計開

田

一、此字一千五百八十六號，土名干子坑，田一坵，計稅四分六厘五毫，計租四砠。

一、此字一千五百六十三號，土名　　　，計稅四分一厘六毫。

一、此字一千五百六十五號，土名　　　，計稅二分一厘二毫。

一、此字一千五百六十六號，土名　　　，計稅二分（以下文字脫漏）

一、此字一千五百六十七號，土名　　　，計稅。

一、此字一千五百六十八號，土名　　　，計稅。

一、此字一千五百六十九號，土名　　　，計稅二分一厘四毫五絲。

一、此字一千五百七十號，土名　　　，計稅四分二厘。

一、此字一千五百七十一號，土名　　　，計稅七分九厘六毫。

一、此字一千五百七十二號，土名　　　，計稅一分七厘三毫。

一、此字一千五百七十五號，土名　　　，計稅四分七厘，　以上土名炭坑共田二十五坵，共計租共貳拾五砠。

4

壽字號，三男大都鬮定田地山塘房屋等業，開列于左：

計開

田

一、此字一千二百七十號，土名大塘，田一坵，計稅七分五厘三毫，計租五砠。

一、此字一千二百七十一號，土名　　　，計稅一畝一分九厘五毫。

一、此字一千二百七十四號，土名　　　，計稅二分七厘六毫，　以上土名大塘田二坵，共計租拾叁硑。

一、此字一千二百七十七號，土名大塘田一坵，計稅三分四厘。

一、此字一千二百七十八號，土名土墻塢田一坵，計稅二分五厘一毫。

一、此字一千二百八十八號，土名楓和塢，田二坵，計稅三分六厘六毫，併前田二坵，共計租柒硑。

一、此字一千二百九十七號，土名　　，計稅二分七厘二毫四絲。

一、此字一千二百九十八號，土名　　，計稅五分，以上土名二十四坵尾田五坵。

一、此字一千二百九十二號，土名椑塢田二坵，計稅一分三厘，併前田五坵，共計租四硑。

(下缺頁)

一、宋家塢，土庫內前進西邊，樓上房一眼，樓下房一眼。

5

係字 號

以上各鬮定田地山等業，倘日後扦出風水，俱存衆公用。

批與長孫光股田業，開計於左:

一、髮字二千零二十號，土名幸光田一坵，計分法稅 ，與金壽得姪共業，該分法計租拾伍硑。

又將存衆產業開列于左:

一、此字一千七百八十一號，土名金竹園地，計稅三分四厘四毫。

一、字 號，土名金竹園菜園地一號。

一、字 號，土名石羊園石地一號。

一、字 號，土名宋家塢土庫西邊墻外舊廚屋弍間。

一、字 號，土名釵川廳屋東邊墻外基地一號，係買六得弟者，分定後邊。

번역

1

왕씨 구서 서문

나의 선조 起公은 唐朝 때부터 旌城에 거주했는데, 宋代 文昉公의 4째 아들 員公으로부터 7대 후손 安公에 이르러서 釵川으로 이주하였다. □ 이후로 3대가 지나 福厚公 때에 이르러 大明의 高皇帝가 金陵에 수도를 정하여 □□ 匠籍이 되었고, 또 24都 1圖의 里役이 되어 □□를 □□할 수 없었다. (이 부분은 결락이 심해 번역할 수 없음) 5世祖에 이르러 이장의 자리에 올랐으나 경영을 잘못하여 모든 재산이 사라졌다. 雲佳公 生父의 이름은 社富公이고 生叔의 이름은 社榮이다. (雲佳)公은 3명의 딸을 낳았는데, 첫째의 이름은 催弟로 성 동쪽의 張隱에게 시집보냈고, 둘째의 이름은 爱弟로 개울 상류(溪頭)의 王泰에게 시집보냈다. 셋째의 이름은 銀弟로 洪瑞塘의 程天表에게 시집보냈다.(이하는 내용이 빠져 있어 본 서문은 완전하지 않음)

2

福字號: 장자 大義가 제비로 정한 田地, 山塘, 房屋 등의 산업은 아래에 열거한다.

내역

토지

일, 이 字는 1484호로, 땅 이름은 石橋頭田 1坵, 세금은 2畝9分8厘5毫로 계산하고 소작료는 36砠(砠는 石이다)로 셈한다.

일, 이 字는 1319호로, 땅 이름은 西充田 2坵, 세금은 7分6厘6毫로 계산하고 소작료는 8砠로 셈한다.

일, 이 字는 1355호로, 땅 이름은 (이하 문장의 글자 식별 불가)

일, 이 字는 1401호로, 땅 이름은 田 坵, 세금은 3分5厘로 셈한다.

일, 이 字는 1405호로, 땅 이름은 田 坵, 세금은 7分2毛로 셈한다.

일, 이 字는 1406호로, 땅 이름은 　　田 坵, 세금은 4分8厘8毫로 셈한다.
이상의 땅 이름은 上羊坑(이하 문장 글자 식별 불가)이고 소작료는 11砠로 셈한다.
일, 이 字는 1416호로, 땅 이름은 　　田 坵, 세금은 1分3厘4毫로 셈한다.
일, 이 字는 1418호로, 땅 이름은 　　田 坵, 세금은 4分9厘9毫로 셈한다.
일, 이 字는 1420호로, 땅 이름은 上羊坑 田 1坵, 세금은 3分7厘5毫로 셈한다. 더불어 倉塢田 3坵는 모두 (이하는 글자가 없음)

3
祿字號: 둘째 아들 大仁이 제비로 정한 田地, 山塘, 房屋 등의 산업은 아래쪽에 열거한다.

내역
토지
일, 이 字는 1586호로, 땅 이름은 干子坑田 1坵, 세금은 4分6厘5毫로 셈하고, 소작료는 4砠로 셈한다.
일, 이 字는 1563호로, 땅 이름은 　　, 세금은 4分1厘6毫로 셈한다.
일, 이 字는 1565호로, 땅 이름은 　　, 세금은 2分1厘2毫로 셈한다.
일, 이 字는 1566호로, 땅 이름은 　　, 세금은 2分(이하의 글자는 탈루되었음)
일, 이 字는 1567호로, 땅 이름은 　　, 세금은 　　로 셈한다.
일, 이 字는 1568호로, 땅 이름은 　　, 세금은 　　로 셈한다.
일, 이 字는 1569호로, 땅 이름은 　　, 세금은 2分1厘4毫5丝로 셈한다.
일, 이 字는 1570호로, 땅 이름은 　　, 세금은 4分2厘로 셈한다.
일, 이 字는 1571호로, 땅 이름은 　　, 세금은 7分4厘6毫로 셈한다.
일, 이 字는 1572호로, 땅 이름은 　　, 세금은 1分7厘3毫로 셈한다.
일, 이 자는 1575호로, 땅 이름은 　　, 세금은 4分7厘로 셈한다. 이상의 땅 이름은 炭坑共田 25坵로 소작료는 모두 25砠로 셈한다.

4

壽字號: 셋째 아들 大都가 제비로 정한 田地, 山塘, 房屋 등의 산업은 아래쪽에 열거한다.

내역

토지

일, 이 字는 1270호로 땅 이름은 大塘田 1坵, 세금은 7分5厘3毫로 셈하고, 소작료는 5硘로 셈한다.

일, 이 字는 1271호로 땅 이름은 　　, 세금은 1畝1分9厘5毫로 셈한다.

일, 이 字는 1274호로 땅 이름은 　　, 세금은 2分7厘6毫로 셈한다. 이상의 땅 이름은 大塘田 2坵로, 소작료는 모두 13硘로 셈한다.

일, 이 字는 1277호로 땅 이름은 大塘田 1坵, 세금은 3分4厘로 셈한다.

일, 이 字는 1278호로 땅 이름은 土牆塢田 1坵, 세금은 2分5厘1毫로 셈한다.

일, 이 字는 1288호로 땅 이름은 楓和塢田 2坵, 세금은 3分6厘6毫로 셈한다. 前田 2坵와 더불어 소작료는 모두 7硘로 셈한다.

일, 이 字는 1297호로 땅 이름은 　　, 세금은 2分7厘2毫4絲로 셈한다.

일, 이 字는 1298호로 땅 이름은 　　, 세금은 5分으로 셈한다. 이상의 땅 이름은 24坵 尾田 5坵이다.

일, 1292호로 땅 이름은 椑塢田 2坵, 세금은 1分3厘로 셈한다. 前田 5坵와 더불어 소작료는 모두 4硘로 셈한다.

(아래 페이지 결락)

일, 宋家塢, 땅 이름은 庫內前進의 왼쪽 변의 樓上房 1眼, 樓下房 1眼.

5

係字　　號

이상 각각 제비뽑기로 나눠진 田・地・山 등의 산업은 만약 이후 風水가 좋은 곳이 발견되면 모두 공동 명의로 남겨 공적으로 사용한다.

장손 光의 몫으로 분배한 田業은 아래쪽에 내역을 밝힌다.
일, 髮字 2020호, 땅 이름은 幸光田 1坵, 分法으로 계산하여 납세하고 金壽得의 조카와 함께 경영하며 분법을 해야 하고 소작료는 15砠로 셈한다.

또한 공동 명의로 남긴 산업은 아래쪽에 열거한다.
일, 이 字는 1781호로, 땅 이름은 金竹園地, 세금은 3分4厘4毫로 셈한다.
일, 字　호, 땅 이름은 金竹園菜園地 1號.
일, 字　호, 땅 이름은 石羊園石地 1號. 이것은 族祖의 業에 합친다.
일, 字　호, 땅 이름은 宋家塢의 土庫 서쪽 변 담장 바깥 오래된 廚屋 2間.
일, 字　호, 땅 이름은 釵川 廳屋 동쪽 변 담장 밖 基地 1호, 이것은 六得弟에게 산 것으로 뒷면을 나눠 확정한다.

해설

이 분서는 휴녕休寧 왕씨汪氏의 구서로 주관인은 왕대의汪大義, 왕대인汪大仁, 왕대도汪大都 3형제이다. 문자의 탈락이 많아 그 내용을 식별하기 어렵고 낙관 부분의 문자 정보가 부족하며 문서 자체의 손상도 매우 심각하다. 다만 식별할 수 있는 문자를 통해서 보면 명말청초 사회 변천시기 동안 발생한 여러 문제를 언급하고 있다. 명대 홍무 초년 이 가족의 일원인 왕복후汪福厚가 장적匠籍에 편입되었으며 24도都 1도圖의 이역里役으로 충당된 뒤 제 5대에 이르기까지 줄곧 이장호로 충당되었다고 되어 있는데, 이는 명 태조 주원장이 개국 후 정비한 일련의 제도와 관련이 있다.

그 중에는 인호人戶를 군軍, 민民, 장匠, 조竈 등의 호로 나누고 민중은 자신이 소속된 호적戶籍에 근거하여 역役을 지고 호적을 변경할 수 없도록 했다. 위에서 서술한 문서 중에서 언급된 왕씨 가족은 3대조인 왕복후가 명초 홍무 연간에 장적에 편입된 어떤 시점을 기점으로 명시기 동안 줄곧 이 가족은 장적의 요역을 짊어져야 했다. 이에 따라 주원장은 요역과 인호人戶를 장악하기 위해서 황책제도黃冊制度와 이갑제도里甲制度를 시행하였다. 이갑제도는 황책제도를 추진하는 기본원칙으로 명대 부역제도의 기초를 구성한다.

이갑제는 일종의 요역제도이다. 이갑호里甲戶는 영원히 맡아야 하는 이역里役으로 일단 이장호里長戶로 선발되면 그 가족과 자손은 영원히 이장里長의 역을 맡으며 이를 바꿀 수 없었다. 명초에는 대체로 부유한 가문이 이갑호가 되었고 이장은 해당 리里의 전량징수錢糧徵收 업무를 책임졌다. 이갑의 역은 매우 무거워 만약에 1리의 전량錢糧이 시간과 할당량에 맞추어 납부될 수 없으면 많은 경우 이장이 대신 납부(賠納)했다. 이로 인해 이장의 부담이 가중되었다. 즉 요역을 피하기 위해 많은 인호가 도망을 갔고 이장호가 이를 충당하기 위해 가산을 탕진하게 되어 이장호는 더 이상 전과 같은 부유한 대호가 아니라 대부분 보통 가문으로 전락하게 되었던 것이다.

이 구서의 휴녕 왕씨 가족은 바로 이러한 상황을 실제로 겪은 사례라 할 수 있다. 제3대인 왕복후가 장적으로 편성되어 이장으로 충당되기 시작했고, 제 5대 족인이 이장으로 충당되었을 때는 이미 그 가문의 경제적 상황이 이장역을 감당할 수 없는 지경이 되어 부친세대에 '이미 가지고 있던 산업이 마침내 완전히 고갈되는' 상황에 처하게 되었던 것이다.

따라서 1654년(순치11년) 왕대의汪大義 형제 세 사람이 분가를 진행했을 때, 이미 그 가산은 남은 것이 별로 없었다. 형제균분에 따라 왕대의의 형제 세 사람은 각자 복福, 록祿, 수壽의 3개의 구서를 작성하여 재산을 분할 받았지만 이들이 받은 전지田地, 산당山塘, 가옥 등의 재산은 그 규모가 크지 않았다. 이러한 점은 이 가족이 이장역을 충당하면서 매우 무거운 부담을 졌다는 것을 반영하고 있다. 다른 휘주 분서와 마찬가지로 이 분서에도 일정량의 제사와 풍수風水 등과 관련된 토지를 공유재산으로 남겨두어 가족의 제사와 족인의 양로 등으로 사용하도록 했다. (Ⅱ-1/Ⅲ-1에도 해당)

22 건륭16년 張廷寬 分單

하북성, 1751

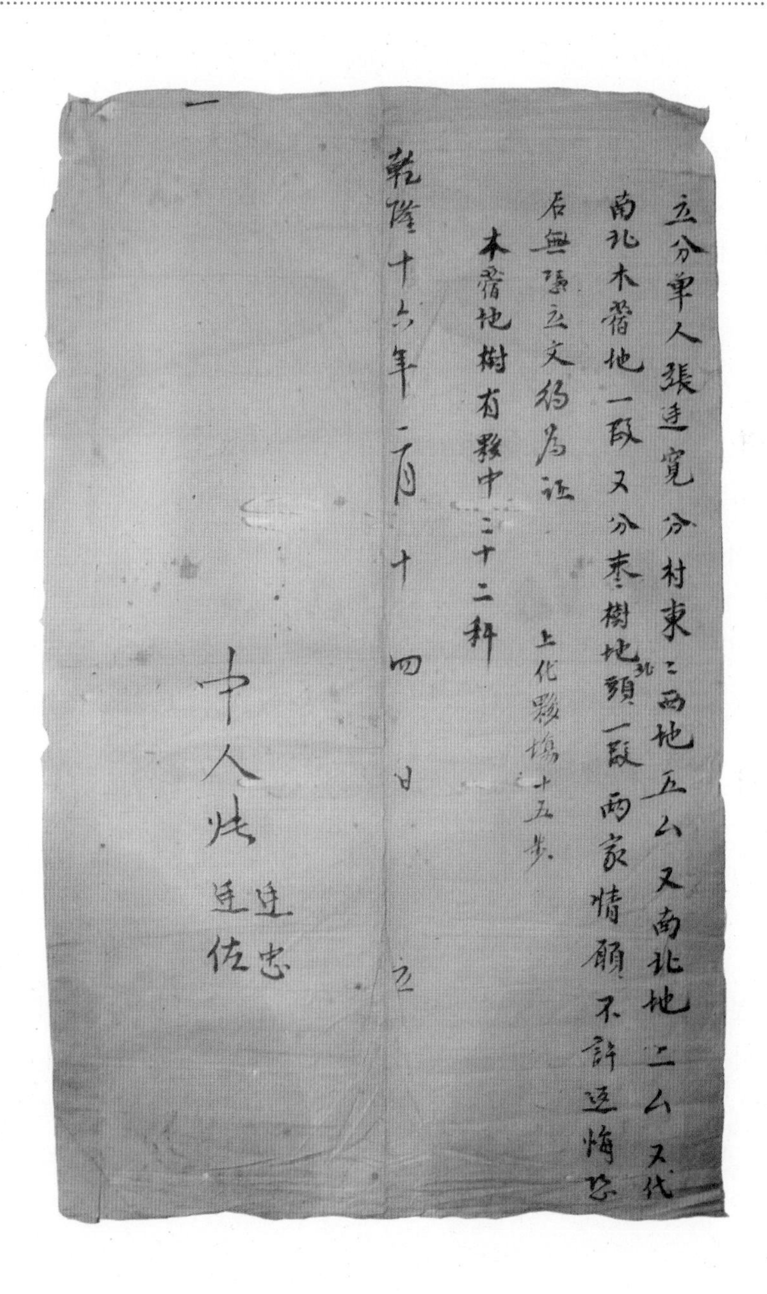

立分單人張廷寬分村東〻西地五畝又南北地二畝 又代
南北木稍地一段又分棗〻樹地北頭一段兩家情願不許返悔恐
后無憑立文約爲証 上化數塲十五步
本稍地樹有數中二十二科
乾隆十六年二月十四日 立
中人姓 廷忠 廷佐

원문

立分單人張廷寬, 分村東東西地五ム[畝], 又南北地二ム[畝], 又代南北木稽地一段, 又分棗樹地北頭一段, 兩家情願, 不許返悔。恐後無憑, 立約為証。
上代夥場十五步;
木稽地樹有夥中二十二科。

乾隆十六年二月十四日立
中人　張廷忠、(张)廷佐

번역

분단을 작성하는 張廷寬과 그 형제는 분가를 진행하여, (張廷寬)이 마을 동쪽 변에 있는 東西地 5무, 南北地 2무 그리고 남북 木稽地 1段을 분할 받으며, 棗樹地 북변의 1段을 받는다. 두 가정이 원해서 한 것이니 후회해서는 안 된다. 나중에 증거가 없을 것을 염려하여 서면계약을 작성하여 증거로 삼는다.
선조의 공동 농장 15보, 木稽地 안의 공동 소유 나무 22그루를 포함한다.

건륭 16년 2월 14일 작성함
중재인　張廷忠, 張廷佐

해설

이 분서는 형제간의 재산분할을 위한 것이다. 여기서 장정관張廷寬의 토지 7무畝를 나누었는데, 해당 토지는 모두 촌락의 동변에 있으며 동서방향의 5무, 남북방향의 2무로 구성되어 있다. 이 외에 목숙지木稽地와 대추나무밭棗樹地 각 1단段이 있는데, 이 땅은 모두 경제작물을 재배하는 곳으로 양식을 재배하는 곳은 아니다. 이 분서 내용 중에 '상대과장上代夥場'이라는 말이 나오는데 이는 선조 때부터 내려오는 공동소유 농장을 의미한다. 또한 목숙지에는 형제 두 사람이 공유하는 수목 20그루가 있는데, 이를 공동으로 소유한 이유는 수목이 아직 다 자라지 않아서 다 자라길 기다렸다가 처분하고자 했기 때문이다.

23 건륭31년 宋錫瑾과 형제들 分單執照

산서성, 1766

立分單執照人宋錫瑾璨琖因借人銀兩甚多今請親族將瑾歷年所積銀肆伯九拾兩頂還張三相
公本銀貳伯貳拾兩利銀貳拾捌兩六錢張二相公銀捌拾兩大亨號銀貳拾捌兩六錢長支銀
捌拾兩張大青錢伍千文五魁號錢貳拾四千文會錢壹伯零捌千文三宗錢合銀壹伯四十四兩
貳錢瑾長還銀捌拾捌兩壹錢七分兑到中呂天成號與錫珮娶親使用璨琖中呂天成號本
銀九伯兩頂還鄰家捐本利銀貳伯貳拾兩會銀壹伯九拾叁兩璨長支銀捌拾兩廣益店錢
壹伯壹拾貳千文琖長支錢壹伯壹拾千文璨琖與錫珮撥娶親銀壹伯柒拾六兩三錢四分三人共撥
銀貳伯六拾兩中呂天成號作銀俸壹俸叁厘係錫珮資本至于焦二寨永成號本銀貳伯
兩係弟兄未分共獲利銀與母養老使用四人不得爭論日後不願同居另自立火食者亦不拙(?)
資本借貸俱以分訖毫無交又恐後無憑立分單執照存

乾隆三十一年四月初四 [花押] 日 立分單執照 宋錫瑾 璨 琖 十 十 十

在中親族人 宋錫疇 十 宋有齡 十 宋天祿 十 張桂馥 十 田永德 十 宋尚子 十 張炳 十 宋錫符 十

원문

立分單執照人宋錫璨、宋錫瑾、宋錫瑗因借人銀兩甚多，今請親族將(錫)瑾歷年所積銀肆伯九拾兩，頂還張三相公本銀弍伯弍拾兩，利銀弍拾捌兩六錢、張二相公銀捌拾兩、大亨號銀弍拾捌兩六錢、長支銀捌拾兩、張大奇錢伍千文、五魁號錢弍拾四千文、會錢壹伯零捌千文，三宗錢合銀壹伯四十四兩弍錢。(錫)瑾長還銀捌拾捌兩壹錢七分，兌到中召天成號與錫珮娶親使用，(錫)璨、(錫)瑗中召天成號本銀九伯兩，頂還柳家桐本利銀弍伯弍拾兩、會銀壹伯九拾三兩、(錫)璨長支銀捌拾兩、廣益店錢壹伯壹拾弍千文、瑗長支錢壹伯壹拾千文。(錫)璨、(錫)瑗與錫珮撥娶親銀壹伯柒拾六兩三錢四分，三人共撥銀弍伯六拾兩。中召天成號作銀俸壹俸叁厘，係錫珮資本，至於焦二寨永成號本銀弍伯兩係夥未分，共獲利銀與母養老使用，四人不得爭論，日後不願同居，另自立火食者，亦不攤配。資本借貸俱以分訖，毫無交叉，恐後無憑，立分單執照存。

乾隆三十一年四月初四合同□□日立分單執照

宋錫璨(十字押)、宋錫瑾(十字押)、宋錫瑗(十字押)

在中親族人 宋錫疇(十字押)、宋有齡(十字押)、宋天祚(十字押)、
張桂馝(十字押)、田永德(十字押)、宋尚子(十字押)、
張炳(十字押)、宋錫符(十字押)

번역

分單執照를 작성하는 宋錫璨, 宋錫瑾, 宋錫瑗은 다른 사람한테 빌린 은량이 너무 많아서, 오늘 친족에게 요청하여 (宋錫)瑾이 그동안 모은 은량 490량으로 張三相公 本銀 220량, 利錢 28량 6전, 張二相公 銀 80량, 大亨號 銀 28량 6전, 長支銀 80량, 張大奇 錢 5,000文, 五魁號 錢 24,000文, 會錢(錢會조직에서 빌린 돈 : 역자)

108,000文의 세 곳(張大奇, 五魁號, 會錢 : 역자)의 합계 144兩 2錢을 대신 갚도록 한다. 또한 (宋錫)瑾은 은 88량 1전 7분을 상환하며 이 돈은 中召天成號의 지분으로 바꾸어 宋錫珮가 혼인할 때 사용하도록 한다. 宋錫璨, 宋錫瑗 두 사람이 中召天成號에 투자한 은 900량으로 柳家桐本利銀 220량, 會銀 193량, 宋錫璨에게 지급할 은 80량, 廣益店錢 112,000文, 瑗長支錢 110,000文을 대신 갚는다. 또한 宋錫璨, 宋錫瑗 두 사람은 宋錫珮가 혼인할 때 銀 176兩 3錢 4分을 (비용으로) 제공한다. 세 사람(宋錫瑾, 宋錫璨, 宋錫瑗 : 역자)은 공동으로 은 260량을 내어 中召天成號의 지분 1俸3厘(1.3股)를 宋錫珮에게 준다. 焦二寨永成號의 本銀은 형제 4인의 공유 자본으로 남겨 분할하지 않으며, 여기서 얻는 이자는 모친의 봉양 자금으로 사용하고 형제 4인이 서로 다투지 않는다. 이후 만약 공동생활을 원치 않아 따로 독립하기를 원하는 자가 있다하더라도 이 (永成號) 자본에 대해서는 분배를 하지 않는다. (이로써) 집안의 대차 資本에 대한 분배가 모두 완료되었으며 분명하지 않은 부분이 조금도 없다. 이후에 증거가 없을 것을 염려하여 分單執照를 작성하여 증거로 삼는다.

건륭 31년 4월 초4 계약□□일 분단을 작성하는
宋錫璨(십자서명), 宋錫瑾(십자서명), 宋錫瑗(십자서명)

친족 宋錫疇(십자서명), 宋有齡(십자서명), 宋天祚(십자서명),
張桂謐(십자서명), 田永德(십자서명), 宋尚子(십자서명),
張炳(십자서명), 宋錫符(십자서명)

해설

해당 문서는 건륭 31년에 작성된 것으로, 송석근宋錫瑾, 송석찬宋錫璨, 송석원宋錫瑗 세 형제의 분서이다. 분가는 이들 3인이 다른 사람으로부터 빌린 은량이 너무 많고, 미혼의 동생 송석패宋錫珮의 혼인 및 모친의 노후를 보장하기 위해 이루어진 것으로, 친족인 송석주宋錫疇, 송유령宋有齡, 송천조宋天祚, 장계필張桂毖, 전영덕田永德 등의 감독 하에 이들 3인의 재산으로 채무를 상환하고 남은 재산과 지분으로 송석패의 혼인 및 모친의 노후 비용을 제공하도록 약정하고 있다.

이 분서는 분할의 대상이 송석근 3형제의 은銀, 전錢 등의 화폐 자산일 뿐, 기타 분서와 달리 가옥, 토지 등 고정 자산을 포함하고 있지 않는 것이 특징이다. 분서 마지막 부분의 '이후 함께 살기를 원치 않아 따로 독립하고자 한다면'이라는 구절로 보아 이 분서 작성 후에도 네 형제는 그대로 함께 살았다는 것을 알 수 있다.

송석근 3형제는 모두 은 260량을 내어 한 달 이자를 3리(俸壹俸三厘)로 하는 조건으로 중소中召 천성호天成號에 지분을 투자하고 이를 송석패의 자본으로 하도록 했다. 초이채焦二寨 영성호永成號의 본은 200량은 아직 분할하지 않았는데, 이 200량에서 얻는 이익은 그들 모친의 봉양을 위해 사용하고 형제 4인이 서로 다투지 않으며, 이후 재차 분가를 한다고 해도 이 재산은 분할하지 않는다고 명시하고 있다. (Ⅲ-3에도 해당)

24 동치3년 鄧天禮의 遺囑分撥書

산서성, 1864

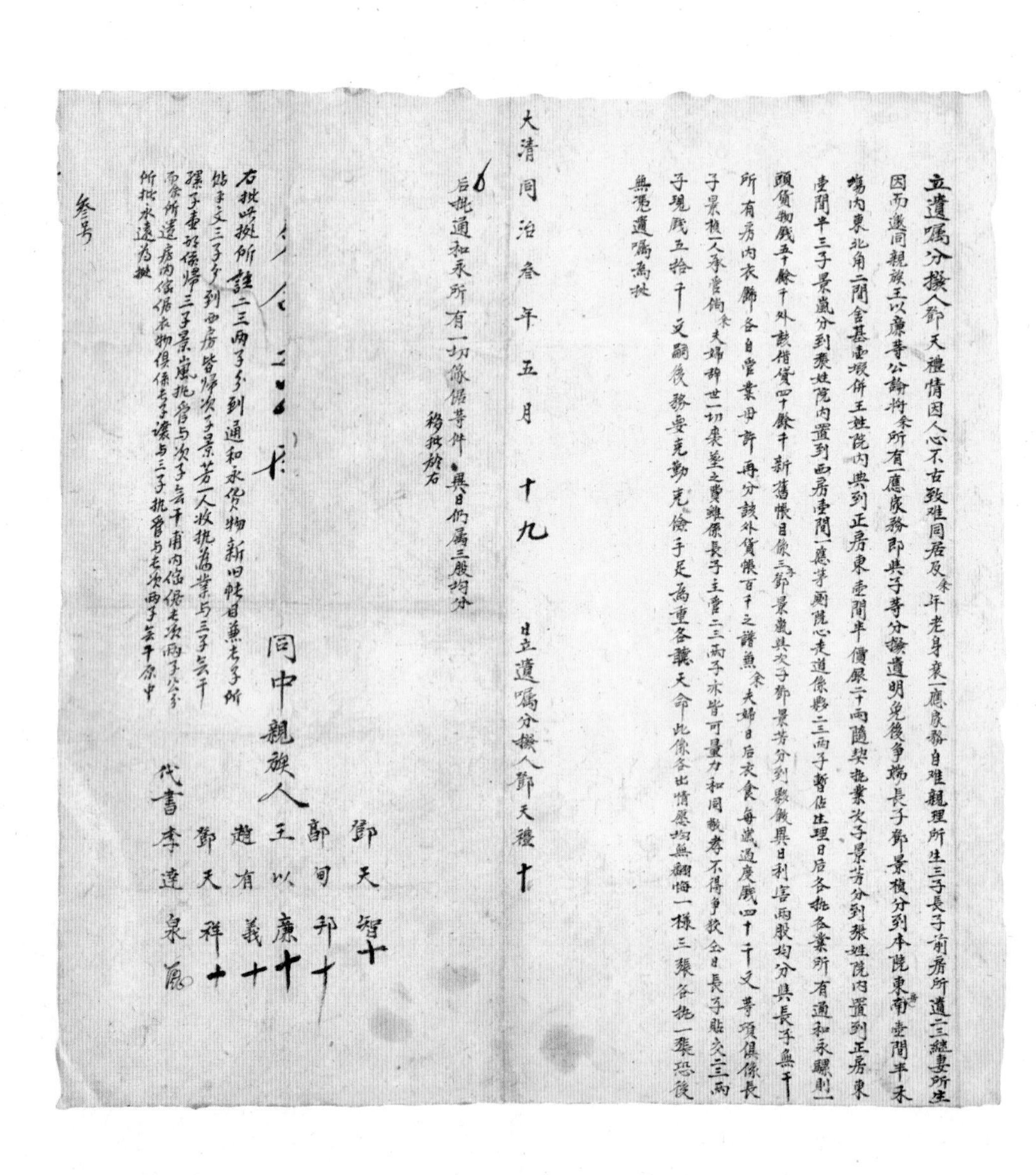

立遺囑分撥人鄧天禮情因人心不古致難同居及余年老身衰一應家務自難覦理所生三子長子前房所遺二三繼妻所生
因而邀同親族王以廉等公論將余所有一應家務即與子等分撥遺明免後爭端長子鄧景禎分到本院東南壹間半禾
場內東北角二間舍基壹塅併王姓院內典到正房東壹間半價錢二十兩隨契執業次子景芳分到張姓院內置到正房東
壹間半三子景嵐分到秦姓院內置到西房壹間一應茅廁院心走道係與二三兩子暫佔生理日后各執各業所有通和永賬則一
頭貨物錢五十餘千外該借貸四十餘千新舊帳目係三子鄧景嵐與次子鄧景芳分到數錢與日利害兩股均分與長子無干
所有房內衣飾各自當業毋許再分該外貸帳百千之譜無余夫婦日后衣食每歲過度錢四十千文等項俱係長
子景禎一人承當倘余夫婦辭世一切喪塟之費雖係長子主當二三兩子亦皆可量力和同截孝不得爭執今日長子貼交二三兩
子現錢五拾千文嗣後務要克勤克儉手足爲重各謹天命此係各出情愿均無翻悔一樣三張各執一張恐後
無憑遺囑爲據

大清同治叁年五月十九 日立遺囑分撥人鄧天禮 十

后批通和永所有一切條傢等件與日仍屬三股均分
移批於右

同中親族人
鄧天智 十
鄧甸邦 十
王以廉 十
趙有義 十
鄧天祥 十
代書李達泉

右批所擬所註二三兩子分到通和永貨物新旧帳目兼老子所
佔本文三子分到西房皆歸次子景芳一人收執爲業與三子無干
孫子壹分係歸三子景嵐執管與次子無干甫內係係老次兩子公分
而余所遺房內係係衣物俱係老子讓與三子執管與老次兩子無干原中
所批永遠爲據

叁号

원문

立遺囑分撥人鄧天禮, 情因人心不古致難同居及余年老身衰, 一應家務自難親理。所生三子, 長子前房所遺, 二、三繼妻所生, 因而邀同親族王以廉等公論, 將余所有一應家務, 即與子等分撥遺明, 免後爭端。長子鄧景楨分到本院東房南壹間半、禾場內東北角二間、舍基壹塅併王姓院內典到正房東壹間半、價銀二十兩隨契執業。次子景芳分到張姓院內置到正房東壹間半, 三子景嵐分到張姓院內置到西房壹間, 一應茅厠、院心、走道係夥。二、三兩子暫佔生理, 日後各執各業。所有通和永騾則一頭、貨物錢五十餘千、外該借貸四十餘千、新舊帳目係三子鄧景嵐與次子鄧景芳分到夥做, 異日利害兩股均分, 與長子無干。所有房內衣飾各自管業, 毋許再分。該外貨帳百千之譜兼余夫婦日后衣食、每歲過度錢四十千文等項俱係長子景楨一人承管倘余夫婦辭世, 一切喪葬之費, 雖係長子主管, 二、三兩子亦皆可量力和同敬孝, 不得爭狡。仝日長子貼交二、三兩子現錢五拾千文, 嗣後務要克勤克儉、手足為重, 各聽天命, 此係各出情願, 均無翻悔。一様三張各執一張恐後無憑遺囑為拠。

大清同治叄年五月十九日立遺囑分撥人鄧天禮(十字押)
后批通和永所有一切傢俱等件異日仍屬三股均分
移批於右

[半書] (待識別)
同中親族人　鄧天智(十字押)、郭甸邦(十字押)、王以廉(十字押)、
　　　　　　趙有義(十字押)、鄧天祥(十字押)
代書　李達泉(花押)

右批此拠所註　二、三兩子分到通和永貨物新旧帳目兼長子所貼錢文、三子分到西房皆歸次子景芳一人收執為業, 与三子無干。騾子壹頭係帰三子景嵐執

管，与次子無干。甫[铺]內傢俱長次兩子公分而余所遺房內傢俱、衣物俱係長子讓与三子執管与長、次兩子無干。原中所批永遠為拠。

叁號

번역

遺囑分撥 작성자 鄧天禮가 유촉을 작성하는 것은 사람의 마음이 옛날과 달라 같이 살기 어렵게 되었고 몸이 연로하여 가사를 직접 처리하기 어렵기 때문이다. (본인은) 아들이 세 명인데 장자는 前妻의 소생이고, 차남과 삼남은 繼妻 소생이다. 이로 인해 친족 王以廉 등과 함께 공정하게 논의한 끝에 (본인) 소유의 일체 가산을 아들들에게 확실히 균분하여 후에 분쟁이 생기지 않도록 한다. 그 중 장남 鄧景楨에게는 本院東房南 1間半, 禾場內東北角 2間, 舍基 1段, 王姓院內典到正房東 1間半, 은 20兩을 계약에 따라 분배한다. 차남 鄧景芳에게는 張姓院內의 正房東 1間半을 분배하며, 삼남 鄧景嵐에게는 張姓院內의 西房 1間을 분배한다. 모든 뒷간, 마당(院心), 인도(走道)는 공동소유로 한다. 차남과 삼남은 잠정적으로 장사를 맡고 이후에 각기 각자의 業을 맡도록 한다. 通和永의 노새 1마리, 화물비 5,000文, 대부한 돈 4,000文, 新舊賬目은 삼남 鄧景嵐과 차남 鄧景芳이 받되 공동 소유하며, 후에 양분하도록 한다. 장남은 이 재산과는 무관하다. 房內의 의복, 장신구는 각기 관리하도록 하며 다시 분할할 수 없다. 該外貨帳, 百千之譜 및 鄧天禮 부부가 나중에 쓸 생활비 4,000文 등은 모두 장남 鄧景楨이 관리하도록 한다. 鄧天禮 부부가 모두 사망한 후 일체 장례비용은 응당 장남이 주관하나 차남과 삼남도 능력을 헤아려 참여함으로써 함께 효도하며 다투고 변명하는 일이 없도록 한다. 분서를 작성한 당일에 장남은 차남과 삼남에게 50,000文을 지급한다. 분가 이후 각 아들이 근검절약하고 서로 아껴서 천명을 따르길 바란다. 동시에 이 분서는 모두 원한 것이니 번복하지 않는다. 분서는 같은 양식의 3장이며, 세 아들이 각기 한 장씩 가지도록 한다. 구두로는 증거가 없으니 이 유촉을 작성하여 근거로 삼는다.

大淸 동치 3년 5월 19일 유촉 및 재산 분할서 작성인 鄧天禮(십자서명)
후에 通和永의 일체 물건은 이미 세 아들이 균분하였음을 별첨함.
별첨은 뒤로 옮겨놓았음

[반서] (식별 불가)
친족 鄧天智(십자서명), 郭甸邦(십자서명), 王以廉(십자서명),
趙有義(십자서명), 鄧天祥(십자서명)
대서 李達泉(서명)

이상 별첨에 근거하여 다음과 같이 밝힌다. 차남과 삼남은 通和永의 貨物, 新舊賬目과 장남이 준 錢을 받았다. 삼남이 받은 西房은 모두 차남 景芳에게 돌려주었으므로 삼남과는 관련이 없다. 노새 한 마리는 삼남 景嵐이 맡아서 관리하며 차남은 이와 관련이 없다. 가게 내의 가구는 장남과 차남이 公分한다. 내가 남긴 房內의 가구와 옷가지는 장남이 삼남에게 양여하여 관리하도록 하며 장남과 차남과는 무관하다. 원문과 별첨을 영원히 그 근거로 삼는다.

해설

이 유언 및 재산 분할서에서 등천례鄧天禮는 분가의 원인으로 "사람의 마음이 옛날과 달라 같이 살기 어렵게 되었다"는 구절을 기술하고 있는데, 일반적인 분가사유가 아닌 것으로 보아, 이 가정 내의 불화가 이미 피할 수 없는 지경에 이른 것은 아닌지 의심스럽다. 또한 장남은 죽은 전처의 소생이고, 차남과 삼남은 계처繼妻의 소생이라고 언급되어 있는데, 이는 세 아들이 한 모친의 소생이 아님을 말해준다. 이러한 점이 이 가정의 불화의 원인이었는지도 모르겠다. 등천례의 재산은 대체로 방원房院, 상업 투자와 대부 등으로 나눌 수 있으며, 장남이 받은 것은 두 곳의 방원과 한 곳의 택지이다. 차남과 삼남은 각기 한 곳의 방원을 받았으며 등천례 소유의 통화영通和永의 상업 투자금과 대부금 등을 공동으로 가지게 되었을 뿐 아니라 장남은 차남과 삼남에게 50,000문文의 돈을 지급하도록 했다.

또한 등천례 부부 봉양과 상례, 장례는 장남이 주관하고 차남과 삼남은 단지 상례와 장례비용에 있어서 적당한 금액을 보태도록 약정하고 있다. 여기서 등천례의 처는 계처로서, 즉 장남의 계모이다. 일반적으로 분서에서 계모는 그 친자식들이 봉양하도록 하며 의붓아들과는 무관하다. 그러나 이 분서에서는 장남이 상속받은 재산과 차남과 삼남이 받은 것에 종류의 차이가 있는데, 가치로 따지면 비슷하다고 할지라도 부모를 장남 한 사람이 봉양한다는 점에서 보면 장남에게 불공평한 점이 있다고 할 수 있다.

이 분가의 내용 외에 "다른 날 통화영通和永의 모든 가구를 3등분한다"고 별첨을 붙여, 이번 분가 후 언젠가 다시 한 번 재산 분할이 이루어질 것임을 명기하고 있다. 그리고 별첨을 통해 차남과 삼남은 통화영의 자산에 대해 재차 분할을 진행했으며, 그 중 차남이 화물을 받았고 삼남은 노새 한 마리를 받았으며, 점포 내의 가구는 장남과 차남이 공분했다는 것을 알 수 있다. 이는 통화영의 상호商號가 차남, 삼남의 공동 경영을 거쳐 최후에는 세 아들에 의해 분할되는 과정을 보여주고 있다. 분가가 한 번으로 끝나지 않고 여러 차례에 걸쳐 이루어진 경우 나중에 작성된 분서는 원래의 분서에 첨부하거나 이 분서처럼 별첨으로 부기하기도 했다. (Ⅲ-3에도 해당)

25 선통 원년 化元立, 化元昌 형제 재분할서

산서성, 1909

立復分房地傢俬等物約據人化元立昌并緣母親辞世所有遺下
房地等項邀同鄰友弟兄二人公分立分到本宅西[illegible]重
眼半東房叁間明堂[illegible]重眼便地叁個天門外天井係
殿門外禾塲西面重半大圂連空基重半碓臼四地
五畝昌分到本宅東[illegible]重眼半西房叁間明堂[illegible]重眼便
地叁個大門外天井係殿門外禾塲東面重半大圂連空
基重半蘇地溝地五畝惟鎮江府立武昌生意一節資本六
百吊每人叁百吊每年應支餘利立昌二人均分至今年爲始
所有大小槐樹兩株塲有便地叁個弟兄係殿此係情出兩
願立此復分房地傢俬物件一樣叁張各執一張永遠爲証

[illegible]長各執壹張

再批 [illegible]此以後毫無[illegible]葛永斬
葛藤

在中說合人 張治山 化發敏 張金達 胡泰鍾 化廷秀 張治綵 牛懷礼

宣統元年二月十三日立復分房地傢俬等物約據人 化元立 昌

書人 張正良

원문

立復分房地、傢俱等物約據人化元立、(化元)昌，玆緣母親辭世，所有遺下房地等項，邀同鄰友弟兄二人公分。立分到本宅西窰壹眼半、東房叁間、明堂窰壹眼、便地弍個、天門外天井係夥，門外禾場西面壹半、大圐連空基壹半、碓臼凹地五畝。(化元)昌分到本宅東窰壹眼半、西房弍間、明堂窰壹眼、便地弍個、大門外天井係夥、門外禾場東面壹半、大圐連空基壹半、蔴地溝地五畝。惟鎮江府立盛昌生意一節，資本六百吊、每人叁百吊，每年應支餘利。(化元)立、(化元)昌二人均分，至今年為始。所有大小槐樹兩株，場有便地弍個，弟兄係夥。此係情出兩願，立此復分房地、傢俱、物件一樣弍張，各執一張，永遠為証。

[半書] 壹樣弍張，各執壹張。
再批，至此以後毫無掛葛，永斬葛籐。
在中說合人　張治山、化發敏、張金達、胡泰鍾、化延秀、張治傑、牛懷礼

宣統元年二月十三日復分房地、傢俱等物約據人化元立、(化元)昌
書人　張正良

번역

다시 房地, 傢俱 등을 나누기로 약정하는 化元立, 化元昌은 모친의 별세로 인해 이웃, 친구에게 요청하여 형제 두 사람이 함께 모친이 남긴 房地 등의 물품을 나누도록 한다. 化元立은 本宅西窯 1眼半, 東房 3間, 明堂窯 1眼, 便地 2個, 문 밖의 禾場西面 1半, 大圐連空基 1半, 碓臼凹地 5畝를 받으며 天門 밖 天井은 공동 소유로 한다. 化元昌은 本宅東窯 1眼半, 西房 2間, 明堂窯 1眼, 便地 2個, 문 밖의 禾場東面 1半, 大圐連空基 1半, 蔴地溝地 5畝를 받고 天門 밖 天井은 공동 소유로 한다. 다만 鎮江府의 立盛昌 상호는 자본 규모가 600吊이므로 각기 300吊을

소유하고, 매년 지급되는 餘利는 化元立, 化元昌 두 사람이 균분하도록 한다. 이를 금년부터 시작하도록 하며 홰나무槐樹 두 그루와 場有便地 두 개는 형제가 공동 소유한다. 이는 두 사람이 원해서 한 것으로 房地, 가구 등을 나누었음을 기재한 명세서를 2장 작성하고 각각 한 장씩 소지하여 영원히 증거로 삼도록 한다.
같은 양식으로 2장을 작성하여 각기 한 장씩 가진다.

중개인 胡泰鍾, 張治山, 化發敏, 張金達, 化延秀, 張治傑, 牛懷礼
재차 언급하니 이후 갈등을 도모하는 일이 절대 없으며 영원히 갈등의 싹을 자른다.

선통 원년 2월 13일 房地, 傢俱 등을 나누었음을 약정한 化元立, 化元昌
대서인 張正良

해설

이 분서는 화원립化元立, 화원창化元昌 형제간에 이루어진 것으로 그들의 모친이 세상을 떠난 후에 진행된 것이다. 그러나 가옥과 토지, 가구 등 물건을 '다시' 나눈다는 것으로 보아 이번 분가는 두 형제간의 두 번째 분가인 것으로 보인다. 아마 그들 모친이 살아 있을 때 이미 분할이 한 차례 이루어졌다는 것을 알 수 있다. 이번 재산분할은 모친 살아생전 다 나누지 못한 재산 혹은 공유재산에 대한 재분할일 가능성이 크다.

이 분가에서 분할한 재산은 주로 방원房院, 토지 등이다. 이 외에 진강부鎭江府의 입성창立盛昌 상호에 대한 지분을 두 사람이 양분하여 상호에서 분배되는 배당금(餘利)도 두 사람이 균분했다. 화씨化氏 가정과 입성창 상호와의 관계는 분명하지 않지만, 만일 입성창 상호가 화씨 가정이 설립한 것이라면 이 분가에서 화씨 형제의 입성창 상호 경영에 대한 분할도 진행되었다는 것을 의미한다. 이는 상호의 경영에는 불리한 것이지만 별첨(批注) 가운데 "이후 갈등을 도모하는 일이 절대 없으며 영원히 갈등의 싹을 자른다"라고 한 부분에서 형제가 재산을 나눌 뿐만 아니라, 이후 갈등을 심화시킬 수 있는 모든 가능성을 완전히 없애고자 했다는 것을 알 수 있다. 따라서 이번 분가가 형제 가정의 불화로 인해 이미 어쩔 수 없는 상황에서 진행되었을 가능성도 있다. (Ⅲ-1에도 해당)

26 민국33년 姜盛榮 등 分關

귀주성, 1944

立分關發達人姜盛榮姜盛富姜盛貴侄姜紹元以
人等爲因家發人多難已枝持各人自立門戶合商議
經請親族當凭將祖遺田地菌坪油山坐屋均分其坐
地基寨中皆松地基屋後地基小屋之地基及倉屋地基
當議四人所共其餘分列第號天地元皇四字分落照
字各占各管分列計錄於后盛榮占天字皆從乜拜田貳
坵約谷柒担湧橋頭田乙坵壹石五湧橋嶺田共四坵拾四
石半皆餘田乙坵五担皆倍計叁坵貳石乙坫丟荒田貳坵
貳石合共叁拾貳石油山党加壹塊乜丹乙塊屋背乙塊
菌坪倉背火炉房左一間除叉親養膳田塘田乙坵約谷四石
乜中田叁坵約谷五石皆度明禾田乙坵拾四石皆党生田
叁坵谷貳拾担補者田貳坵谷陸石共該田面肆拾玖石
党乩党閣壹概归祭祀之田冉中田乙坵皆豆發連田乙。
坵歸天字號管業其有灶房四人所共恐後無憑立
此分關合同爲據远永存照

外批高迶冲頭田貳坵除着盛榮大哥長子約谷四担其有田邊及
油山之老杉木叔侄四人所共將老木砍尽以後子木各管各業叔
侄以后不得異言此批山場杉木四人所共

親 范志超
憑
族 姜元瀚 筆

中華民國叁拾叁年古历二月二十日 立

원문

立分關發達人姜盛榮、姜盛富、姜盛貴、侄姜□□四人等，爲因家發人多難，已技[支]持各人自立門戶。合商議，經請親族當憑，將祖遺田地、薗坪、油山、坐屋均分。其坐地基，寨中皆松地基、屋後地基、小屋之地基及倉屋地基當議四人所共，其餘分列第號天、地、元、皇四字，分落照字各占各管，分列計錄於後。盛榮占天字，皆從乜拜田弍坵，約穀柒擔；汙榜橋頭田一坵，壹石五；汙榜嶺田共四坵，拾四石半；皆餘田乙坵，五擔；皆培計叁坵，弍石；乙培丟荒田弍坵，弍石，合共叁拾弍石。油山：黨加壹塊、乜丹一塊、屋背一塊。薗坪、倉背火爐房左一間。除父親養膳田：塘田乙坵，約穀四石；乜中田叁坵，約穀五石；皆度明禾田乙坵，拾四石；皆黨生田叁坵，穀弍拾擔；補省田弍坵，穀陸石，共該田面肆拾玖石。黨吼、黨周壹概歸祭祀之田。冉中田一坵、皆豆發連田一坵歸天字號管業。其有灶房四人所共。恐後無憑，立此分關合同爲據，遠永存照。
外批：高迫沖頭田二坵，除著盛榮大哥長子，約穀四擔，其有田邊及油山之老杉木叔侄四人所共，將老木砍盡以後，子木各管各業。叔侄以後不得異言，此批山場杉木四人所共。
憑親　範志超、憑族　姜元瀚筆

[半書]（待識別）

中華民國叁拾叁年古二月二十日 分立

번역

分關을 발기하는 姜盛榮, 姜盛富, 姜盛貴, 조카 姜□□ 4인은 가족이 많고 복잡하여 각자 자립하여 문호를 수립하기로 결정한다. 상의를 끝내고 親族에게 보증인이 되기를 요청하여 조상이 남긴 田地, 薗坪, 油山 그리고 坐屋 등을 균등하게 나눈다. 그 坐地基는 寨 안의 소나무 부지(松地基), 집 뒤의 택지(屋後地基), 작은 건물의 부지(小屋之地基) 및 창고의 부지(倉屋地基)는 의논하여 네 사람이 공유한다. 그 나머지는 天, 地, 元, 皇의 네 글자로 號를 붙여 나누어 열거하고, 글자에 따라 배분하여 각자 점유 · 관리하며, 뒤에 계산 결과를 나누어 열거한다. 盛榮은 天字를 점유한다. (그 내역은) 從也拜田 2坵(대략 穀 7擔), 汙榜橋頭田 1坵(1.5石), 汙榜嶺田 4坵(14石半) 전부, 餘田 1坵(5擔) 전부, 培田 3坵(2石) 전부, 一培丟荒田 2坵(2石) 도합 32石 (규모)이다. 油山은 黨加에 1塊、也丹에 1塊, 屋背에 1塊이다. 藺坪은 倉 뒤쪽의 火爐房 왼쪽의 1間이다. 부친의 養膳田은 塘田 1坵(대략 穀 4石), 也中田 3坵(대략 穀 5石), 度明禾田 1坵 전부(14石), 黨生田 3坵 전부(穀 20擔), 補省田 2坵(穀 6석), 해당 田의 면적은 도합 49석으로 하는 외에, 党吼과 党周(의 田)은 모두 祭祀之田으로 귀속시킨다. 冉中田 1坵, 豆發連田 1坵 전부는 天字號에 귀속시켜 業을 관리한다. 灶房은 네 사람이 공유하는 바이다. 이후 증거가 없을 것을 염려하여 이 分關 계약을 체결하여 근거로 삼으니 영원토록 남겨서 대조한다.
기타 첨부: 高迫沖頭田 2坵(대략 穀 4石)는 盛榮 大哥의 長子가 맡는 것 외에 田의 둘레와 油山의 老杉木은 叔姪 네 사람이 공유하고, 老木을 다 베어 낸 후의 어린 나무(子木)는 각자 자기의 것으로 관리한다. 叔姪은 이후 다른 말을 해서는 안 되며 이 산장의 杉木은 네 사람이 공유한다.
빙친 範志超, 빙족 姜元瀚 대서

[반서] (식별 불가)

중화민국 33년 古 2월 20일 작성

해설

분서를 이르는 말은 구서鬮書, 분단分單, 분서分書 등 다양하지만 청수강清水江 문서에서는 관서關書라고 칭하는 것이 일반적이었다. 이 분서 속에서는 큰 형인 강성영姜盛榮이 천자호天字號의 산업産業을 점유하는 정황만을 언급하고 있지만 전산田産 뒷면에 산출량産量을 첨부하였기 때문에 이를 통해 추측이 가능하며, 이것 역시 형제균분의 원칙에 의거하여 진행된 분서이다.

분가할 때 만약 부모가 생존해 있다면 부모의 양로비용을 충분히 고려하는 것이 일반적인데, 이 분서에도 그 부친을 위한 양선전養膳田을 남기고 있다. 제사 문제를 고려하여 전산田産도 남기고 있으며 조방灶房 등 부동산을 공유 자산으로 남기고 있다. 또한 유산油山(식물을 재배해 차나 기름을 생산하는 山場)과 삼목杉木은 청수강 유역에서의 상품화 정도가 전토田土보다 훨씬 높았다. 따라서 계약서 중에 산장山場에 대해서는 분할을 진행하고 있지만, 산장에 현존하는 노목老木(이미 완전히 자라서 목재가 될 수 있는 나무)은 공동 재산에 속하게 하고, 노목을 모두 베어 판매한 후에는 다시 규정에 따라 각자가 자신의 산업을 관리한다고 명시하고 있다. 이런 점이 다른 지역의 분서와 구별되는 청수강 분서의 특징이라 할 수 있다. (Ⅲ-1에도 해당)

Ⅲ-3 형제균분의 변용

분석과 개괄

형제간 평균분할의 기본 원칙에도 불구하고 현실에서는 이를 변용한 실례들이 존재했다. 그것이 농촌사회의 경우에는 각 가정의 특수성을 반영한 것이라면, 상인 가정에서는 좀 더 불가피한 면이 존재했다. 즉 상인 가정에서는 상인의 점포 등 특수한 자산에 대해 표면적으로는 균등분할을 하지만 실제적으로는 분할하지 않고 한 사람에게 몰아주는 경향이 있었다.

상업자본의 분할방식은 두 가지였다. 하나는 가정의 상업자본을 아들들에게 균등분할하고 각각 독립경영을 하게 하는 방법이다. 이 경우 원래의 상업조직은 해체되고 자본이 분산되어 영세화한다는 단점이 있다. 또 하나는 상업자본을 아들들에게 분급하되, 원래의 가정 상업조직은 유지하는 방법이다. 이를 위해서는 우선 가산을 아들들에게 균등 분배한 다음, 한 사람에게 모두 몰아주고 나머지 사람들은 지분을 소유하는 것이다. 이 경우, 원래의 상업조직을 유지하고 자본의 분산을 막아 자본 축적에 유리하다는 장점이 있다. 일반적인 상인 가정에서 채택하는 재산분할 방식은 후자였다.

이러한 상업자본의 분할 방식은 상업자본 자체에 영향을 줄 뿐 아니라 자본 조직 형태나 이윤분배 방식 등에도 지대한 영향을 주었다. 즉 부친 한 사람이 독자적으로 경영하던 것을 여러 아들이 지분(股份)을 나누어 한 사람이 경영하게 되면 자연스럽게 합과合夥 경영 방식으로 바뀌게 되었다. 부친 한 사람의 책임제였던 것이 아들들의 윤번제 혹은 위탁제로 바뀌게 되었으며, 이윤의 분배방식 또한 자본에 따른 분배가 아니라 정여리제正餘利制 방식을 채택하게 되었다.[6] 그러므로 상인 가정에서는 상호의 지분을 균등하게 분할하고 경영은 공동 명의로 하되 한 사람이 그 책임을 맡는 합과 형태가 성립되었다. 상호를 한 사람에게 몰아주고 나머지 형제는 지분을 소유하는 이러한 재산분할 방식은 진상, 휘상을 비롯하여 각 지역의 상인 가정에서 보편적으로 선택했던 분할방식이었다.[7] 이러한 방식은 향촌에서 형제들이 토지를 균분 받고 각각 독립적으로 방을 이루는 방식과는 다르다. 즉 표면적으로 지분을 나누는 방식의 형제균분이지만, 실제로는 재산분할을 하지 않은 것이나 다름없었다.[8]

상인 가정에서 재산분할을 할 때 일반 가정과 다른 방식을 채택하게 되었던 또 하나의 이유가 있었다. 상업 자호字號를 후손에게 상속하는 문제는 해당 상인 가정의 내부 문제인 동시에, 상호商號가 속해 있는 행회行會의 규정에 제한을 받고 있었기 때문이다.

청대 행회 규정의 주요한 내용은 개설 상호에 대한 관리였으며 이에 대한 구체적이고 엄격한 규정이 적용되었다. 즉 신설하고자 하는 상호는 행회에 상호 등록비(牌費錢)를 납부해야 했다. 원래 있는 점포의 상호를 바꿀 경우에도 바꾸는 글자 수만큼의 비용을 납부해야 했다. 예를 들어 『호남상사습관보고서湖南商事習慣報告書』에 의하면, 〈동화점조규銅貨店條規〉에는 부친이 경영했던 상호가 아들에게로 계승되는 것은 당연시 되었지만 상호명을 바꾼다면 별도의 상호 등록비를 납부해야 한다고 규정되어 있다. 〈지찰점조규紙扎店條規〉에는 아들만이 부친의 가업을 계승할

6 '正餘利制'는 正利와 餘利를 의미하며, 正利는 官利의 명대 명칭이다. 즉 상호가 이윤을 분배할 때 경영상황과 관계없이 股東에게 일정한 正利를 지급하고, 正利 분배 후에 경영상황에 따라 나머지를 분배하는 것이 正餘利制이다. 王裕明, 「明代商業經營中的官利制」, 『中國經濟史硏究』 2010-3 참조.

7 王裕明, 「明淸商人分家中的分産不分業與商業經營-以明代程虛宇兄弟分家爲例」, 『學海』 2008-6; 「明淸分家鬮書所見徽州典商述論」, 『安徽大學學報』 2010-6 참조.

8 邢鐵, 『家産繼承史論』, 雲南大學出版社, 2000, p.156.

수 있을 뿐 질자는 규정에 따라 처리한다고 규정되어 있다. 심지어 어떤 조규에는 한명의 아들만 부친의 가업을 계승할 수 있고 나머지 아들이 계승할 경우 행회 규정에 따라야 한다고 규정되어 있다. 대체로 각 행회조직은 상호의 상속과 관련하여 비슷한 내용의 조항을 두고 있었다.[9]

더욱이 행회 규정에는 모든 상호는 "부친에게서 아들로 산업을 계승할 수 있지만 (동일지역 내에) 새로운 점포를 개설하여 영업할 수 없다"고 되어 있다.[10] 따라서 부친의 상호를 아들들이 균분하면 원래 상호의 조직은 해체될 수밖에 없고, 산업은 나뉘어져 영세화될 뿐 아니라 각종 행회 규정에 따라 비용을 납부해야 했다. 또한 행회규약에는 만일 상호를 더 이상 운영하지 않고자 한다면 외부 업종인에게 대여하는 것을 허락하지 않는다고 규정하고 있다. 이는 마치 향촌에서 토지를 매매할 때 우선 친족이나 이웃에게 양도하는 것과 같은 이치이다. 그러므로 자호를 빌려주거나 매매할 때(租賣)는 반드시 우선 동일 업종자와 상의하고 행회의 감독 하에서 동일 행회의 구성원에게 조매했다.[11]

이런 식으로 상인 가정에서는 상호는 분할하지 않고 한 사람에게 몰아주어 재산권과 경영권을 보장하고 나머지 사람들에게는 지분만을 보유하게 하는 방법이 채택되었다. 이럴 경우 자연스럽게 한 계승인이 다른 계승인에게 자신이 받을 몫을 보태주거나(貼補), 양여讓與하는 현상이 나타났다.[12] 상호가 모두 그렇다고 할 수는 없지만 "상호는 공동 소유로 하고 나누지 않는다"는 일종의 원칙은 휘상이나 진상에게도 보편적으로 보이는 분가 방식이었다. 그러나 상호를 경영할 형제가 어떻게 결정되었는지는 알 수 없다. 분서를 쓸 당시에는 이미 품탑과 제비뽑기가 끝난 상태이고 분가에 참여한 승수자들이 수긍을 했다는 전제 조건 하에서 작성되어 이러

9 彭澤益主編, 『中國工商行會史料集』, 中華書局, 1995, p.463, p.366, p.420. p.315, p.463, p.304.

10 邢鐵, 『家産繼承史論』, p.144.

11 邢鐵, 『家産繼承史論』, p.144.

12 형제균분과 양여 현상과의 관계는 郭兆斌, 「清代民國時期山西地區民事習慣試析-以分家文書爲中心」, 『山西檔案』, pp.8-9 참조.

한 상세한 과정까지 분서에 수록하지는 않았기 때문이다.

상호를 한 사람에게 몰아주어 경영한 예는 28번 분서에서 분명한 예를 볼 수 있다. 이 분서의 주관인인 뇌경雷慶의 집안은 가옥, 토지뿐 아니라 대경호大慶號를 소유하고 있었다. 재산을 분급 받은 사람은 두 조카와 자신의 아들이었는데, 두 조카에게는 토지와 은량을 분급했고 대경호의 외상장부와 그 경영은 뇌경 자신의 노후자금으로 사용하다가 자신이 사망하면 자신의 아들이 이를 계승하도록 했다. 즉 자신의 아들에게는 대경호를 물려주어 경영권의 독립을 보장했던 것이다. 이에 대해 두 조카는 관계가 없다고 명시함으로써 이후 발생할 수도 있는 분쟁의 여지를 없애고, 상호가 분산 경영으로 인해 쇠퇴하는 것을 방지하고 있다. 다른 예로 27번은 1801년 이루어진 청대 진상 가정의 분서이다. 이는 왕홍王洪과 왕발상王發祥 형제의 분서인데, 복취당福聚當 등의 상호를 비롯하여 재산 목록을 열거한 다음 "이상은 모두 양가兩家가 공동으로 소유하며 나누지 않는다"고 명시하고 있다.

그러나 모든 상호가 분할되지 않았던 것은 아니었고, 분서에 상호의 분할을 명시하고 있는 경우도 있었다. 예를 들면, 15번은 1897년 청대 형제간 분서로, 전성통全盛通, 전성서全盛西 상호를 둘로 분할하여 각각 하나씩 관리한다고 명기하고 있다. 특히 이 분서의 분가사유가 '양가의 뜻이 맞지 않아서'였다는 것을 감안한다면, 서로 하나씩 나누어 갖는 것이 후일 두 가정에 더 큰 문제가 발생할 가능성을 차단한다는 의미에서 좀 더 바람직했을 것이다. 04번 분서처럼 원래 상호를 공동으로 소유하고 있다가 파산으로 인해 분할한 경우도 있다. 29번 분서도 상호를 공동으로 보유하고 있다가 분가사유가 발생하여 분할한 경우이다. 1879년 분가 주관자인 류정계劉廷桂는 형 가정과 길순영吉順永 상호를 공동으로 보유하고 있었지만 나이가 점점 많아져서 관리하기 어렵게 되자, 사망한 형의 아들 류종탕劉宗湯, 류종순劉宗舜, 손자 류천성劉天成의 가정과 양분하게 되었던 것이다.

이상의 예에서 알 수 있는 것은 상호의 안정적인 경영을 위해 최대한 상호가 분할되는 것은 피한다는 사실이다. 그러나 여러 가지 요인으로 인해 분할하는 것이 더 유리하다고 판단되면 상호의 분할도 진행했다는 것을 알 수 있다. 특히 상호의 분할이 형제 가정과의 불화나 갈등의 가능성을 차단할 수 있다는 장점도 있었다.

따라서 상호의 분할은 상호 경영의 이익과 형제 가정과의 화목을 기준으로 분할 여부를 결정했다는 것을 알 수 있다.

이러한 방식은 상인 가정뿐 아니라 수공업 가정의 경우에도 비슷했다. 수공업자들에게 특정 분야의 전문기술은 경제적인 자산만큼이나 특수한 자산이었다. 따라서 전문기술은 비밀스럽게 전수되고 보호되었다. 농촌에서 분가할 때 토지는 적서를 막론하고 아들들에게 균분하고 딸이 제외가 되듯이, 수공업 기술도 아들에게만 전수되었을 뿐 딸은 제외가 되었다. 그것은 딸이 출가하게 되면 그 전문기술이 시가로 흘러들어가 특수한 비법이나 기술을 지킬 수가 없다고 여겼기 때문이다. 또한 기술은 무형의 자산이기 때문에 모든 아들에게 균분되지 않고 축소된 범위 내에서 소수의 아들에게만 계승되었다. 이는 자신들의 기술이나 업종이 분산되는 것을 방지하고 기술이 다른 종족에게 확대되는 것을 억제함으로써 순수한 전승을 추구했기 때문이다.[13]

13 邢鐵,『家産繼承史論』, pp.132-139.

27 가경6년 王洪, 王發祥 分書

산서성, 1801

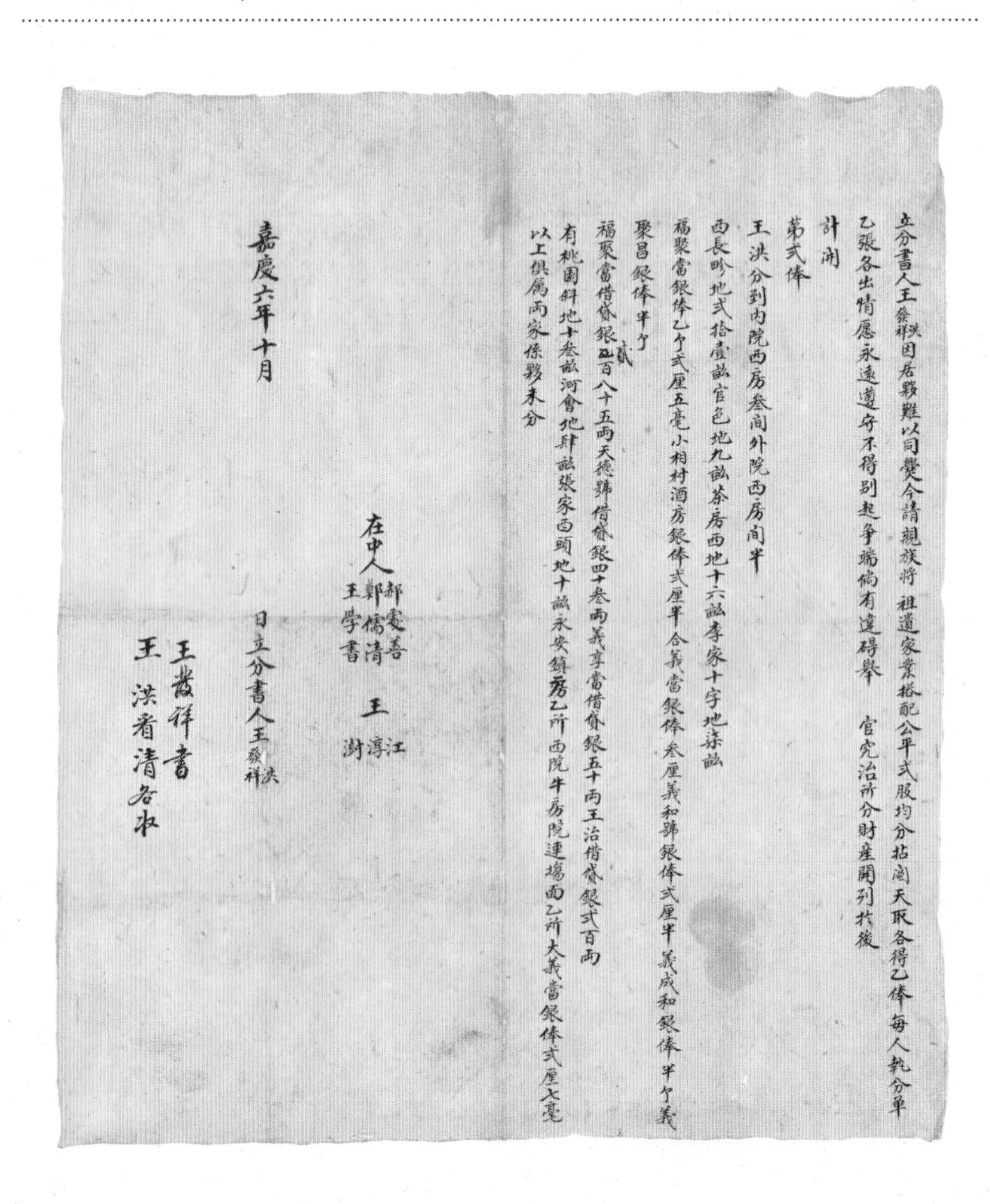

立分書人王發祥洪因居夥難以同爨今請親族將 祖遺家業搭配公平弍股均分拈鬮天取各得乙俸每人執分單
乙張各出情愿永遠遵守不得別起爭端倘有違碍舉 官究治所分財産開列於後

計開

第弍俸

王洪分到內院西房叁間外院西房間半
西長畛地弍拾壹畝官邑地九畝茶房西地十六畝李家十字地柒畝
福聚當銀俸乙分弍厘五毫小相村酒房銀俸弍厘半合義當銀俸叁厘義和號銀俸弍厘半義成和銀俸半分義
聚昌銀俸半分
福聚當借貸銀貳百八十五兩天德號借貸銀四十叁兩義亨當借貸銀五十兩王治借貸銀弍百兩
有桃園斜地十叁畝河會地肆畝張家西頭地十畝永安鎮房乙所西院牛房院連場面乙所大義當銀俸弍厘七毫
以上俱属兩家係夥未分

在中人 郝愛善 鄭儒清 王學書 王淳江 王澍

嘉慶六年十月 日 立分書人 王發祥 王洪

王發祥書

王洪看清各收

원문

立分書人王洪、(王)發祥, 因居夥難以同爨, 今請親族將祖遺家業搭配公平弍股均分, 拈鬮天取, 各得乙俸每人執分單乙張, 各出情願, 永遠遵守, 不得別起爭端。倘有違礙, 舉官究治。所分財產開列於後。

計開

第弍俸

王洪分到內院西房叁間外院西房間半;

西長畛地弍拾壹畝、官色地九畝、茶房西地十六畝、李家十字地柒畝;

福聚當銀俸乙分弍厘五毫、小相村酒房銀俸弍厘半、合義當銀俸叁厘、義和號銀俸弍厘半、義成和銀俸半分、義聚昌銀俸半分;

福聚當借貸銀弍百八十五兩、天德號借貸銀四十叁兩、義享當借貸銀五十兩、王治借貸銀弍百兩;

有桃園斜地十叁畝、河會地肆畝、張家西頭地十畝、永安鎮房乙所、西院牛房院連場面乙所、大義當銀俸弍厘七毫。

以上俱屬兩家, 係夥未分。

在中人　郝處善、鄭儒清、王學書、王江、王淳、王澍

嘉慶六年十月　日立分書人　王洪、(王)發祥

王發祥書。

王洪看清各收。

번역

분서를 작성하는 王洪, 王發祥은 사람이 많아 함께 살기 어렵게 되었기 때문에 지금 친족에게 요청하여 부친과 조부가 남긴 產業에 대해 품탑하고 안배하여 양분하고, 제비뽑기를 통해 각자 받을 몫을 확정한 후 두 사람이 각기 分單을 한 장씩 가지도록 한다. 두 사람이 모두 진정으로 원한 것이기에 영원히 준수하고 이의를 제기하지 않아야 하며, 만약 위반하거나 소란을 일으키는 행위가 있다면 즉 관부에서 조사하여 처벌하도록 할 것이다. 나눠받은 재산의 내용은 다음과 같다:

(추첨으로 뽑은) 두 번째 제비
王洪은, 內院西房 3間 외 外院西房 半間을 받는다.
西長畛 21畝, 官色地 9畝, 茶房西地 16畝, 李家十字地 7畝,
福聚當銀俸 1個 2厘5毫, 小相村酒坊銀俸 3厘半, 合義當銀俸 3厘, 義和號銀俸 2厘半, 義成和銀俸 半個, 義聚昌銀俸 半個;
福聚當借貸銀 285兩, 天德號借貸銀 43兩, 義享當借貸銀 50兩, 王治借貸銀 200兩, 有桃園斜地 13畝, 河會地 4畝, 張家西頭地 10畝, 永安鎮房 1所, 西院牛房院連場面 1所, 大義當銀俸 2厘7毫, 이상은 모두 兩家에 속하니 공동으로 소유하며 나누지 않는다.

중개인 郝處善, 鄭儒清, 王學書, 王江, 王淳, 王澍
가경 6년 10월 일 분서를 작성하는 사람 王洪, 王發祥

王發祥이 서명하고
王洪이 이를 확인하고 각기 분서를 수령함.

해설

이 분서의 내용만으로는 왕홍王洪과 왕발상王發祥의 관계를 판단하기 어려우나 형제 관계일 가능성이 크다. 분서의 내용에 의하면 그들의 조부가 남긴 재산은 방원房院, 토지, 상업 자산을 포함하며, 상업 자산은 몇몇 상호商號에 대한 지분

및 채권을 포함한다. 왕홍이 제비뽑기를 통해 얻은 것은 두 번째 제비로, 내원서방內院西房 3칸, 외원서방外院西房 반칸을 얻었다는 것을 알 수 있다.

분단 마지막 부분에 "이상은 모두 양가兩家에 속하니 공동으로 소유하며 나누지 않는다"라는 구절이 있는데, 여기서 '이상以上'의 범위는 명확하지 않기 때문에 '서장진지西長畛地' 이하 재산 중 어떤 것이 양가에 속하고 어떤 것이 왕홍이 얻은 것인지 판단하기 어렵다. 다만, 상인 가정이 분가할 때 상호의 정상적인 경영과 관리를 보장하기 위해 상호의 소유권은 분할하지 않고 한 아들이 계승하거나 몇 가정이 공유하는 방법을 채택하는 것이 일반적이었다. 이 분서에서 "모두 양가에 속한다"는 것은 아마 주로 그들 가족의 복취당福聚當 등의 상호에 대한 지분이나 채권일 것으로 보인다. (Ⅱ-1/Ⅱ-2/Ⅲ-2에도 해당)

28 가경22년 雷慶과 아들, 조카 分關

산서성, 1817

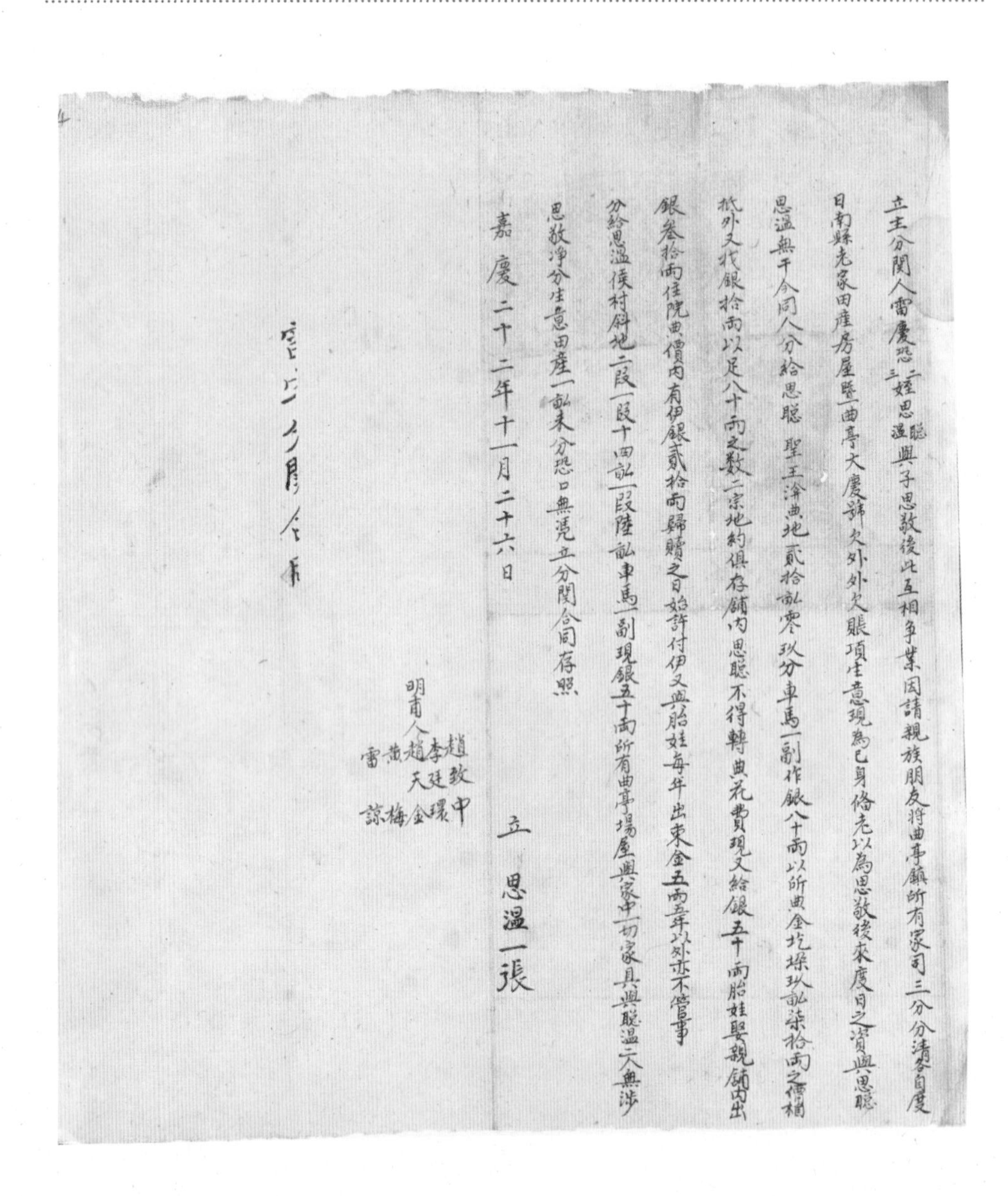

立主分關人雷慶恐二三姪思聰思溫與子思敬後此互相爭業因請親族朋友將曲亭顧所有家司三分分清各自度

日南縣老家田產房屋暨一曲亭大慶號欠外外欠賬項生意現為已身倫老以為思敬後來度日之資與思聰

思溫無干今同人分給思聰聖王淬典地貳拾畝零玖分車馬一副作銀八十兩以所典金圪堎玖畝柒拾兩之價補

抵外又找銀拾兩以足八十兩之數二宗地約俱存舖內思聰不得轉典花費現又給銀五十兩貽娃娶親舖內出

銀叁拾兩佳院典價內有伊銀貳拾兩歸贖之日始許付伊又與貽娃每年出東金五兩五年以外亦不管事

分給思溫侯村斜地二段一段十四畝一段陸畝車馬一副現銀五十兩所有曲亭場屋與家中一切家具與聰溫二人無涉

思敬淨分生意田產一畝未分恐口無憑立分關合同存照

嘉慶二十二年十一月二十六日　立　思溫一張

明甫人
趙致中
李廷環
趙天金
黃梅
雷諒

원문

立主分關人雷慶, 恐二姪思聰、三姪思溫與子思敬, 後此互相爭業, 因請親族朋友, 將曲亭鎮所有家司三分分清, 各自度日, 南縣老家田產、房屋暨曲亭大慶號欠外、外欠賬項生意, 現為己身備老, 以為思敬後來度日之資, 與思聰、思溫無干。今同人分給思聰聖王滻典地弍拾畝零玖分、車馬一副作銀八十兩, 以所典金圪垛玖畝柒拾兩之價相抵外, 又找銀拾兩以足八十兩之數, 二宗地約俱存鋪內, 思聰不得轉典花費。現又給銀五十兩, 胎娃娶親, 鋪內出銀叁拾兩, 住院典價內有伊銀弍拾兩, 歸贖之日始許付伊, 又與胎娃每年出束金五兩、五年以外亦不管事。
分給思溫侯村斜地二段, 一段十四畝、一段陸畝, 車馬一副, 現銀五十兩。所有曲亭場屋與家中一切家具, 與聰、(思)溫二人無涉。思敬淨分生意, 田產一畝未分。恐口無憑, 立分關合同存照。

嘉慶二十二年十一月二十六日 立。思溫一張。
明甫人　趙致中、李廷環、趙天金、黃梅、雷諒

[半書] 雷家分關合同(印章)

번역

분가의 주관자 雷慶은 둘째 조카 思聰, 셋째 조카 思溫과 (자신의) 아들 思敬이 이후 재산으로 인해 서로 다투게 될 것을 염려하여 친족과 친지를 초청하여 曲亭鎮의 가계와 집기 등을 삼분하고 이를 확정하여 각자 경영하게 (하고자) 한다. 南縣의 옛집 토지와 가옥 및 曲亭鎮의 大慶號의 대외 외상장부와 경영은 현재 자신의 노후비용으로 하고, 이후에는 雷思敬이 살아갈 수 있도록 자본으로 삼을 것이니 雷思聰, 雷思溫과는 무관하다. 오늘 중개인과 함께, 雷思聰에게는 聖王滻典地 20畝9分, 車馬 一副를 분급하는데 은으로 환산하면 80兩이며, 圪垛 9畝를 분급하되 (이것을) 담보로 빌린 돈 은 70兩만큼을 상쇄하고 은 10兩을 더해 80兩정도를 맞춰준다. 그러나 이 두 곳의 토지 계약서는 모두 商號의 가게 내에 보존하도록 하고 雷思聰은 이를 다른 곳에 저당 잡히거나 사용할 수 없다. 또한 지금 雷思聰에게 은 50兩을 주고, 장차 태어날 그의 아들이 혼인할 때 상호에서 은 30兩을 주며, 住院이 담보로 빌린 돈 중의 20兩을 그의 것으로 하되 주원의 저당이 풀리는 날에 그에게 지급한다. 또한 雷思聰의 아들에게 매년 束金(교육비) 5량을 지급하도록 하되 5년 이후에는 그럴 필요가 없다.

雷思溫에게는 侯村斜地 2段을 분급하는데, 1段은 14畝이고 다른 1段은 6畝이며, 여기에 車馬 1副와 은 50兩을 분급한다. 모든 曲亭의 場屋과 집안의 가구 일체는 雷思聰, 雷思溫 두 사람과는 무관하다. 雷思敬에게는 상업 부분만을 분급하고 토지는 1畝도 분급하지 않는다. 구두만으로는 근거가 없어 分關 계약서를 작성하여 보존하도록 한다.

가경 22년 11월 26일 작성함. 思溫 1장

증인 趙天金, 趙致中, 李廷環, 黃梅, 雷諒

[반서] 雷家분가계약(인장)

해설

위 분서의 주관인인 뇌경雷慶의 집안은 가옥과 토지뿐 아니라 대경호大慶號를 소유하고 있었다. 재산을 분급 받은 사람은 두 조카와 자신의 아들이었다. 둘째 조카 사총思聰, 셋째 조카 사온思溫이 각각 1방이 되어 분가에 참여하고 있는 것으로 보아 뇌경은 장남이고 분가 당시 둘째, 셋째 동생이 이미 사망했기 때문에 그의 아들들이 각각 분가에 참여했던 것으로 보인다.

두 조카에게는 토지와 은량을 분급했고 대경호의 대외 외상장부와 그 경영은 뇌경 자신의 노후 자금으로 사용하다가 자신이 사망하면 자신의 아들이 이를 계승하도록 했다. 이로써 대경호의 독립 경영권을 보장하고 상호의 분산 경영으로 인한 쇠퇴를 방지하고 있다.

그러나 조카 뇌사총雷思聰이 받은 두 토지계약서는 모두 상호에 속해 있어 다른 곳에 저당을 잡히거나 사용할 수 없었다. 이러한 불균형을 보충하기 위해 뇌사총에게는 은 50량을 주었고, 나중에 아들이 혼인할 때 상호에서 30량, 주원住院에서 20량을 받도록 했으며 아들의 교육비까지 지급할 것이라고 명시하고 있다. 이에 비하면 뇌사온은 단지 2단段의 전지田地, 차마車馬 1부副, 그리고 은 50량을 받았다. 뇌사총과 뇌사온이 받은 분량에서 차이가 있지만 토지의 비옥도 등이 다르기 때문에 분할된 재산의 다과만으로 뇌경 집안의 재산분할이 불균등했다고 단정 지을 수는 없다. 그러나 분명한 것은 자신의 아들에게는 토지를 전혀 분급하지 않은 대신 상호를 온전히 소유하여 경영하도록 했다는 사실이다. 분서 말미에 '사온思溫 1장'이라는 말이 있는 것을 보면 이 분서는 뇌사온 것으로 보인다.

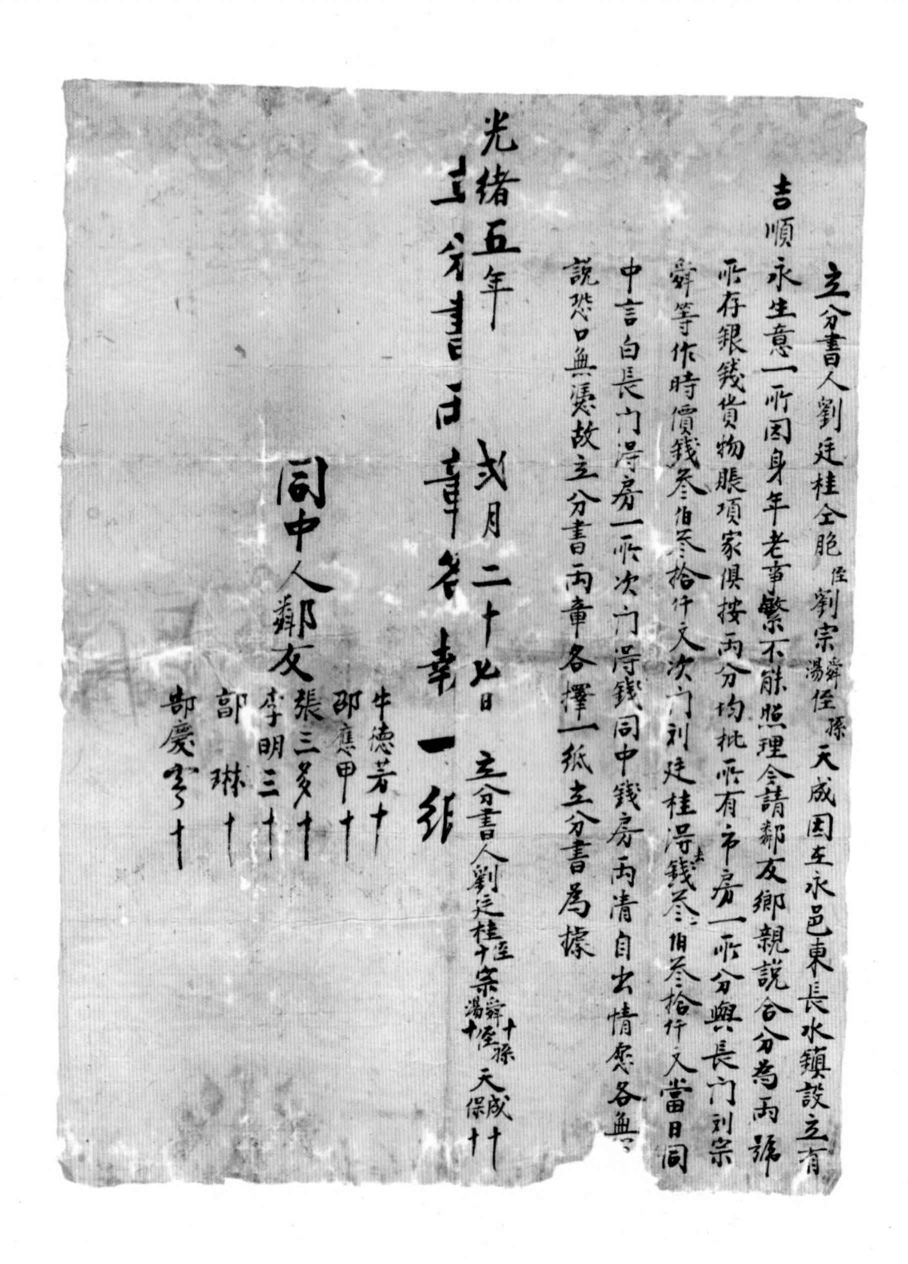

立分書人劉廷桂全胞侄劉宗舜湯侄孫天成因在永邑東長水鎮設立有
吉順永生意一所因身年老事繁不能照理今請鄰友鄉親說合分爲兩號
所存銀錢貨物賬項家俱按兩分均批所有市房一所分與長門劉宗
舜等作時價錢叁伯叁拾仟文次門劉廷桂得錢叁伯叁拾仟文當日同
中言白長門得房一所次門得錢同中錢房兩清自出情愿各無異
說恐口無憑故立分書兩章各擇一紙立分書爲據

光緒五年 戊月二十七日 立分書人劉廷桂十 宗舜十 湯侄十 孫天成十 天保十

立分書兩章各執一紙

同中人鄰友 牛德若十 邵應甲十 張三多十 李明三十 郜琳十 郜慶雲十

원문

立分書人劉廷桂, 仝胞侄劉宗舜、劉宗湯, 侄孫天成, 因在永邑東長水鎮設立有吉順永生意一所, 因身年老事繁, 不能照理。今請鄰友鄉親說合, 分為兩號, 所存銀錢、貨物、賬項、家俱, 按兩分均批, 所有市房一所, 分與長門劉宗舜等, 作時價錢叁佰叁拾仟文。次門劉廷桂, 得去錢叁佰叁拾仟文。當日同中言白, 長門得房一所, 次門得錢。同中錢房兩清, 自出情願, 各無□說。恐口無憑, 故立分書兩章, 各擇一紙, 立分書為據。

光緒五年弍月二十七日

立分書人　劉廷桂(十字押)、侄宗舜(十字押)、宗湯(十字押)、
　　　　　侄孫天成(十字押)　天保(十字押)
[半書] 立分書兩章, 各執一紙
同中人鄰友　牛德芳(十字押)、邵應甲(十字押)、張三多(十字押)、
　　　　　　李明三(十字押)、郭琳(十字押)、郜慶雲(十字押)

번역

劉廷桂는 조카 劉宗舜, 劉宗湯, 조카손자 劉天成과 분서를 작성하게 되었다. 그 이유는 永邑 동쪽 長水鎖에 설립된 吉順永 상호 1개소가 있는데 劉廷桂가 나이가 들고 일이 번잡하여 계속 관리할 수 없게 되었기 때문이다. 이제 이웃의 좋은 친구들과 향리의 향친을 청하여 두 곳으로 나누고, 보유하고 있는 은전과 화물, 장부의 항목, 가구 등을 모두 균등하게 두 개의 몫으로 나눈다. 市房은 장자 가문인 劉宗舜에게 분배하니 시가 330,000文가량 되고, 차자 劉廷桂에게는 전 330,000文을 분배한다. 당일 공증인은 장자 가정이 房 1개소를 가지며 차자 가정이 錢을 가진다고 분명하게 언급했다. 공증인이 錢과 房 양쪽을 모두 깔끔하게 처리했으며, (양자가)

스스로 원하는 바였으므로 다른 말을 할 수 없다. 구두만으로는 빙증이 없는 것을 우려하여 분서를 작성하고 양가가 각자 1장을 가져 분서 작성의 증거로 삼는다.

광서 5년 2월 27일

분서 작성자 劉廷桂(십자서명), 조카 劉宗湯(십자서명), 劉宗舜(십자서명),
조카손자 劉天保(십자서명), 劉天成(십자서명)

[반서] 분서 2장을 작성하여 각자 1장씩 나눠 가짐.

공증한 이웃과 친우 牛德芳(십자서명), 邵應甲(십자서명),
張三多(십자서명), 李明三(십자서명),
郭琳(십자서명), 郜慶雲(십자서명)

해설

이 문서는 두 가문이 길순영吉順永이라는 상호를 분할하기 위해 작성한 계약문서이다. 그 중에서 조카인 유종순劉宗舜, 유종탕劉宗湯, 조카손자 유천성劉天成은 장자 가문에 속해 있으며, 유정계劉廷桂는 차자 가문에 속해 있다. 이 분서로 보아 유정계의 형은 이미 사망했고 형 생전에는 분가를 하지 않았으며, 두 집안이 공동으로 길순영이라는 상호를 소유하고 있었다는 것을 알 수 있다. 길순영은 동생인 유정계가 관리를 하다가 이후 나이가 들고 일이 번거로워 가무를 처리할 수 없게 되자 조카 및 조카손자와 함께 재산분할을 상의하여 전錢 330,000문文을 얻게 된 것이다. 그동안 유정계는 형을 대신하여 상호의 관리만 해왔던 것이고 상호는 최종적으로 장자 가문의 유종순 등의 소유로 귀속되었다. 상호는 나누지 않고 한 사람에게 몰아주는 경향이 있었는데 이 분서에도 이러한 현상을 볼 수 있다. 문서 말미에 절취용 글자로 "분서 2장을 작성하여 각자 한 장씩 가진다"라고 기록하여 이후에 서로 비교, 대조하여 후회와 위조를 방지하고 있다.

30 민국12년 汪據恭과 아들들 分單

산서성, 1923

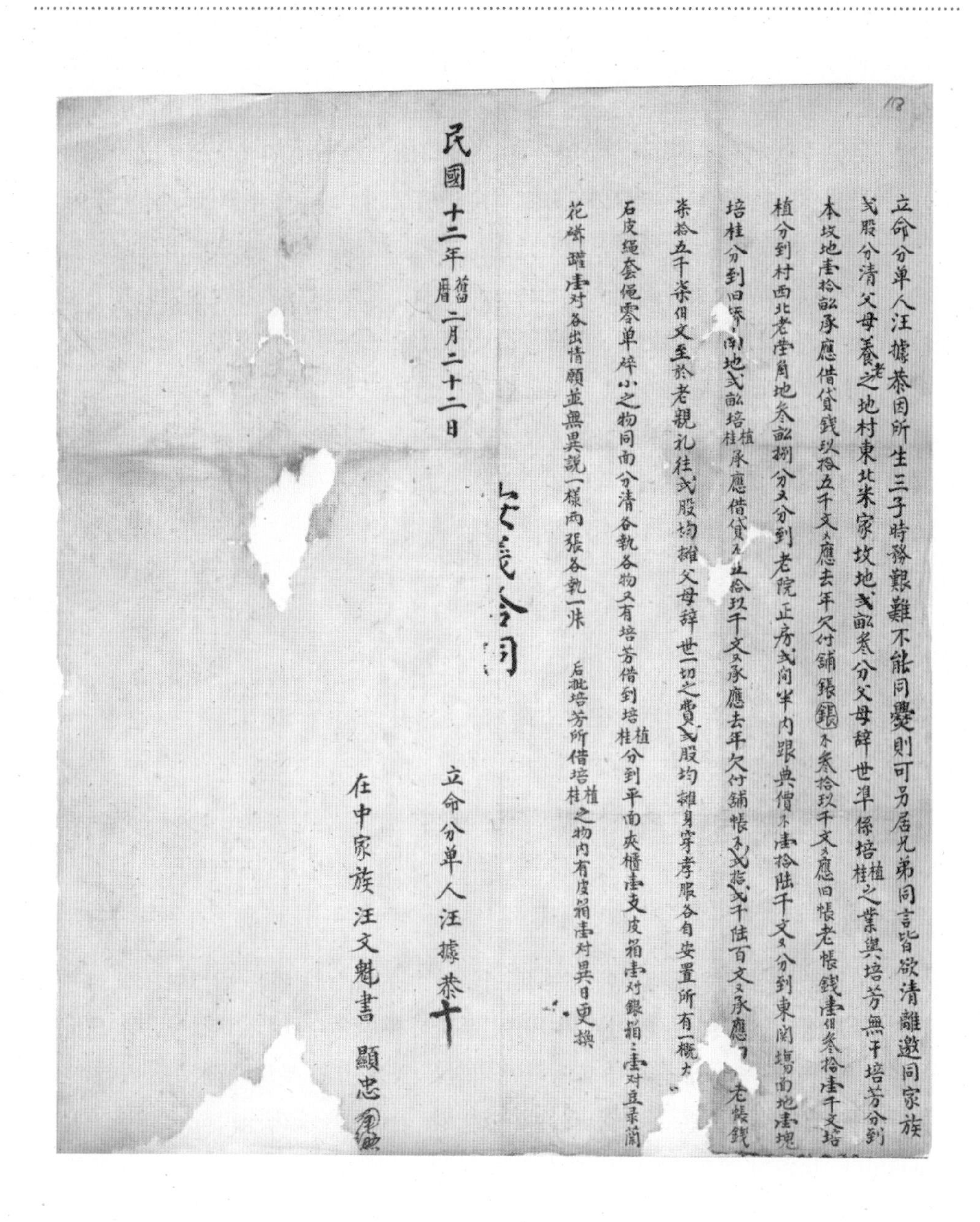

立命分单人汪據恭因所生三子時務艱難不能同爨則可另居兄弟同言皆欲清離邀同家族
弍股分清父母養老之地村東北米家坟地弍畝叁分父母辞世準係培植之業與培芳無干培芳分到
本坟地壹拾畝承應借貸錢玖拾五千文又應去年欠付舖銀錢不叁拾玖千文又應旧帳老帳錢壹伯叁拾壹千文培
植分到村西北老塋角地叁畝捌分又分到老院正房弍間半内跟典價不壹拾陆千文又分到東閣墻南地壹塊
培桂分到旧堡南地弍畝培桂植承應借貸不五拾玖千文又承應去年欠付舖帳不弍拾弍千陆百文又承應旧老帳錢
柒拾五千柒伯文至於老親礼往弍股均攤父母辞世一切之費弍股均雜身穿孝服各自安置所有一概大
石皮繩套偏零单碎小之物同面分清各執各物又有培芳借到培植桂分到平面夾櫃壹支皮箱壹对銀箱壹对豆柔蘭
花磁罐壹对各出情願並無異説一樣两張各執一帋

后批培芳所借培植桂之物内有皮箱壹对異日更换

民國十二年舊曆二月二十二日

合同

立命分单人汪據恭十

在中家族汪文魁書 顯忠

원문

立命分單人汪據恭，因所生三子，時務艱難，不能同爨則可另居。兄弟同言皆欲清離，邀同家族，弍股分清。父母養老之地，村東北米家坟地弍畝叁分，父母辞世，準係培植、(培) 桂之業，與培芳無干。培芳分到本坟地壹拾畝，承應借貸錢玖拾五千文，又應去年欠付鋪鋹[帳]錢叁拾玖千文，又應旧帳老帳錢壹佰叁拾壹千文。培植分到村西北老塋角地叁畝捌分，又分到老院正房弍間半，內跟典價錢壹拾陆千文，又分到東�場面地壹塊。培桂分到旧橋南地弍畝。培植、(培) 桂承應借貸錢五拾玖千文，又承應去年欠付鋪帳錢弍拾弍千陆百文，又承應旧帳老帳錢柒拾五千柒伯文。至於老親礼往弍股均攤，父母辞世一切之費，弍股均攤，身穿孝服，各自安置，所有一概□□□□石、皮繩、套繩、零單碎小之物同面分清，各執各物。又有培芳借到培植、(培) 桂分到平面夾櫃壹支、皮箱壹对、銀箱箱壹对、豆錄籣花磁罐壹对。各出情願，並無異說。一様兩張、各執一張。
后批：培芳所借培植桂之物內有皮箱壹对，異日更換。

[半書] 安義合同

民國十二年舊曆二月二十二日立命分单人　汪據恭(十字押)
在中家族　汪文魁書、顯忠(花押)

번역

分單 문서를 작성하는 汪據恭에게는 세 아들이 있는데, 시무가 곤란하여 동거하는 것이 힘들게 되었기 때문에 어쩔 수 없이 분가하게 되었다. 형제 세 사람이 모두 분가를 원하니 친족에게 중재를 요청하여 가산을 양분한다. 부모의 양로를 위한 村東北米家墳地 2畝3分은 부모가 세상을 떠한 후 培植, 培桂가 상속하고 培芳과는 무관하다. 培芳이 분할 받은 것은 本墳地 10畝, 承擔償還外債 95,000文, 承擔償

還去年欠付鋪賬錢 39,000文, 承擔償還舊帳老帳錢 131,000文이다. 培植이 받은 것은 村西北老塋角地 3畝8分, 老院正房 2間半, 附帶著典價錢 16,000文, 東関場面地 1塊이다. 培桂은 舊橋南地 2畝를 받는다. 培植와 培桂는 償付外債 59,000文, 償付去年欠付鋪帳錢 22,600文, 償還舊賬老賬錢 75,700文을 계승한다. 친척과 명절에 왕래할 때 드는 비용은 양분하여 할당하고, 부모의 장례비용 일체도 양분하여 할당하되 상복은 각자 준비한다. 모든 □□□石, 皮繩, 套繩, 사소한 물건도 확실히 나눠서 각자 가지도록 한다. 또한 培芳은 培植, 培桂가 상속받은 平面夾櫃 1支, 皮箱 1對, 銀箱子 1對, 豆錄籣花磁罐 1對를 빌린다. 이상은 모두 각자가 원한 것이니 이의가 없다. 분단은 하나의 양식으로 두 장을 작성하여 각자 한 장씩 가지도록 한다.
첨언: 培芳이 빌린 培植, 培桂의 물품 내의 皮箱 1對는 이후에 돌려준다.

[반서] 의논하여 계약함

민국 12년 舊曆 2월 22일 분단을 작성하는 汪據恭(십자서명)
참석 가족 汪文魁 대서, 顯忠(서명)

해설

이 분서에서 알 수 있는 것은, 분가 주관인은 왕거공汪據恭이고 재산 상속인은 그 세 아들인 배방培芳, 배식培植과 배계培桂라는 것이다. 분할한 물품은 토지와 가옥 등의 재산 외에 미납된 점포 부채(欠付鋪帳錢)와 묵은 빚(舊帳老帳錢) 등의 채무도 포함한다. 재산분할을 할 때 채무를 분할하는 것은 중국 근현대시기 주로 가난한 가정에서 존재하는 현상이었다. 이 분서는 분가 주관인 왕거공에게 아들이 셋이 있지만 분가할 때 재산을 양분했다는 점이 특이하다. 이는 분서 속에 "2개의 지분으로 나눈다", "2개의 지분으로 균분한다" 혹은 "동일한 양식의 두장" 등의 표현에서 알 수 있다. 재산을 삼등분하지 않고 2등분한 이유는 무엇인지

이 분서의 내용만으로는 알 수 없지만, 하나는 배방培芳이 독점한 한 지분이고 나머지 하나는 배식培植과 배계培桂가 공동 소유한 한 지분이라는 것이다. 재산과 채무에 대해 분할을 진행한 것 외에 친척과의 왕래비용도 두 지분으로 할당한다고 규정하고 있다. 또한 문서 중에 부모의 봉양에 필요한 토지를 남긴다고 약정하고 있으며 부모 사후 비용을 두 지분으로 고르게 할당한다는 것도 명기하고 있다. 이 역시 배방의 지분과 배식, 배계의 공동 지분을 의미한다. (Ⅲ-2에도 해당)

31 민국19년 李元會와 아들들 分單字據

산서성, 1930

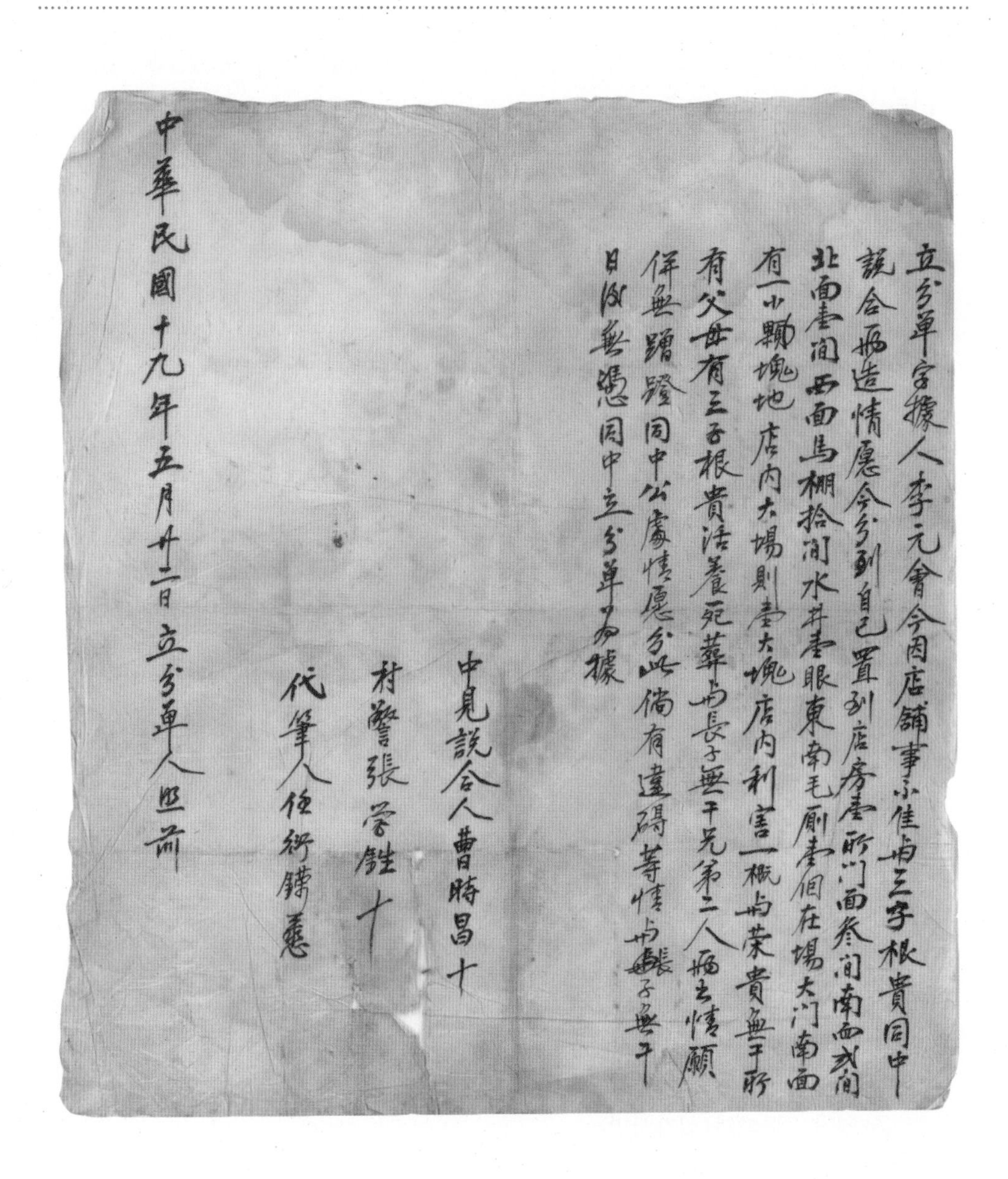
立分單字據人李元會今因店舖事不佳而三字根貴同中
説合兩造情愿令分到自己置到店房壹所門面叁間南面貳間
北面壹間西面馬棚拾間水井壹眼東南毛廁壹個在場大門南面
有一小顆塊地店内大場則壹大塊店内利害一概而榮貴無干所
有父母有三子根貴活養死葬而長子無干兄弟二人兩出情願
併無蹭蹬同中公處情愿分此倘有違碍等情而長子無干
日後無憑同中立分單字爲據

中見説合人曹時昌十
村警張當銈十
代筆人任術鑄

中華民國十九年五月廿二日 立分單字人照前

원문

立分單字據人李元會，今因店鋪事不佳，與三子根貴同中說合，兩造情願。今分到自己置到店房壹所：門面叁間、南面叁間、北面壹間、西面馬棚拾間、水井壹眼、東南毛厠壹個、在場大門南面有一小顆塊地、店內大場則壹大塊。店內利害一概與榮貴無干。所有父母有叁子根貴活養死葬，與長子無干。兄弟二人兩出情願，併無蹭蹬，同中公處，情願分此。倘有違礙等情，與長子無干。日後無憑，同中立分單爲據。

中見說合人　曹時昌(十字押)
村警　張學銈(十字押)
代筆人　任衍鑅(十字押)

中華民國十九年五月廿二日立分單人照前

번역

分單字據를 작성하는 李元會는 경영하는 점포의 영업이 좋지 않아 셋째 아들 根貴와 함께 중개인의 중재를 거쳐 양측 모두 분할을 희망한다. 셋째 아들 根貴는 李元會 자신이 구입한 店房 1所를 분배 받는다: (그것은) 門面 3間 (南面 2間, 背面 1間), 西面馬棚 10間, 水井 1眼, 東南厠所 1個, 場大門南面의 小塊地, 店內大場의 1大塊이며, 점포 내의 이해관계는 榮貴와 무관하다. 부모 살아생전의 봉양과 사후 장례는 삼남 根貴가 맡고 장남과는 무관하다. 형제 두 사람이 모두 바라는 것으로 어긋남이 없다. 중개인과 함께 공정하게 처리하여 원하는 대로 이와 같이 분배한다. 만약 (이후 부모를 봉양할 때) 계약을 위반하거나 방해하는 일이 있다 해도 장남과는 무관하다.

중개인　曹時昌(십자서명)
촌 경찰　張学銈(십자서명)
대서인　任衍鑅(십자서명)

중화민국 19년 5월 22일 분단 작성인이 이상을 확인함.

해설

이 분서의 주관인은 이원회李元會이고, 재산 상속인은 그의 두 아들인 이근귀李根貴와 이영귀李榮貴이다. 그러나 문서 중에 나열된 재산을 모두 셋째 아들 근귀根貴에게 주고 있는데, 이는 문면門面, 마붕馬棚, 모측毛廁 등의 건축물이 점방店房에 부속된 것이기 때문이다. 그렇다고 할지라도 "점포 내부의 이해관계는 일체 영귀와 무관하다"고 하고 있는 것은 영귀가 받은 재산은 따로 약정이 되어 있어 이 문서에는 영귀가 받은 재산이 나타나 있지 않은 것으로 보인다. 분서에는 재산 상속자와 분할할 재산을 모두 기입하는 경우도 있고, 각 상속인이 받는 분량의 재산만 언급하는 경우도 있기 때문에 이 분서도 근귀가 소지한 분서로 보인다. 그러나 이 분서만 가지고는 영귀가 장남인지 둘째 아들인지 알 수가 없고, 아들이 셋인데 왜 한 아들은 분가에서 빠졌으며 왜 셋째 아들 근귀와 상의하여 분가를 하게 되었는지는 알 수 없다.

또한 문서 중에 '양조兩造'라는 용어가 보이는데 이는 소송을 할 때 '원고와 피고'를 의미한다. 분서에 이 용어가 사용되었다는 것은 두 아들 간에 장래에 발생할 수 있는 갈등을 전제하고 있는 것으로 보인다. 이 분가 이후 부모의 봉양과 사후 장례는 근귀만이 부담하여 영귀와는 무관하다거나 "만약 계약 위반이나 방해 등의 일이 있더라도 장자와는 무관하다"는 규정이 있는 것은 분쟁의 소지가 있어 보이기 때문이다. 따라서 이는 이후 부모 혹은 형제 사이에 발생할 수 있는 분쟁이나 갈등을 잠재적으로 가지고 있으며, 갈등은 주로 부모 봉양이나 분가와 관련이 있을 수 있다. 따라서 이와 관련하여 공정성과 합법성을 강화할 목적으로 공적 인물인 촌경村警까지 분가의식에 참여하게 함으로써 분가의 모든 과정을 감독할 뿐만 아니라 강력한 공권력의 효과를 기했던 것으로 보인다. (Ⅱ-2에도 해당)

32 민국35년 南昌 魏萬씨 分關字約

강서성, 1946

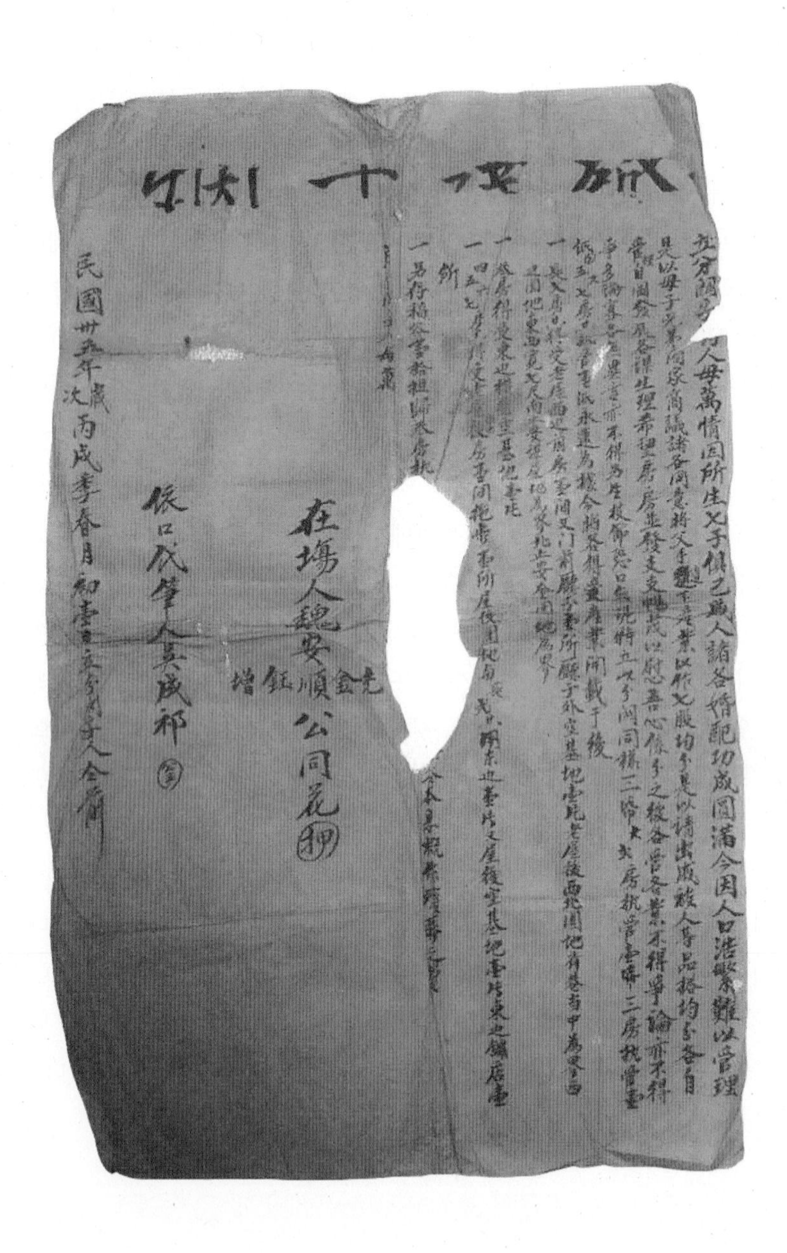

民國卅五年歲次丙戌季春月

在場人魏安順 光 金 鈺 增 公同花押

依口代筆人吳成祁

원문

立分鬮字約人母萬，情因所生七子俱已成人，諸各婚配，功成圓滿，今因人口浩繁，難以管理，是以母子兄弟合家商議，諸各同意將父手遺下產業以作七股均分，是以請出戚族人等，品搭均分，各自管理，自圖發展，各謀生理，希望房房並發，支支暢茂，以慰吾心。係分之後，各管各業，不得爭論，亦不得爭多論寡，各無異言，亦不得另生枝節。恐口無憑，特立此分鬮同樣三紙，大、二房執管壹紙；三房執管壹紙；四、五、六、七房共執管壹紙永遠爲據。今將各得受產業開載於後。

一、長、弍房共得受老屋西邊前房壹間，又門前廳子壹所，廳子外空基地壹塊，老屋後西北園地齊巷當中爲界，西邊園地東西寬七尺，南止安謀屋地爲界，北止安奎園地爲界。

一、叁房得受東邊橫屋空基地壹片。

一、四、五、六、七房得受老屋後西邊後房壹間，拖步壹所，屋後園地與長、弍共用東邊壹片，又屋後空基地一片，東邊鋪店壹所。

一、另存稻穀一拾擔歸叁房執……穀本息概作殯葬之費。

立分鬮字人母萬

在場人　魏安順、(魏)安金、(魏)安鈺、(魏)安光、(魏)安增公同(花押)
依口代筆人吴成祁(花押)

民國卅五年歲次丙戌季春月初壹日立分鬮字人仝前

[半書] (待識別)

번역

분서를 작성하는 모친 魏萬氏에게는 자신의 친생 아들 일곱이 있는데 모두 이미

장성하여 성인이 되었고 각자 배우자를 얻었으며 생활도 성공적이고 원만하다. 현재 집안에 사람이 많아짐에 따라 일처리가 번잡해져 스스로 관리하는 것이 어려워졌기 때문에, 모자와 형제가 상의하여 부친이 남긴 산업을 평등하게 7개의 몫으로 나누는 것에 모두 동의한다. (이에) 친척들을 청하여 가산을 품탑하고 균분하여 각자 관리하고 스스로 발전을 시도하며 각자가 살 길을 모색함으로써 각 가정이 발전하고 각 갈래가 창성하여 나의 마음을 안심시키기를 바란다. 나눈 다음에는 각자가 자신의 산업만을 관리하며 다투어서는 안 되고, 많으니 적으니 다투어서도 안 되며, 각자 다른 말을 해서도 안 되며, 별도의 문제를 일으켜서도 안 된다. 다만 빙증이 없을 것을 염려하여 특별히 이 분서를 같은 형식으로 3부 작성하여, 장남과 차남이 그 중 1부를 관리하고, 삼남이 다른 1부를 관리하며, 사남, 오남, 육남, 칠남이 공동으로 1부를 관리하여 영원히 증거로 삼는다. 현재 각 아들이 얻은 산업을 기재하면 아래와 같다.

일, 장남과 차남의 가정은 함께 老屋 서쪽 면 앞부분의 집 한 칸과 문 앞에 있는 側房 한 곳, 側房 바깥쪽의 빈 基地 한 뙈기, 老屋 뒤 서북쪽의 園地는 齊巷의 가운데를 경계로 하며 서쪽 면의 園地는 동서로 폭이 7척이고 남쪽으로는 安謀의 屋地를 북쪽으로는 安奎의 園地를 경계로 한다.

일, 삼남 가정은 동쪽 면의 橫屋空基地 한 뙈기를 받는다.

일, 사남, 오남, 육남, 칠남의 가정은 老屋 뒤편 서쪽 면에 있는 後房 1칸 및 正房 뒤쪽의 작은 廳舍 1개소 屋 뒤쪽 園地와 장남과 차남의 가정이 함께 사용하는 동쪽 면 한 뙈기, 屋 뒤쪽의 빈 基地 한 뙈기, 동쪽 면의 점포 1개소를 나눠 받는다.

일, 별도로 稻穀 10擔을 남겨 삼남 가정에게 귀속시켜 관리하도록 하고...... 이 稻穀의 원금과 이자는 일체 모친 魏萬氏가 세상을 떠난 후의 장례비용으로 삼는다.

분관을 작성한 사람 모친 魏萬氏

현장 참석자 魏安順, (魏)安金, (魏)安鈺, (魏)安光, (魏)安增 등이 공동으로 증서를 만들고 서명

구술에 의거하여 대필하고 문서를 만든 사람 吳成祁(公平 서명)

중화민국 35년, 음력 병술년 3월 초하루, 분가문서를 작성한 사람은 앞과 같음.

[반서] (식별 불가)

해설

이 분서는 과부가 주도하여 작성한 것으로 전통적 색채가 매우 농후하다. 분가를 주도한 사람은 위씨魏氏 집안의 위만씨魏萬氏이며 이 집안의 여주인이다. 이 분서는 위만씨가 일곱 명의 아들을 낳아 길렀고 모두 결혼하여 원만히 살고 있기 때문에 남편이 남긴 유산을 일곱 몫으로 균등하게 나누었다고 언급하고 있다. 이러한 경우 일반적이라면 관례에 따라 일곱 아들이 각각 자신의 재산을 관리하여 생계를 도모하게 된다. 그러나 이 분서는 재산이 네 부분으로 나뉘어져 장남과 차남의 가정이 각각 한 몫을 차지하여 방산房産과 기지基地를 나누었고, 삼남의 가정이 다른 한 몫을 차지했으며, 사남, 오남, 육남, 칠남의 가정이 또 한 몫을 차지하고 있다. 나머지 한 몫은 분가 주관자인 위만씨의 것으로 보인다. 어떤 이유에서 이러한 분가를 했는지는 해당 분서의 내용만으로는 알 수 없다.

사남, 오남, 육남, 칠남의 가정이 공동으로 한 몫의 방산房産과 점포店鋪를 나눠가진 것은 혹시 일족의 상업재산이 영세화되는 것을 방지하기 위한 것이 아니었나 생각된다. 진지평陳支平의 연구에 의하면 명·청시대 동남연해 족상族商을 분석한 결과 어떤 상인 가정은 200년에 가까운 재산 증식과 재산분할 과정을 거치면서도 가정의 규모나 경제력이 감소되지 않았다고 한다. 심지어 어떤 상인 가정은 몇 차례의 재산분할을 거치면서 오히려 가세를 확장하고 강대해졌다는 것이다.[14] 이 분서만으로는 그 연유를 알 수 없지만 가산을 일곱 아들에게 균분

14 陳支平, 『民間文書與明清東南族商研究』, 中華書局, 2009, pp.29-30.

할 경우 가산의 영세화를 피할 수 없기 때문에 이러한 분할을 진행했는지도 모른다.

또한 이번 분가에서 별도로 과부가 된 모친 위만씨를 위해 도곡稻穀 10담擔을 미리 제하고 이를 삼남이 관리하도록 하고 있다. 대신 삼남은 여기서 나오는 수익을 장래에 있을 모친의 장례비용으로 사용한다고 명시함으로써 다른 아들들이 져야 되는 부담을 경감시키고 있으며 나중에 이로 인한 분쟁을 방지하고 있다.

Ⅲ-4 분가 외 목적의 분서

분석과 개괄

분서는 부친의 가계를 계승함과 동시에 각 계승인들의 독립 가정에 필요한 경제 기초를 확보할 수 있도록 재산분할을 목적으로 작성되었다는 것은 주지의 사실이다. 그러나 분서의 작성이 반드시 분가와 재산분할이라는 목적만을 위한 것은 아니었다. 분서는 각 가정의 사정이 반영되었기 때문에 분가에서 특히 강조할 내용이 있다면 그 부분을 강조하는 방식으로 작성되었다. 예를 들어 분가와 동시에 토지의 매매가 진행되기도 하고, 부모의 양로, 결혼비용 등의 확실한 보장을 담보하고 있기도 하고, 혹은 채무의 상환을 명시하고 있는 경우 등 다양했다. 구체적으로 그 유형을 나누면 다음과 같다.

첫째, 분가의 형식을 갖추고 있지만 실질적으로 토지매매 계약서나 다름없는 경우가 있었다. 민국시기의 『민사습관조사보고록』에 의하면 강서성江西省 평향萍鄕 등 여러 지역에서는 조상으로부터 분배받은 재산을 부득이하게 처분해야 할 필요가 있을 때는 친족에게 매매하는 습관이 보고되어 있다.[15] 먼저 친족에게 매매를 타진하고 친족 중에 매수자가 없을 때 비로소 외인外人이나 외성外姓에게 매매해야 한다는 것이다. 이것이 바로 친린親隣우선권이다. 『민사습관조사보고록』에는 강서성 평향 등지만 언급되었지만 실제로는 더 많은 지역에서 이러한 습관이 있었던 것으로 보인다. 분가로 인한 재산의 분배는 각 방의 경제적 독립성 보장을 위한 것일 뿐 아니라, 분가하여 가족 단위의 세포가 되는 동시에 그 세포가 모여 하나

15 前南京國民政府司法行政部編, 『民事習慣調査報告錄』, p.467.

의 종족을 형성하게 된다. 친린우선권은 이 종족의 순수한 혈통을 계승하고 종족의 재산이 다른 종족이나 이성異姓에게 빠져나가는 것을 방지하기 위한 것이었다. 따라서 조상으로부터 물려받은 토지를 매매할 때는 '재산이 가정에서 빠져나가지 않고(産不出戶)', '가정은 망해도 종족은 망하지 않는(倒戶不倒族)' 방향으로 진행되었다.

예를 들어, 1866년 청대 숙질간에 작성된 35번 분서는 분가와 동시에 친족에게 토지매매가 이루어진 경우이다. 이는 백부 진온동陳溫同과 조카 진동방陳東方 사이에 이루어진 분가로, 진동방의 모친이 아들의 혼인비용을 마련하기 위해 진온동陳溫同에게 토지를 매매한 것이다. 사실상 토지매매이지만 토지매매의 형식이 아니라 분가의 형식을 빌리고 있다. 또 한 예는, 33번 분서로 1835년 선조 때 족인 간에 매매한 토지의 소유권이 불분명하여 여러 차례 다툼이 있었던 족형제간에 분단分單을 다시 작성한 경우이다. 이 때 작성된 분단은 재산분할을 위한 목적이 아니라 토지매매를 분명히 하기 위한 일종의 확인증이었다.

이런 식으로 매매되는 토지는 분가로 인해 분할 받은 토지이기 때문에 일반적인 토지매매와는 구분되었다. 그러나 이때 토지를 친족에게 매매하더라도 회속回贖(전당물을 되찾음)을 명기함으로써 나중에 다시 반환하는 것을 모색하는 경우도 많았다. 그렇지 않고 만일 영구적인 매매를 하고자 하여 '영구 매매(絕賣)'를 명기할 경우, 회속은 불가능했다. 이 경우에도 여전히 족인의 재산으로 남겨지기 때문에 금지되지 않았다. 심지어 어떤 분서에는 이러한 사실을 분명하게 규정하기도 했다. "만일 분가 후에 흥망성쇠가 다름으로 인해 유산이 거의 소진되어 재산을 포기해야 할 경우가 발생할 때는 반드시 본 동족 형제, 숙질 등에게 매매해야 한다"고[16] 명시하고 있는 것이다.

둘째, 분서가 표면적으로는 형제균분을 실천하고 있는 듯이 보이지만 다른 목적을 달성하기 위한 방법으로도 활용되었다. 분서는 족인이나 친우 등의 보증인을 세워 분가석산에 대한 승인 내지 묵인을 보장받음으로써 각종 분쟁에서 우위를 점할

16 劉和惠, 汪慶元,『徽州土地關係』, 安徽人民出版社, 2005, p.193 , 劉道勝, 凌桂萍,「明清徽州分家鬮書與民間繼承關係」, p.192에서 재인용.

수 있었기 때문이다. 예를 들어 37번은 1937년 민국시기에 작성된 분서로, 경씨景氏 집안의 양씨楊氏 부인이 두 아들에게 재산을 분할한 것이다. 이 분서의 내용에 의하면, 장남 오희五喜는 의자義子(양자)인데, 바깥에서 십 수 년을 몰래 도망 다니며 가족의 편지에 답신도 하지 않으면서 누차 돈을 요구하는 등 행실이 좋지 않았다. 양씨가 서술한 이러한 내용은 모두 오희가 집안에 아무런 공헌을 하지 않았다는 것을 이유로 재산 상속권을 박탈하기 위한 복선이라 할 수 있다. 오희가 가산을 받지 못한 것은 그의 행실 때문이었다는 것을 강조한 것이다. 그러나 흥미로운 것은 실제로는 재산권의 박탈이었지만, 표면적으로는 장남과 차남이 재산을 양분했고, 그런 다음 장남 오희의 몫을 '양여讓與'의 형식으로 차남에게 주었다는 것이다. 중요한 것은 이러한 경우에도 형제균분의 명분을 잃지는 않았다는 것이다. 현실적으로 형제균분을 실행할 수 없을 경우에는 그 사유를 상세히 기록함으로써 국가법을 준수하지 않아 후일에 발생할 수도 있는 각종 분쟁을 방지하고 있는 것이다.

이와 비슷한 예가 또 있다. 모친 온씨溫氏가 아들의 못된 행실을 기록하여 그의 재산분할권을 포기하게 한 경우이다. 이것은 34번 분서로 1857년 작성된 청대의 유촉이다. 아들인 임긍당任肯堂이 자꾸 말썽을 일으켜 유촉을 작성하여 후일의 분쟁을 방지하고 있다. 임긍당은 집안의 재산을 가족 몰래 팔아버리고 가짜 계약서를 작성하여 토지를 담보로 돈을 빌리고 도망가는 등 가족 성원들의 재산에 손해를 끼치는 행위를 서슴지 않았다. 결국 임긍당이 토지를 담보로 빌린 돈을 그의 숙부가 대신 갚아주었기 때문에 온씨는 아들 대신 그에게 저당물을 제공하게 되었는데, 자신의 사후에 임긍당이 나타나 이에 대한 소유권을 주장하게 될 것을 염려하여 이를 포기하게 하려는 목적에서 작성한 것이다. 즉 각서의 성격이 강한 분서이다. 이 분서 역시 임긍당의 바르지 못한 행실이 상세히 적혀 있는 것이 특징이다.

이렇듯 분서는 재산분할뿐 아니라 각 가정의 재산권을 증명해줄 수 있는 유력한 증거이기 때문에 분서 작성자의 재산을 확증하기 위한 수단으로 활용되었다. 족인이나 중개인을 통해 합법성과 공정성을 확보함으로써 후일에 발생할 수도 있는 분쟁의 요인을 제거하는 역할을 했던 것이다. 따라서 분서가 재산분할의 증거가 되는 문서였던 만큼 이에 대한 공정성과 합법성을 확립하는 것은 필수적이었다.

33 도광15년 寧永章과 寧永盛 分單

산서성, 1835

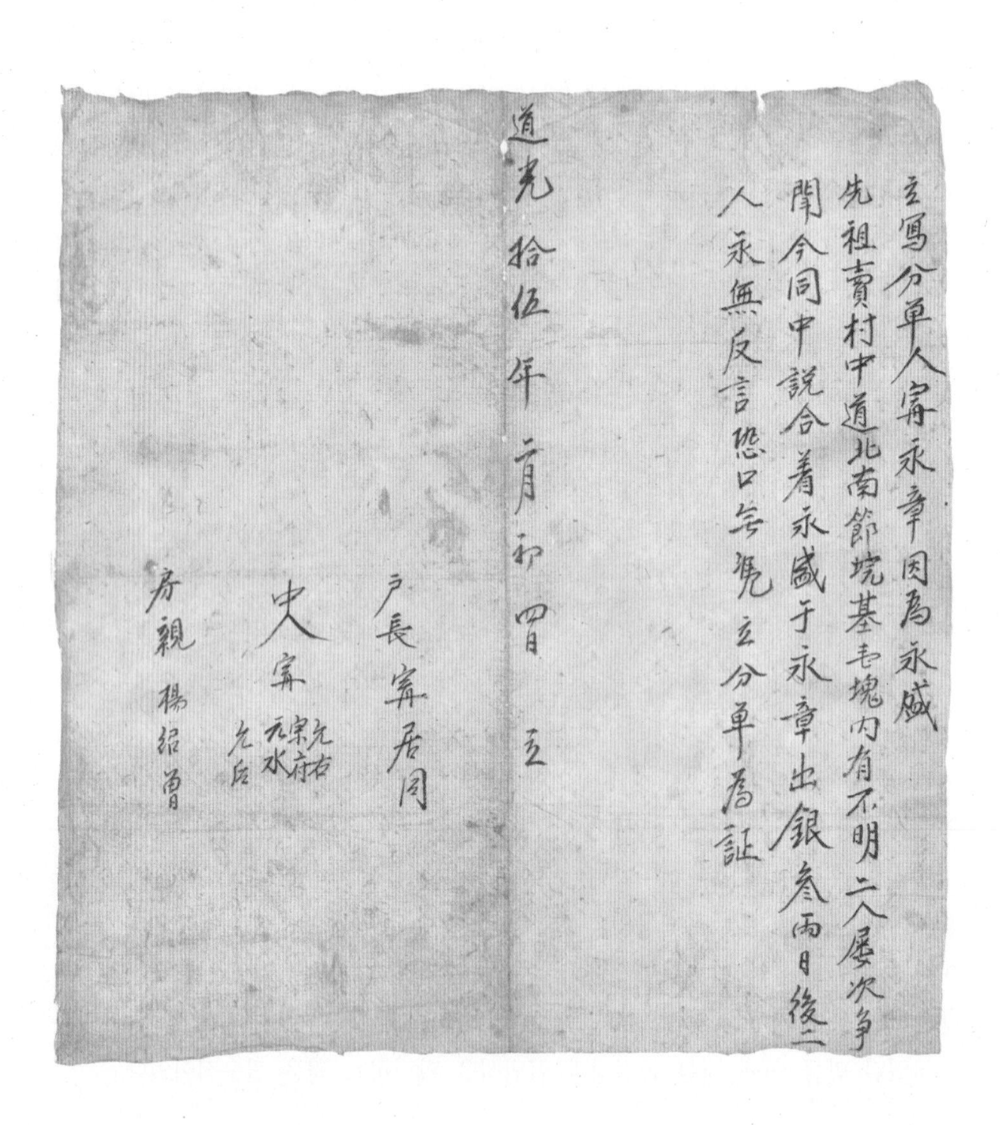

立寫分單人寧永章因爲永盛
先祖賣村中道北南節坑基壹塊內有不明二人屢次爭
鬧今同中說合着永盛于永章出銀叁兩日後二
人永無反言恐口無憑立分單爲証

道光拾伍年二月初四日 立

戶長寧居同
中人寧允右 宗府 元水 允后
房親楊紹曾

원문

立寫分單人寧永章因為永盛

先祖賣村中道北南節垸基壹塊，內有不明，二人屢次爭鬪，今同中說合，着永盛于永章出銀叁兩，日後二人永無反言，恐口無憑，立分单為証。

道光拾伍年二月初四日 立

戶長　寧居同

中人　寧元右、(寧)宗府、(寧)元水、(寧)元后

房親　楊紹曾

번역

寧永章이 分單을 작성하는 것은 (寧)永盛의 선조가 村中道北南節院基 1塊를 (寧永章에게) 팔았는데 (매매 계약) 내용 중 분명하지 않은 점이 있어 두 사람이 누차 다투었기 때문이다. 금일 중개인의 중개 하에 永盛이 은 3량을 내어 永章에게 지급하고, 이후 두 사람이 영원히 합의를 뒤집는 말을 다시는 하지 않도록 한다. 구두로는 증거가 없어 分單을 작성하여 근거로 삼는다.

도광 15년 2월 4일 작성함

戶長　寧居同

중개인　寧宗府, 寧元水, 寧元右, 寧元后

방친　楊紹曾

해설

이 문서의 특징은 분단分單임에도 불구하고 가산분할을 언급하고 있지 않다는 것이다. 영영성寧永盛의 선조가 일찍이 원기院基 일부분을 영영장寧永章에게 팔았는데 이때의 매매 계약에 분명하지 않은 부분이 있어서 영영장과 영영성 사이에 분쟁이 여러 차례 발생했기 때문에 이를 명확히 하기 위한 목적으로 이 분서가 작성되었다. 더구나 분쟁의 원인을 완전히 제거하고 이러한 국면을 철저하게 해결하기 위해 족인族人의 참여 하에 영영성이 은 3량을 영영장에게 주도록 하였다. 따라서 이 분서는 실제로 재산분할을 전제로 하는 분서라기보다는 일종의 계약서의 성격이 강하다고 할 수 있다.

해당 분단 마지막의 서명란에는 중개인의 서명뿐만 아니라 호장戶長, 방친房親 두 사람의 서명도 있다는 점 또한 특별하다. 대부분의 분서에는 중개인, 대서인 등의 서명이 있을 뿐 호장, 방친의 서명이 있는 경우는 드물기 때문이다. 이는 아마 영영장과 영영성 두 사람의 관계와 관련이 있을 가능성이 있다. 즉 그들이 친형제親兄弟는 아니지만 족형제族兄弟였을 것으로 보인다. 따라서 더 이상의 분쟁을 방지하기 위해 호장과 방친의 중재와 감독 하에 새롭게 분서를 작성했던 것으로 보인다. 또한 '선조先祖' 앞에서 행을 바꾸어 서술함으로써 존경의 뜻을 나타내고 있다.

34 함풍7년 任씨 가문 温씨 遺囑

산서성, 1857

立嘱附人任温氏情因生子肯堂在家在外種種不法有伊 祖父從前遺嘱
内叙明合中親友嚴戒之至伊 祖父於咸豐二年病故肯堂舊病復發將家中銅錫棹椅諸
物儘行偷賣致彼伊 祖母將長三四門分出另度不料肯堂於四年將伊三四叔分到頂還鋪
中借貸之房地肯堂私立假約將房偷典六年又立假約指地借到趙東常錢拾貳千文伊即逃
竄趙某累次催討聲言呈官伊三叔三元因氏寡居多年不忍氏出官將趙某之
錢還清氏無可抵還將家中存放之平面櫃一對作為伊叔之借貸肯堂有錢贖
回如無係氏死之後交伊三叔執掌至此之後伊三叔在外貿易亦不能抑措氏
錢物出自親願合中立字為証
於道光拾九年肯堂身染楊梅瘡伊三叔送回連腳債衣服共費錢七十千有零
於二十八年肯堂指伊三叔騙去任夢雲錢七十千有零三元歸還

親友 趙 李文敏 曹恒潔 温 岳

咸豐七年三月二十五日 任温氏立

원문

立囑附[咐]人任溫氏，情因生子肯堂在家、在外種種不法，有伊　祖父從前遺囑內敘明，仝中親友嚴戒之。至伊　祖父於咸豐二年病故，肯堂舊病復發，將家中銅、錫、棹、椅諸物儘行偷賣，致彼伊　祖母將長、三、四門分出另度，不料肯堂於四年將伊三四叔分到頂還舖中借貸之房、地，肯堂私立假約將房偷典，六年又立假約指地借到趙秉常錢拾弍千文，伊即逃竄，趙某累次催討，聲言呈官，伊三叔三元因氏寡居多年，不忍氏出官，將趙某之錢還清，氏無可抵還，將家中存放之平面櫃一對作為伊叔之借貸，肯堂有錢贖囬，如無，俟氏死之後，交伊三叔執掌。至此之後，伊三叔在外貿易亦不能挪措氏錢物。出自親願，仝中立字為証。
於道光拾九年，肯堂身染楊梅瘡，伊三叔送囬，連腳價、衣服共費錢七十千有零。於二十八年，肯堂指伊三叔騙去任夢雲錢七十千有零，三元帰還。

親友　趙、李文敏、曹恆潔、溫岳

咸豐七年三月二十五日任溫氏立

번역

溫氏가 유언장을 작성하게 된 것은 아들 任肯堂이 집 안팎에서 여러 가지 불법적인 행위를 저질렀는데 일찍이 그 조부가 유언장에서 親友와 함께 그를 엄히 가르칠 것을 언급한 바 있었기 때문이다. 그 조부가 함풍 2년 세상을 떠난 후 肯堂은 고질병이 재발하여 집안의 銅, 錫, 桌, 椅 등의 물건을 훔쳐 다른 사람에게 팔아버리니 조모가 일찍이 재산분할을 진행하고 장남, 삼남, 사남이 분가하여 각자 살게 되었다. 오래지 않아 肯堂은 함풍 4년에 가짜 계약서를 작성하여 그 셋째 삼촌과 넷째 삼촌이 남에게 대여하여 이자를 받는 房地를 다른 사람에게 몰래 전매하였다. 함풍 6년, 또 가짜 계약서를 작성하여 토지를 저당물로 趙秉常에게 錢 12,000文을 빌렸다가 나중에 떼먹고 도망갔다. 이 때문에 趙秉常이 누차 溫氏에게 돈을 대신 갚을 것을 독촉하고 관가에 고발하였기에 任肯堂의 셋째 삼촌은 溫氏가 과부로 산 지 오래되었고 관가에 출두하는 것을 견디지 못할 것을 걱정하여 자신이 대신 갚아 주었다. (이에) 溫氏는 셋째 삼촌에게 진 빚을 갚을 방법이 없어 집안의 평면궤 하나를 셋째 삼촌에게 저당물로 주었다. 任肯堂이 만약 돈이 있다면 변제하고 찾아가도록 하고 만약 돈이 없다면 溫氏가 사망한 후 이 평면궤를 셋째 삼촌이 가지도록 하였다. 이후에 셋째 삼촌이 다른 사람에게 그 평면궤를 팔아도 任肯堂은 이에 대한 소유권을 주장하여 가로챌 수 없다. 이상은 스스로 원한 것이며 함께 작성하여 증거로 삼는다.

도광 19년, 任肯堂이 매독에 걸렸다고 하여 셋째 삼촌이 그에게 여비와 의복 비용 등으로 錢 70,000文 남짓을 보낸 바 있다.

도광 28년, 任肯堂이 또 그 셋째 삼촌의 명의로 任夢雲을 속여 錢 70,000文 정도를 갈취하였으나 셋째 삼촌 任三元이 대신 갚아준 바 있다.

친우 李文敏, 曹恆潔, 趙, 溫岳

함풍 7년 3월 25일 溫氏가 작성함.

해설

이는 특수한 유촉으로, 유촉을 작성하는 과정에서 온씨溫氏가 자기의 재산을 분할하였기 때문에 하나의 분서로 볼 수 있다. 이처럼 중국에서 유촉을 작성하여 재산분할을 하는 것도 하나의 전통적인 관습이다. 온씨의 유언에서 나타나는 재산 승수자는 자신의 자손이 아니라 그녀의 시동생 임삼원任三元이었다. 이렇게 할 수밖에 없었던 것은 그녀의 아들 임긍당任肯堂이 도리에 어긋나는 짓을 여러 번 저질러 이미 재산을 많이 낭비해버렸기 때문이다. 또한 임긍당은 가짜 계약서를 작성하고 조병상趙秉常을 속여 전錢 12,000문文을 갈취해 도망갔는데, 조병상이 누차 온씨에게 아들 대신 돈을 갚으라고 독촉했기 때문에 어쩔 수 없이 임삼원이 온씨를 대신하여 그 돈을 갚았다. 그래서 온씨는 자기 집의 평면궤 하나를 임삼원의 집에 맡겨두었고 임긍당이 대금을 치르고 찾아가도록 했다. 이러한 배상 방식은 중국의 전통적 토지 전매典賣 계약 중 전매자가 대금을 치르고 저당물을 찾아가는 '활매活賣'와 유사하다. 만약 대금을 치르고 저당물을 찾아갈 수 없다면 온씨 사후에 이를 임삼원이 관리하게 된다. 이 유촉은 함풍 7년에 작성되었으나 이전 도광 19년, 28년에 임긍당이 이미 각종 사유로 임삼원에게 140,000문을 빚지고 있다는 것을 명시하고 있다. 이를 통해 가산은 임긍당에게 승계되는 것이 아니라 임삼원에게 귀속됨을 대외적으로 명시한 것이다.

온씨가 이러한 특수한 유촉을 작성한 것은 자신의 사후 임긍당이 그의 셋째 삼촌의 집에 와서 그녀가 저당물로 맡겨놓은 평면궤에 대한 소유권을 주장할 것을 우려했기 때문이다. 유촉의 내용으로 보아 임긍당의 행위가 이미 도덕과 법률이 정한 범위를 넘어서고 있다는 것을 알 수 있다. 이 유촉을 작성하여 자초지종을 명확히 설명함으로써 만약 임긍당이 후에 그 저당물을 억지로 가져가려 한다 해도 셋째 삼촌 임삼원이 그 요구를 들어주지 않을 합당한 근거를 마련하고자 했던 것이다.

35 동치5년 陳溫同과 조카 陳東方 分書文約

산서성, 1866

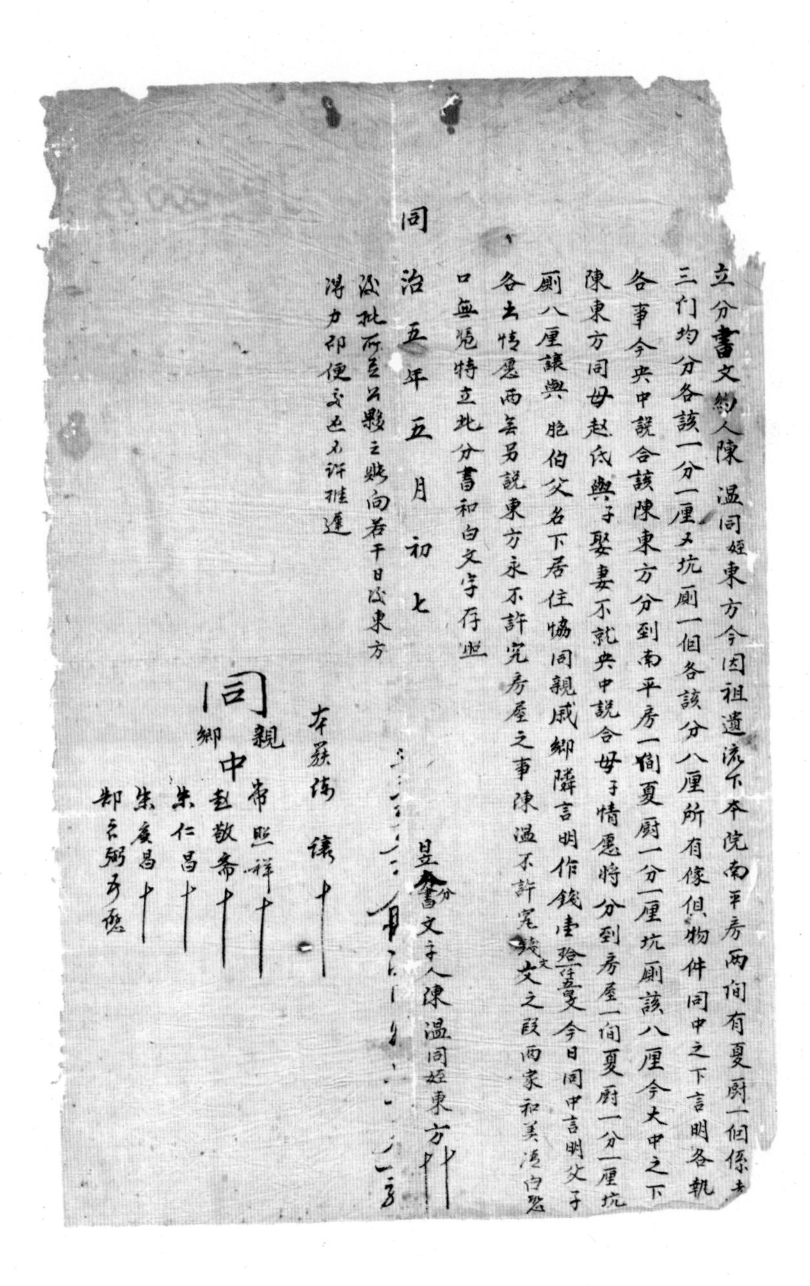
立分書文約人陳溫同姪東方今因祖遺流下本院南平房兩間有夏廚一個係老
三門均分各該一分一厘又坑廁一個各該分八厘所有像俱物件同中之下言明各執
各事今央中說合該陳東方分到南平房一間夏廚一分一厘坑廁該八厘今大中之下
陳東方同母赵氏與子娶妻不就央中說合母子情愿將分到房屋一间夏廚一分一厘坑
廁八厘讓與胞伯父名下居住協同親戚鄉隣言明作錢壹拾仟文今日同中言明父子
各出情愿兩無另說東方永不許究房屋之事陳溫不許究錢文之政兩家和美恐白
口無憑特立此分書和白文字存照

同治五年五月初七

從此所立分數之账向若干日從東方
得力卯便要過不許推違

立分書文字人陳溫同姪東方 十

同 親 鄉 中
本族侍 議 十
常照祥 十
赵敬斋 十
朱仁昌 十
朱廣昌 十
郜文弼 手德

원문

立分書文約人陳溫同姪東方，今因祖遺流下本院南平房兩間，有夏廚一個，係遠三門均分，各該一分一厘，又坑廁一個，各該分八厘，所有傢俱物件同中之下言明，各執各事。今央中說合，該陳東方分到南平房一間、夏廚一分一厘、坑廁該八厘。今大中之下，陳東方同母趙氏與子娶妻不就，央中說合，母子情願將分到房屋一間、夏廚一分一厘、坑廁八厘讓與胞伯父名下居住，協同親戚鄉鄰言明，作價錢壹拾一千五百文，今日同中言明，父子各出情願，兩無另說，東方永不許究房屋之事，陳溫不許究錢文之段，兩家和美清白。恐口無憑，特立此分書和白文字存照。

同治五年五月初七日
立分書文字人　陳溫(十字押)、同姪東方(十字押)。
[半書] 待識別
后批 所有公夥之賬向若干，日後東方得力即便交還，不許推遲。

同本族　陳讓(十字押)
(同) 親中、(同) 鄉中　常照祥(十字押)、趙敬齋(十字押)、朱仁昌(十字押)、
朱慶昌(十字押)、郜□弼(花押)

번역

分書文約를 작성하는 陳溫과 친조카 陳東方은 조부가 本院 南平房 2間과 夏廚 1個를 남겼으므로 이제 세 가족에 균분하고자 한다. (셋은) 각자 1分1厘씩 받고 坑廁 1個는 각자 8厘씩 받는다. 모든 家具와 物件은 중개인의 중재 하에 각각의 분량을 자신의 것으로 한다. 지금 중개인의 중재로 陳東方이 南平房 1間, 夏廚 1分1厘, 坑廁 8分을 받았으나, 그 모친 趙氏가 아들의 혼인 비용이 부족하여 중개인의 중재 하에 그 南平房 1間, 夏廚 1分1厘, 坑廁 8分을 伯父(陳溫)에게 양도하여 거주하도록 한다. 친척과 이웃이 협의하여 유산 가치를 11,500文으로 평가한다. 오늘 중개인은 父子가 각기 원한 것으로 양쪽이 모두 다른 말이 없으니, 陳東方은 영원히 房屋과 관련하여 추궁하지 않으며, 陳溫도 영원히 錢銀이 적절했는지 추궁할 수 없고 두 가족의 화목을 명백히 한다고 언명했다. 구두만으로는 증거가 없을까 염려하여 특별히 이 분서를 작성하여 백계문서로 남겨놓아 이후 대조할 증거로 삼고자 한다.

동치 5년 5월 7일
분서 작성인 陳溫(십자서명), 조카 陳東方(십자서명)
[반서] 식별 불가
첨언 : (집과 관련한) 모든 공적인 장부는 며칠 안으로 東方이 반드시 최선을 다해서 전달해야 하며 늦어지는 것을 허락하지 않는다.

本族 陳讓(십자서명)
공증인(친족 · 향린) 常照祥(십자서명), 趙敬齋(십자서명),
朱仁昌(십자서명), 朱慶昌(십자서명)
郜□弼 대필(서명)

해설

이 문서는 명칭은 분서지만 실제로는 친족 간의 토지 매매문서라고 할 수 있다. 다만 이것이 여타의 토지매매 문서와 다른 점이 있다면 매매 대상이 남평방南平房 2칸, 부엌夏廚 1개, 측간坑廁이라는 세 가족의 상속분이라는 사실이다. 중국은 전통적으로 선조로부터 상속받은 재산을 부득이하게 매매해야 할 경우에는 우선 친족에게 매매하는 습관이 있었다. 이렇게 함으로써 종족의 재산이 다른 종족 혹은 이성異姓에게 빠져나가는 것을 방지했던 것이다. 조카 진동방陳東方은 자신의 혼인비용이 부족하여 그의 모친과 상의하고 자신의 부친 몫으로 받은 재산을 백부인 진온陳溫에게 매도하였다. 그 가격은 전錢 11,500문文이었다. 그런데 여기서 진동방이 백부 진온에게 '양도'한다고 명시하고 있지만 실제로는 토지를 매매한 것이다.

36 선통2년 楊黃氏 楊有發 再合同産業字

강서성, 1910

제1장(동일 양식 2장 중 楊黃氏 소지)

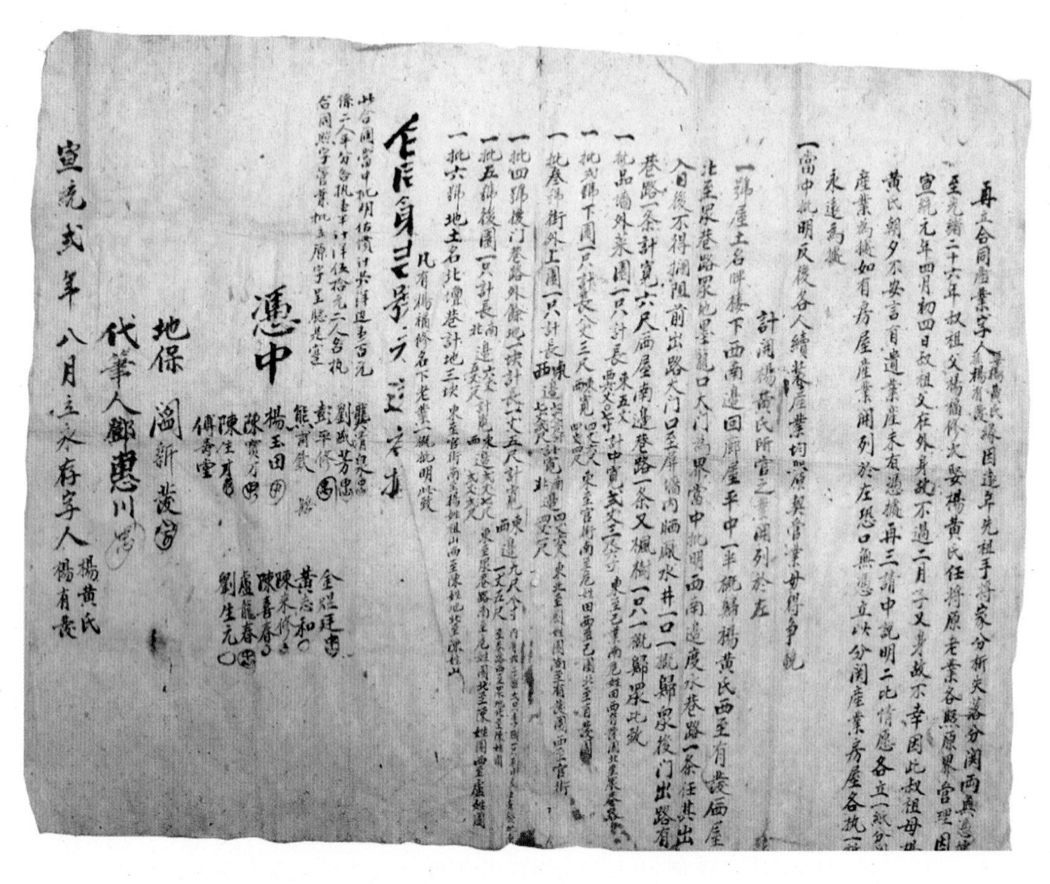

再立合同產業字人楊黃氏楊有發緣因達年先祖手將家分析[illegible]分閱[illegible]
至光緒二十六年叔祖父楊循修大娶楊黃氏任將原老業各照原界管理因[illegible]
宣統元年四月初四日叔祖父在外身故不過二月之又身故不幸因此叔祖母[illegible]
黃氏朝夕不安言有遺業產未有憑據再三請中說明二比情愿各立一紙分[illegible]
產業爲據如有房屋產業開列於左恐口無憑立此分閱產業房屋各執一[illegible]
永遠爲據
一當中批明反後各人續[illegible]產業均照原與當業毋得爭執
計閱楊黃氏所管之業開列於左
一號屋土名畔樓下西南邊回廊屋平中一半概歸楊黃氏西至有[illegible]
北至眾巷路眾地墨龍口大门爲界當中批明西南邊[illegible]水巷路一條任其出[illegible]
入自後不得擱阻前出路大门口至屏牆內晒廠水井一口一概歸眾後门出路有[illegible]
巷路一條計寬六尺西屋南邊巷路一條又楓樹一只一概歸眾此致
一批品牆外菜園一只計長[illegible]計中寬弍丈[illegible] [illegible]
一批弍號下園一只計長八丈三尺[illegible] [illegible]
一批叁號街外上園一只計長[illegible] [illegible]
一批四號後门巷路外餘地一塊計長六丈五尺計寬[illegible]邊九尺[illegible] [illegible]
一批五號後園一只計長[illegible]邊六丈[illegible] [illegible]
一批六號地土名北壇巷計地三塊 東至官街南至楊姓祖山西至陳姓地北至陳姓山
凡有楊循修名下老業一概批明此致
[illegible]
此合同當中批明[illegible]價計共洋[illegible]壹百元係二人平分各執壹半計洋伍拾元二人各執合同照字管業批立原字[illegible]

憑中 [illegible] 劉[illegible]芳 彭平修 熊有發 楊玉田 陳寶才 陳生有 傅壽堂 金煜廷 黃志和 陳來修 陳壽春 盧龍春 劉生元

地保 閻新發

代筆人 鄒惠川

宣統弍年八月立永存字人 楊黃氏 楊有發

제2장(동일 양식 2장 중 楊有發 소지)

憑中

地保 閻新發

代筆人 鄧惠川

宣統二年八月 立永存字人 楊黃氏 楊有發

원문

第一張

再立合同産業字人婆楊黃氏、孫楊有發，緣因遠年先祖手將家分析失落，分闗兩無憑據。至光緒二十六年，叔祖父楊福修次娶楊黃氏，任將原老業各照原界管理，因宣統元年四月初四日，叔祖父在外身故，不過二月，子又身故。不幸因此，叔祖母楊黃氏朝夕不安，言有遺業產未有憑據，再三請中說明，二比情願，各立一紙分闗產業爲據。如有房屋産業開列於左，恐口無憑，立此分闗産業房屋各執一紙永遠爲據。

一、當中批明反後各人續裝産業，均照原契管業，毋得爭競。

計開楊黃氏所管之業開列於左:

一號屋土名牌樓下西南邊回廊屋，平中一半，概歸楊黃氏。西至有發厢屋，北至衆巷路衆地墨龍口大門爲界。當中批明西南邊度水巷路一條，任其出入，日後不得攔阻，前出路大門口至屏牆內曬廠水井一口，一概歸衆，後門出路有巷路一條，計寬六尺，厢屋南邊巷路一條，又楓樹一只，一概歸衆。此致。

一批品牆外菜園一只，計長東五丈，西六丈〇七寸，計中寬二丈三尺六寸，東至己業，南危姓田，西有發園，北至衆巷路。

一批二號下園一只，計長八丈三尺，東寬四丈六尺，西寬四丈四尺，東至官街，南至危姓田，西至己園。北至有發園。

一批三號街外上園一只，計長東邊七丈三尺，西邊七丈二尺，計寬南邊四丈六尺，北邊四丈一尺，東北至劉姓園，南至有發園，西至官街。

一批四號後門巷路外餘地一塊，計長一丈五尺，計寬東邊九尺八寸，西邊一丈五尺，內有柑子樹二只，李子樹一只在內，東至有發地，南至巷路，西至衆地，北至陳姓園。

一批五號後園一只，計長南邊六丈，北邊五丈一尺，計寬東邊二丈七尺，西邊二丈二尺，東至衆巷路，南至危姓園，北至陳姓園，西至盧姓園。

一批六號地土名北壇巷, 計地三塊, 東至官街, 南至楊姓祖山, 西至陳姓地, 北至陳姓山。
凡有楊福修名下老業一概批明, 此致。

[半書] 合同第吉號永遠爲據。

此合同當中批明估價共洋邊一百元, 系二人平分, 各執一半, 計洋伍拾元。二人各執合同照字管業, 批立原字呈驗是寔。

憑中　龔清泉(花押)、劉盛芳(花押)、彭平修(花押)、熊甫欽(花押)、
楊玉田(花押)、陳寶才(花押)、陳生才(花押)、傅壽堂(花押)、
金煜廷(花押)、黃志和(花押)、陳來修(花押)、陳喜春 (花押)、
盧龍春(花押)、劉生元(花押)
地保　閻新發(花押)
代筆人　鄧惠川(花押)

宣統弍年八月立, 永存字人　楊黃氏、楊有發。

第二張
再立合同産業字人婆楊黃氏、孫楊有發, 緣因遠年先祖手將家分析失落, 分鬮兩無憑據。至光緒二十六年, 叔祖父楊福修次娶楊黃氏, 任將原老業各照原界管理, 因宣統元年四月初四日, 叔祖父在外身故, 不過二月, 子又身故。不幸因此, 叔祖母楊黃氏朝夕不安, 言有遺業産未有憑據, 再三請中說明, 二比情願, 各立一紙分鬮産業爲據。如有房屋産業開列於左, 恐口無憑, 立此分鬮産業房屋各執一紙永遠爲據。

一、當中批明反後各人續裝産業, 均照原契管業, 毋得爭競。

計開楊有發所管之業開列於左:

一號土名牌樓下，東北邊回廊屋，平中一半，東至劉姓屋，南至龍口大門爲界，西、北至衆巷路爲界，西南邊有度水巷路一條，任其出入，日後不得攔阻。
二號菜園一只，中直長六丈正，中橫二丈□尺正，上橫寬一丈三尺。
叁號門口園一只，直長八丈三尺正，街邊橫□□□丈一尺，中寬四丈一尺，東至官街，南至（上浦下女）園，西至衆巷路，北至廠地。
四號下園，直長七丈正，東邊橫寬四丈五尺正，街邊橫寬三丈四尺正。東至劉姓園，南至水圳，西至官街，北至（上浦下女）園。
五號後門外餘地，橫寬七尺五寸，長一丈五尺，內有柏樹一只在內。
六號一批當中言明牛廠上麥地四塊，東西至張姓山，南北至路。

[半書] 合同第吉號永遠爲據。

憑中　龔清泉(花押)、劉盛芳(花押)、彭平修(花押)、熊甫欽(花押)、
　　　楊玉田(花押)、陳寶才(花押)、陳生才(花押)、傅壽堂(花押)、
　　　金煜廷(花押)、黃志和(花押)、陳來修(花押)、陳喜春（花押)、
　　　盧龍春(花押)、劉生元(花押)
地保　閻新發(花押)
代筆人　鄧惠川(花押)

宣統弍年八月立，永存字人　楊黃氏、楊有發。

번역

제1장

새롭게 合同産業字를 체결하는 사람은 叔祖母 楊黃氏와 侄孫 楊有髮이다. 몇 년

전 先祖가 분가할 때 작성했던 분서를 유실하게 되어 양쪽 모두가 이에 대한 근거가 없게 되었다. 광서 26년 叔祖父 楊福修가 다시 楊黃氏를 부인으로 맞아들였고, 원래의 산업을 각각 (숙조부와 질손이) 원리에 따라 관리해왔다. 祖孫은 원래 産業의 경계에 의거하여 각자 자신의 産業을 관장하였다. 선통 원년 4월 4일, 叔祖父가 밖에서 사망하게 되었고 2개월도 되지 않아 叔祖의 어린 아들 역시 사망하게 되었다. (남편과 자식을 잃은) 불행이 이와 같으니 叔祖母 楊黃氏는 아침부터 저녁까지 하루 종일 불안해하며, 남편이 남긴 유산이 있다고 말하지만 이를 증명할 근거가 없어 여러 차례 중개인을 불러 설명하였다. 이에 쌍방이 각각 한 장의 재산분할 계약서를 작성하여 근거로 삼기를 원한다. (양쪽의) 房屋과 토지 등의 産業을 열거하면 다음과 같다. 구두만으로는 증거가 없어 이 분관을 작성하여 각자 한 장씩 가져가 영원히 증거로 삼는다.

일, 이후 쌍방이 재산을 계속 구매하더라도 원래 계약문서에 의거하여 産業을 관리하며 다른 사람은 넘보거나 뺏을 수 없다.

叔祖母 楊黃氏가 관리하는 산업을 열거하면 다음과 같다.

재산 제1호인 가옥, 속칭 牌楼 아래 서남 변의 回廊屋은 공평하게 둘로 나누어 반은 楊黃氏에게 귀속시킨다. (回廊屋) 서쪽으로는 楊有髮의 厢屋까지, 북쪽으로는 衆巷路 衆地墨龍口 大門을 경계로 한다. 특히 설명하자면 이 回廊屋 서남쪽에 度水巷路가 나 있는데 (숙조모 楊黃氏가) 자유롭게 출입하며 이후 (질손 楊有髮이) 이를 막을 수 없다. 回廊屋의 전방의 길로 나가는 대문에서 담장에 이르는 안쪽의 晒廠에 있는 우물은 공동으로 사용한다. 回廊屋 후문으로 나가는 길에 巷路가 나 있는데 폭이 6척이며, 厢屋 남쪽에 巷路가 나 있고 단풍나무 한 그루가 있는데 모두에게 귀속시켜 공동으로 사용한다. 이상이다.
일, 品墻의 바깥에 있는 菜園 하나는 길이가 동으로 5장, 서로 6장0(척)7촌이며, 가운데의 폭은 2장3척6촌으로, 동으로는 자신의 業에 이르고, 서로는 危姓(의) 田

에, 남으로는 (楊)有髮(의) 園에, 북으로는 衆巷路에 이른다.

일, 재산 제2호인 下園의 길이는 8장3척, 동쪽 폭은 4장6척, 서쪽 폭은 4장4척이다. 이 토지는 동으로 官街에 이르며 남으로 危姓의 田에 이르며, 서로는 자신의 園地에 이르며 북으로는 楊有髮의 園地에 이른다.

일, 재산 제 3호 길 바깥쪽 上園은 길이가 東邊은 7장3척, 西邊은 7장2척, 폭은 南邊은 4장6척, 北邊은 4장1척이다. 동북쪽으로는 劉姓의 園地에 이르고 남쪽으로는 楊有髮의 園地에 이르고 남쪽으로는 官街에 이른다.

일, 재산 제 4호 後門 巷路 밖 餘地 1段은 길이가 1장5척이고 폭은 東邊은 9척5촌, 西邊은 1장5촌이다. 해당 餘地는 안에는 桔子樹 두 그루와 李子樹 한 그루가 심어져 있는데 이는 모두 叔祖母 楊黃氏의 소유로 귀속시킨다. 해당 餘地는 동으로 楊有髮의 땅에 이르며 남으로 巷路에 이르며 서로 衆人의 땅에 이르며 북으로 陳姓의 園地에 이른다.

일, 재산 제 5호 後園의 길이는 南邊은 6장, 北邊은 5장1척이고, 폭은 東邊은 2장7척, 西邊은 2장2척이다. 동으로는 衆巷路에 이르며 남으로는 危姓의 園地에 이르며, 북으로는 陳姓의 園地에 이르며, 남으로는 盧姓의 園地에 이른다.

일, 재산 제 6호 땅은 속칭 北壇巷의 지역에 있는 3段인데, 동으로는 官街까지 남으로는 楊姓의 祖山까지 서로는 陳姓의 땅까지이며 북으로는 陳姓의 山에 이른다.

대개 楊福修의 명의로 되어 있던 産業은 전부 여기에 분명히 기록한다. 이상이다.

[반서] 第吉號 合同을 영원히 근거로 한다.

이 계약을 중재한 중재인이 産業을 추정한 가치는 모두 銀元 100원으로 두 명이 공평하게 나누어 쌍방이 각각 절반씩, 즉 한 사람에 50원의 銀元을 가짐을 언명한다. 叔祖母 楊黃氏와 侄孫 楊有髮 두 사람은 각자 1부의 合同을 가져 이후 合同의 내용에 의거하여 각자 자신의 産業을 관리한다. 원래의 계약 증거는 이미 검토를 거쳐 사실에 부합함을 확인했다.

중재인 龔清泉(서명), 劉盛芳(서명), 彭平修(서명), 熊甫欽(서명),
楊玉田(서명), 陳寶才(서명), 陳生才(서명), 傅壽堂(서명),
金煜廷(서명), 黃志和(서명), 陳來修(서명), 陳喜春(서명),
盧龍春(서명), 劉生元(서명)
地保 閻新發(서명)
대필인 鄧惠川(서명)

선통 2년 8월 계약서 작성 및 보관인 楊黃氏, 楊有髮

제2장
(楊有髮이 소지한 문서는 제1장 楊黃氏 소지 문서의 앞부분과 내용이 동일하므로 생략한다.)

양유발이 관장하는 產業을 열거하면 다음과 같다.

1호 즉 속칭 牌楼 아래 동북변의 回廊屋은 공평하게 절반으로 나눈다. 동쪽은 劉姓의 집까지 남쪽은 龍口大門을 경계로 한다. 서쪽과 북쪽은 衆巷路를 경계로 한다. 西南邊에는 度水巷路 하나가 나 있지만 그 출입을 자유롭게 하고 이후 이를 막아서는 안 된다.
2호 菜園은 中直長이 정확히 6장이고 中橫이 정확히 2장□척이며 上橫의 폭이 1장3척이다.
3호 문 앞의 園은 直長이 8장3척이고 길가 쪽 횡□□이 □장1척이고 中寬이 4장1척이다. 동으로는 官街까지 남으로는 婁園까지 서로는 衆巷路까지 북으로는 廠地까지이다.
4호 下園은 直長이 7장이고 東邊의 橫寬은 4장5척이며 길가 쪽 橫寬은 3장4척이다. 동으로는 劉姓의 園까지 남으로는 水圳까지이며 서로는 官街까지 북으로는 婁園까지이다.

5호 후문 밖의 餘地는 橫寬이 7척5촌, 길이는 1장5척, 그 안에는 柏樹 한 그루가 있다.
6호 一批에서 분명히 언급된 牛廠 위의 麥地 4塊는 동서로는 張姓의 산까지이고 남북으로는 길까지이다.

[반서] 第吉號 합동을 영원히 근거로 한다.

(낙관 부분은 제1장과 동일하여 생략한다)

해설

이 문서는 실제로 재산을 분할하기 위한 분서가 아니라 재산 소유를 확인받기 위해 작성된 재산 확인서의 성격을 가지고 있다. 즉 숙조모 양황씨楊黃氏와 질손 양유발楊有髮이 이전에 작성된 분서가 유실된 상황에서 다시 분서를 작성하여 각자의 재산을 관리하기 위한 증거로 삼고 있다. 이 재산 관리에 대한 계약 문서는 같은 형식의 두 장으로 구성되어 있으며, 각자 관리하는 재산의 목록이 다른 점을 제외하면 계약 내용은 동일하다.

이렇게 분서를 다시 작성하게 되었던 것은 남편이 사망하여 과부가 된 숙조모 양씨가 자신의 친생자마저 사망하자 자신의 재산을 증명할 길이 없고 집안에서의 권리가 불확실하게 되었기 때문이다. 그의 집안에서의 신분은 '후처'였다. 분가 과정에서 후처는 별로 중시되지 못했고 심지어는 생활비조차 보장받지 못하는 경우도 있었다는 것을 감안하면 그녀의 불안을 짐작할 수 있다.

명청시대에는 남편 생전에 사자를 세우지 않았다면 과부가 동족 중 항렬이 맞는 사람을 선택하여 남편의 사자로 삼을 수 있는 권리가 있었다. 만일 친생자가 있는데 미성년이라면 친생자를 대신하여 재산을 관리할 수 있는 재산관리권이 있었다. 물론 이 경우 개가하지 않는다는 조건에서만 가능했다. 그러나 이 분서에서는 숙조모의 어린 아들마저 사망했기 때문에 죽은 남편의 재산을 지킬 수 있는 방법으로 질손을 불러 다시 분서를 작성함으로써 자신의 몫을 확인하고자 했던 것이다. 이 분가계약을 작성한 후 양황씨의 재산권은 인정을 받고 있는데, 이는 양씨 일가가 그녀에 대해 일정 부분 양보를 하였음을 보여주고 있다. 이 분서는 후처이면서 과부에, 아들도 없는 이런 특수한 신분을 가진 여성의 재산권을 이해하는 데 중요한 의미가 있다.

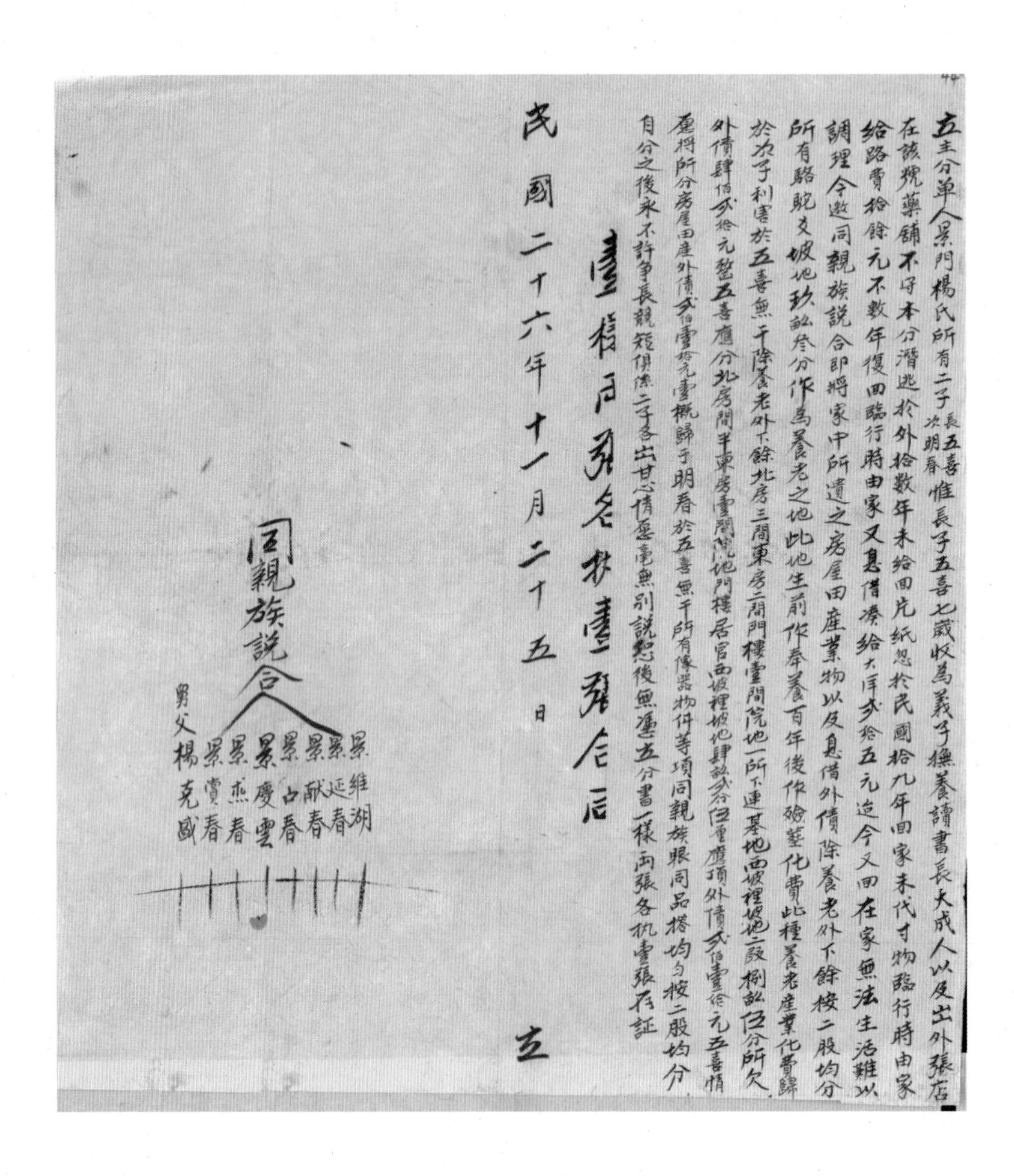

立主分單人景門楊氏所有二子長五喜次明春惟長子五喜七歲收為義子撫養讀書長大成人以及出外張店
在該號藥舖不守本分潛逃於外拾數年未給田片紙忽於民國拾九年回家未代寸物臨行時由家
給路費拾餘元不數年復回臨行將由家又息借湊給大洋弍拾五元迨今又回在家無法生活難以
調理今邀同親族說合即將家中所遺之房屋田產業物以及息借外債除養老外下餘按二股均分
所有路駝支坡地玖畝叁分作為養老之地此地生前作奉養百年後作殯葬化費此種養老產業化費歸
於次子利害於五喜無干除養老外下餘北房三間東房二間門樓壹間院地一所不連基地西坡裡坡地二段捌畝伍分所欠
外債肆佰弍拾元整五喜應分北房間半東房壹間院地門樓居官西坡裡坡地肆畝弍分伍厘應項外債弍佰壹拾元五喜情
願將所分房屋田產外債弍佰壹拾元壹概歸于明春於五喜無干所有傢器物件等項同親族眼同品搭均勻按二股均分
自分之後永不許爭長競短俱係二子各出甘心情愿毫無別說恐後無憑立分書一樣兩張各執壹張存証

壹樣兩張合同

民國二十六年十一月二十五日 立

同親族說合 景維湖 景延春 景献春 景占春 景慶雲 景燕春 景賞春

舅父 楊克盛

원문

立主分單人景門楊氏，所有二子，長五喜，次明春。惟長子五喜，七歲收為義子，撫養、讀書。長大成人以及出外張店，在該號藥鋪不守本分，潛逃於外，拾數年未給囬片紙。忽於民國拾九年囬家，未代寸物，臨行時由家給路費拾餘元。不數年復囬，臨行時由家又息借湊給大洋弍拾五元。迨今，又囬在家，無法生活，難以調理。今邀同親族説合，即將家中所遺之房屋、田產、業物以及息借外債，除養老外，下餘按二股均分。所有駱駝、爻坡地玖畝叁，分作為養老之地，此地生前作奉養，百年後作殯葬化費。此種養老產業、化費歸於次子利害，於五喜無干。除養老外，下餘北房三間、東房二間、門樓壹間、院地一所、下連基地，西坡裡坡地二段捌畝伍分，所欠外債肆佰弍拾元整，五喜應分北房間半、東房壹間、院地門樓居官、西坡裡坡地肆畝弍分伍厘、應頂外債弍佰壹拾元。五喜情願將所分房屋、田產、外債弍伯壹拾元壹，概歸于明春，於五喜無干，所有傢器、物件等項，同親族眼同品搭均匀，按二股均分。自分之後，永不許爭長競短。俱係二子各出甘心情願，毫無別說。恐後無憑，立分書一樣兩張，各執壹張存証。

[半書] 壹樣兩張各执壹張合同

民國二十六年十一月二十五日立

同親族説合人　景維湖(十字押)、景延春(十字押)、景獻春(十字押)、
景占春(十字押)、景慶雲(十字押)、景杰春(十字押)、
景賞春(十字押)

舅父　楊克盛(十字押)

번역

分單을 작성하고 주관하는 景氏 집안의 楊氏에게는 두 아들이 있는데 장남 五喜

와 차남 明春이다. 다만 장남 五喜는 7살 때 義子로 거두어 키우고 가르쳤는데, 그가 성인이 되자 외지에 나가 장사를 했으나 일하던 藥鋪에서 본분을 지키지 않고 사고를 치고 도망간 뒤 10여 년 동안 한 번도 연락이 없었다. 그러나 갑자기 1930년에 빈손으로 집에 돌아왔다가 다시 나갈 때는 집에서 여비 10元을 가지고 갔다. 몇 년이 지나 다시 돌아왔지만 또 나갈 때는 채권 이자 수입 중 大洋 25元을 그에게 여비로 주었다. 이제 다시 집에 돌아왔지만 생계를 꾸려갈 능력도 없고 통제하기도 어렵다. 오늘 친족에게 중개를 요청하여 房屋, 田產, 사업 및 채권 등에서 자신의 노후 비용을 제외한 나머지를 양분하여 나누어 주도록 한다. 모든 駱駝爻坡地 9畝3分은 노후 비용을 위한 땅으로 하며, 이 땅은 생전에는 봉양을 위해 쓰고 나중에는 장례비용으로 사용한다. 이 노후 대비 재산은 차남에게 귀속되며 五喜와는 무관하다. 봉양을 위한 재산을 제외하고 나면 北房 3間, 東房 2間, 門樓 1間, 院地 1所, 下連基地西坡裏坡地二段 8畝5分, 미납 外債 420元整이 남는데, 여기서 五喜는 北房 1間半, 東房 1間, 院地門樓居官, 西坡裏坡地 4畝2分5厘, 外債 210元을 분할 받는다. 그러나 五喜는 그가 받은 房屋, 田產, 外債 210元을 모두 明春에게 귀속시키기를 원하니 이 재산과 五喜와는 무관하다. 모든 가재도구는 친족들과 함께 그 가치를 평가하여 고르게 한 뒤 양분하고, 각자 자신의 몫을 나눠 받은 후 영원히 사소한 일로 옥신각신하는 것을 허락하지 않는다. 이상은 모두 아들들이 각자 기꺼이 원한 것이니 다른 말을 해서는 안 되며, 후에 증거가 없을 것을 염려하여 같은 내용의 분서 2장을 작성하고 각자 한 장씩 증거로 보관하도록 한다.

[반서] 같은 내용의 2장의 계약서를 각자 한 장씩 가짐

민국 26년 11월 25일 작성
친족 중개인 景獻春(십자서명), 景占春(십자서명), 景維湖(십자서명),
景延春(십자서명), 景慶雲(십자서명), 景杰春(십자서명),
景賞春(십자서명)
외숙 楊克盛(십자서명)

해설

이 분서에서 경씨景氏 집안의 양씨楊氏는 장남 오희五喜가 외지에서 십 수 년을 몰래 도망 다니며 가족의 편지에 답신도 하지 않았으면서 누차 돈을 요구하는 등 행실이 좋지 않았다는 것을 상세히 기술하고 있다. 양씨가 서술한 이러한 내용은 모두 오희가 집안에 아무런 공헌을 하지 않았다는 것을 이유로 재산 상속권을 박탈하기 위한 복선이라 할 수 있다. 오희가 가산을 받지 못한 것은 그가 의자義子(양자) 신분이었기 때문이 아니라 그의 행실 때문이었다는 것을 강조한 것이다.

『대청율례』 혹은 『대청현행률』의 의자 관련 규정에 의하면, 의자는 일반적으로 재산을 분할 받을 수 있었다. 받을 수 있는 재산의 비율은 피계승인과의 친밀 정도에 따라 달랐지만 친생자의 절반을 분할 받는 것은 일반적인 일이었다. 심지어는 친생자와 균등 분할을 받기도 했다. 그러나 이 분서에서는 오희가 7살 때부터 의자가 되었지만 그가 받은 재산을 모두 명춘에게 '귀속시키기를 원한다'고 하여 실제로 재산을 박탈하고 있다. 전통시대에 양자를 들였다가 여러 문제를 일으켜 자격을 박탈하거나 파양하는 경우가 존재했는데 이러한 경우에 속한다고 할 수 있다. (Ⅲ-3에도 해당)

38 민국35년 魏運鈺 등의 協議分關字約

강서성, 1946

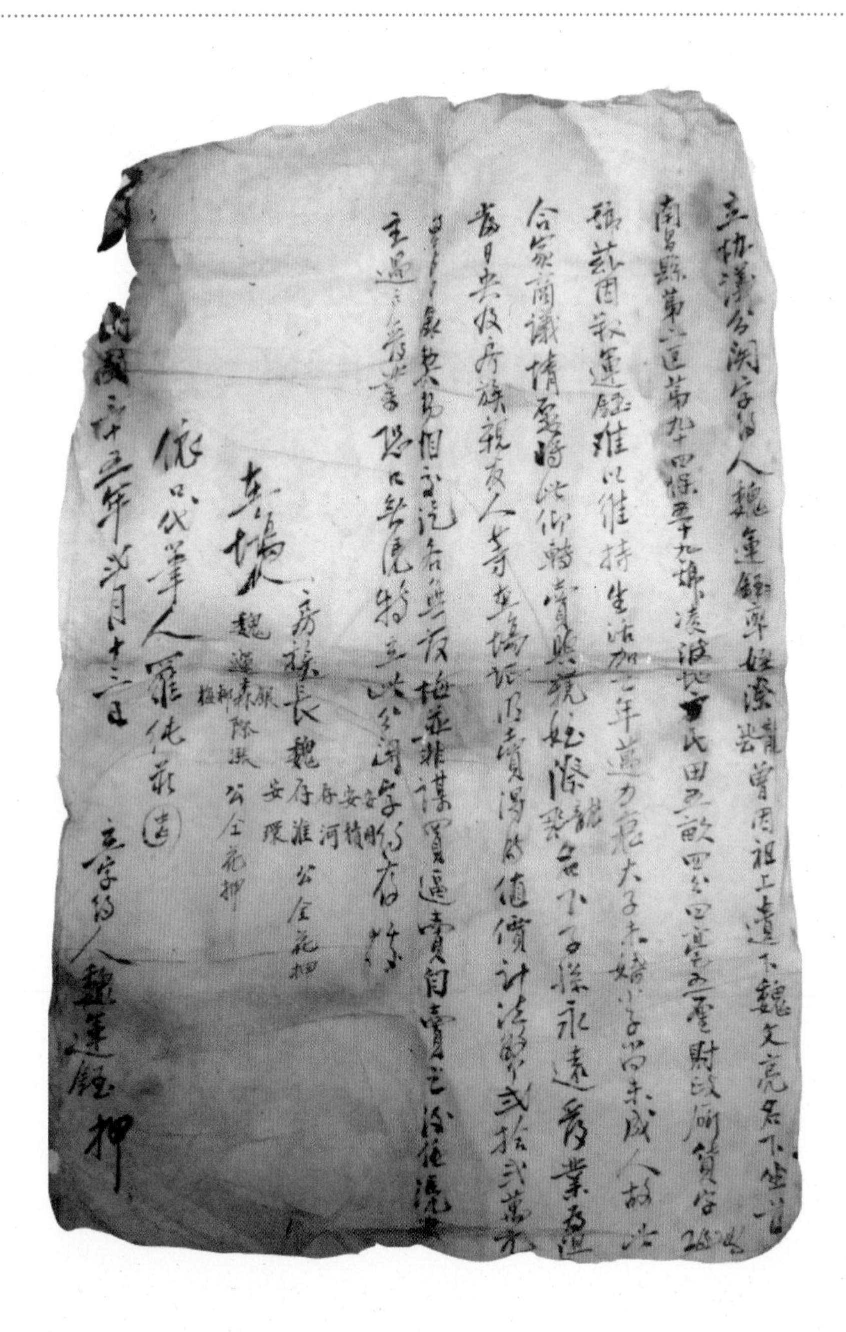

원문

立協議分關字約人魏運鈺率姪滚龍、滚飛，曾因祖上遺下魏文亮名下坐首南昌縣第二區第九十四保五十九號淩波地方民田五畝四分四毫五厘，財政所貨字26426號。玆因叔運鈺難以維持生活，加之年邁力衰，大子未婚，小子尚未成人，故此合家商議，情願將此仰轉賣與親姪際龍、際飛名下子孫永遠管業無阻。當日央及房族親友人等在場證明，賣得時值價計法幣二十二萬元整。當日銀契兩相交訖，各無反悔，並非謀買逼賣。自賣之後，任憑業主過戶管業。恐口無憑，特立此分關字約存據。

在場人　房族長 魏存淮、安環、存河、安積、安明公仝花押；魏運森、
　　　　運銀、運柳、運梅、際漲公仝花押
依口代筆人羅純莊(花押)

中華民國三十五年二月十三日立字約人魏運鈺押

번역

분가협의서를 작성하는 魏運鈺은 조카 魏滚龍, 魏滚飛와 함께, 일찍이 대대로 물려받은 魏文亮 명의의 (재산을) 분할한다. (이것은) 第2区 第94保 59号 凌波 지역의 민전으로 (면적은) 모두 5畝4分4毫5厘이며, 정부 재정소에 貨字 26426号로 등록되어 있다. 숙부인 魏運鈺은 경제적 곤란으로 생활을 유지하기 어려워졌으며 나이가 많아 기력이 쇠하였고, 장남은 아직 결혼을 못하고 차남은 아직 성인이 아니다. 이로 인해 전 가족이 상의하여 이 토지를 두 조카의 명의 아래로 이전하여 그들이 자자손손 관장하기를 진심으로 원한다. 계약 당일 집안의 친척과 친구를 청하여 함께 현장에서 증서를 작성하고 매매 가격으로 法幣 25만 원정을 지급했다. 당일, 계약과 대금은 모두 분명하게 인도되었으며 쌍방은 모두 후회하지 않는다. 또한 다시 사들일 것을 꾀하거나 (다시) 판매하도록 압력을 넣어서도 안 된다. 매매한 이후에는 업주의 의지에 따라 명의를 변경하여 관리한다. 다만 쌍방이 구두로 한 약정이 빙증이 없을 것을 우려하여 이로 인해 이 분가 협의를 써서 증거로 삼는다.

현장 참석자 本房의 족장 魏存淮, 魏安环, 魏存河, 魏安积, 魏安明이 모두 서명함.

魏運森, 魏運銀, 魏運柳, 魏運梅, 魏際漲이 모두 서명함

쌍방의 구술에 의거하여 문서를 작성한 사람 羅純莊(서명)

중화민국 35년 2월 13일 분가 협의서를 작성한 사람 魏運鈺(서명)

해설

해당 문서는 1946년 강서성 남창南昌 지역의 분서로, 분가와 동시에 토지의 거래가 완료되고 있는 것이 특징이다. 분할 재산은 조상 대대로 내려오는 위문량魏文亮 명의의 재산인데, 아마 가족의 공동소유 재산으로 보인다. 이러한 공동재산은 각 자손들이 균분할 권리를 가지며 부분적인 소유권을 행사할 수 있다. 따라서 위제룡魏際龍과 위제비魏際飛은 각각 그들의 부친을 대신하여 숙부 위운옥魏運鈺과 함께 균분을 진행했으며, 동시에 위운옥은 위제룡과 위제비에게 자신의 몫을 매매했던 것이다. 분서의 명칭도 '협의분관자약協議分關字約'으로 분가와 매매를 협의했음을 의미한다. "판매한 이후에는 업주業主의 뜻에 따라 명의를 변경하고 산업을 관리한다"는 것에서 이 토지매매는 회속回贖이 불가능한 '절매絶賣'라는 것을 알 수 있다.

전통사회에서 조상 대대로 전승되어 온 재산을 '조업祖業'이라고 한다. 일반적인 토지매매 행위와 달리 조업을 매매할 때는 도덕적, 윤리적 의미가 추가되어 오직 불초한 자손만이 다른 사람의 손에 이를 넘긴다는 의미가 내포되어 있다. 따라서 계약서에는 조업을 매매해야 하는 피치 못할 이유가 기재된다. 이 분서에

는 "생활을 유지하기 어려워졌으며 나이가 많아 기력이 쇠하였고, 장남은 아직 결혼을 못하였고 차남은 아직 성인이 아니기 때문"이라고 명시되어 있다. 이런 경우 조상이 물려준 토지를 조카에게 팔아넘기게 되면 자신은 일정한 자금을 확보하게 되어 생활에 도움을 얻고 조상으로부터 물려받은 토지를 족인에게 넘김으로써 최소한 다른 족인에게 넘어가는 것을 방지할 수 있었다. 친족에게 우선권이 주어지고 조상의 토지를 지킬 수 있었던 것이다. 이런 경우, 영구적으로 토지 소유권을 이전하는 절매보다는 형편이 나아지면 다시 이것을 사들이는 회속의 방법이 고려되는 경우가 많았다. 그러나 이 분가계약서는 회속을 할 수 없도록 명시하고 있다.

이 분서는 민국시기 정부가 전택과 산업의 관리에 대해 추가한 규정을 반영하고 있다. 즉 민간에서 거래할 때는 재산의 권속權屬을 중시하는데, 이 계약에서 쌍방이 분할하고 거래하는 재산은 '위문량의 명의 아래에 있으며, 위치는 남창현 제2구 제94보 59호 능파淩波 지역의 민전 5무4분4호5리, 재정소財政所 화자花字 26426호'라는 것을 분명히 기록하여 토지의 소유권자, 위치, 면적, 지적번호를 인계하고 있다. 문서 말미에도 명의변경을 명시함으로써 이후의 납세의 권리와 의무를 분명히 하고 있다.

Ⅳ
분서 속 여자 상속

Ⅵ-1 전통시기의 여자 상속

분석과 개괄

전통시기 중국의 분가에서 형제균분과 표리를 이루고 있는 것이 딸에 대한 상속이었다. 분가는 종조계승을 전제로 하기 때문에 직계혈친비친속(즉 친아들)에게 종조계승과 함께 재산계승이 이루어졌을 뿐, 친녀가 직접 친정 부모의 가산을 계승하는 경우는 드물었다. 그러나 그렇다고 해서 친녀가 전혀 재산 분할을 받지 못했다는 것을 의미하지는 않는다. 분가로 인한 재산분배에서는 배제되었지만 실제적으로 딸은 혼수비용의 명목으로 친정 부모의 재산을 분할 받았기 때문이다.

중국 전통사회에서 재산을 분할하는 방식은 크게 두 가지로 구분할 수 있다. 하나는 형제균분에 의한 방법이고, 다른 하나는 참작하여 분배하는(酌分) 방식이었다. 상술한 것처럼 동거공재에 있던 가족의 성원이 독립하여 새로운 방을 꾸리게 될 때 아들들이 균분의 원칙에 따라 재산을 분급 받았다. 그러나 아들이 아닌 다른 동거공재의 가족 성원에게도 참작의 방식으로 재산분할이 이루어졌는데, 그중 대표적인 것이 친녀에 대한 혼수였다.

혼수(嫁資, 粧奩)는 분가시 미혼 아들에게 주는 결혼비용(聘財)과 마찬가지로 미혼의 딸에게 제공되는 결혼비용이었다. 비록 아들의 반이기는 하지만 혼수는 미혼의 딸이 직접적으로 친정의 가산 분배에 참여하는 가장 일반적인 방식이자 일종의 권리였다. 혼수에는 일용 의복, 장신구, 토지(嫁田) 등이 포함되었는데, 이렇게 분배받은 혼수는 시가에 들어가서도 계속해서 종신토록 자신의 소유권으로 인정받았다.[1]

예를 들면 41번 분서는 1836년 청대의 것으로 왕씨王氏가문의 미망인 풍씨馮氏가 왕조령王兆齡과 왕장령王長齡 두 아들에게 분가를 한 것이다. 여기에는 은 50량을 울고낭蔚姑娘에게 지급하고, 두형제가 매년 40량씩을 모친의 양로비용으로 부담한다고 명시하고 있다. 울고낭은 왕씨 가문의 딸 인듯하고 은 50량을 지급한다는 것은 아마 혼수비용인 것으로 보인다.

그러나 이런 식으로 분서에 혼수비용을 남겨둔다고 명시하는 것은 그리 일반적인 것은 아니었던 듯하다. 본서에서 이용된 48건의 분서 중 딸의 혼수비용에 대해 언급하고 있는 것은 4건에 불과하기 때문이다. 물론 분서마다 각 가정의 사정이 반영되어 있기 때문에 일률적으로 단정하여 말할 수는 없거니와, 딸이 없거나 이미 출가를 한 경우도 있을 수 있고, 혹 분서를 작성할 당시 이미 미혼 딸의 혼수비용을 제외하고 재산분할이 진행되었기 때문일 수도 있다. 다만 분서에서 혼수비용을 포함하여 딸과 관련된 내용을 언급하는 것은 그다지 일반적인 것은 아니었다. 분서가 단지 재산분할만을 의미하는 것이 아니라 남자 자손에 의한 종조계승을 전제로 하는 것이었기 때문이다.

혼수 외에 딸이 재산분할을 받을 수 있는 방법은 자신의 아들을 친정의 사자嗣子로 삼는 것이었다. 어느 가정이나 종조계승이 중시되었기 때문에 대를 이을 아들이 없는 경우 전통 중국사회에서는 친족 중 다른 사람의 아들을 입사立嗣하는 경우가 비일비재했다. 친족 중에서 본가의 조카를 세우는 것이 보통이지만 경우에 따라서는 외생外甥 혹은 외손外孫을 세우기도 했다. 외생계승이란 딸의 아들을 친정 형제의 사자로 삼는 것이고, 외손계승이란 딸의 아들로 부친의 가계를 계승하는 것이다. 딸의 아들을 친정의 후사로 세울 경우 딸은 어린 아들을 대신하여 그 재산권을 관리함으로써 재산권을 행사할 수 있었다. 엄밀히 말하면 재산소유권이 아니라 관리권이었고 어린 아들이 성인이 되면 딸의 재산 관리권은 더 이상 유효하지 않지

1 송대에 이 혼수는 시가에 들어가서도 여자의 이름하에 독립된 재산으로 인정되었으며 가산분할 시에도 제외되었다. 그러나 원대, 명대에는 이혼 혹은 과부가 된 여자가 친정으로 돌아가거나 재혼할 경우에는 제약을 받기도 했다. P.B.이브리 저, 배숙희 역, 『송대 중국여성의 결혼과 생활』, 한국학술정보(주), 2009, pp.168-177.

만, 아들이 성장하기까지 한시적이나마 딸은 재산관리권을 행사할 수 있었다.

또한 호절戶絶(아들이 없어 대를 잇지 못하는) 가정의 경우, 딸을 통해 데릴사위(贅婿)를 들이는 것도 딸이 간접적으로 재산을 분할 받을 수 있는 기회가 되었다.[2] 호절 가정의 경우 동종의 항렬에 맞는 친족이 없을 때 딸이 재산의 일부 혹은 전부를 상속받을 수 있었다. 『대청률례』에는 "호절가정은 동족 중 항렬에 맞는 자(應系之人)가 없다면 모두 친녀가 승수할 수 있다. 친녀가 없는 자는 지방관이 상사에게 상세 보고하고 가산을 헤아려 국가 재산에 충당하는 것에 따른다"고 규정하고 있다.[3] 친녀가 승수한다는 것은 곧 데릴사위나 친녀의 아들을 통한 계승 형태일 가능성이 크다. 다만, 국가법에서 규정하고 있음에도 불구하고 딸이 부친 재산의 전부를 받는 경우는 드물었다.

예를 들어 39번 분서는 호절가정에서 사위에게 부모의 양로와 장례를 의탁한 경우이다. 전통 중국에서 유촉遺囑이나 유언遺言이 적어도 고인의 의사에 따라 임의로 재산분할을 하기 위한 유용한 방법은 아니었다. 유촉과 유언은 기본적으로 고인의 뜻을 받들되 균분의 원칙에서 크게 벗어나지 않아야 한다는 것이 묵시적인 규율이었기 때문이다. 유촉이나 유언은 가장의 가산 처분권과도 관련된다. 중국의 전통사회에서 가장이 자유롭게 재산을 처분할 수 있는 권리를 가졌던 것은 사실이지만, 그렇다고 해서 재산 처분에 대한 완전한 자유가 보장되었던 것은 아니었다. 만일 어떤 가장이 아들들 이외에 어떤 특정한 사람, 예를 들어 딸에게 재산을 균등분할하고자 한다면 이는 형제균분에 부합하지 않기 때문에 자신의 몫을 침해당하게 되는 것을 이유로 아들들이 불복했다.[4]

그것은 형제균분을 하라는 국가법에 위배되었기 때문이다. 따라서 가장의 재산

2 이럴 경우 데릴사위에게 양로를 의탁하고 동종에서 별도의 사자를 세워 종조계승을 하게 함으로써 두 사람에게 재산을 양분하는 것이 원칙이지만, 이성인 데릴사위에게 종조계승을 하게 하는 예도 드물지 않았다. 이에 대해서는 손승희, 「근대중국의 異姓嗣子 繼承 관행」, 『中國近現代史研究』 57(2013), pp.36-47 참조.

3 上海大學法學院, 『大淸律例』, 天津古籍出版社, 1993, p.202.

4 『中國農村慣行調査』(1), 岩波書店, 1952, p.302

처분권은 균분의 국가법의 하위에 있었던 것이라고 할 수 있고, 그 범위 내에서의 한정적인 권리였다고 할 수 있다. 서양의 유촉은 가장의 자유의지에 따라 개인 자산의 처분이라는 의미가 있고 가장은 자녀의 상속권을 박탈할 수도 있다. 그러나 중국은 이러한 것이 불가능하고 자녀의 상속권을 박탈할 목적으로 유촉을 작성하지도 않았다. 오히려 유촉은 재산처분이 주요 내용이 아니라 친자가 없을 때 사자를 세우기 위한 경우가 많았다.[5]

호절가정의 경우 양로나 장례는 사위에 의탁하고 별도로 항렬에 맞는 조카를 사자로 삼아 종조계승을 하도록 법에 규정되어 있었지만, 실제로는 사위를 사자로 삼는 경우도 있었다. 이럴 때면 족인들의 반발이 예상되기 때문에 유촉을 통해 사자 신분을 확정하는 것이 필요했다. 피계승인이 선호하는 자를 피계승인 사망 전에 세웠다고 하더라도 피계승인이 사망하고 세월이 흐르면 이러한 선택이 다른 족인들의 공격을 받을 수도 있기 때문에 이를 미연에 차단하고자 유촉을 작성하여 증거로 삼고자 했던 것이다.

민국시기 『민사습관조사보고록』에 의하면, 흑룡강성의 난서현蘭西縣, 청강현青岡縣, 목란현木蘭縣, 해륜현海倫縣, 용진현龍鎭縣, 조동현肇東縣, 눌하현訥河縣, 탕원현湯原縣 등에서는 친녀가 유산 계승의 특권이 있다고 보고되어 있다.[6] 그러나 호절가정에서 친녀의 재산 승수가 많았던 것은 사실이지만 그것이 하나의 절대적인 관습은 아니었다. 같은 성 내에서도 각각 달라서 어떤 현에서는 호절 가정의 친녀가 유산계승을 하는 관습이 없다고 하고, 어떤 현에서는 친녀가 유산계승을 하는 관습이 있다고 보고되어 있다

혼수, 친정의 사자, 호절 가정의 경우 외에도 예외적으로 딸에게 재산의 일부를 분할하는 경우도 있었다. 그 한 예로 1793년 청대 우응복牛應福 형제간에 작성된 40번 분서를 들 수 있다. 형제간에 분할된 재산 목록 아래 별도로 '첨언(後批)'의 형식으로 '1무의 땅을 그들의 큰 누나(大姐)에게 증여하되 이곳에서 곡물 7두斗가

5 兪江, 「論分家習慣與家的整體性-對滋賀秀三『中國家族法原理』的批評」, p.43.
6 前南京國民政府司法行政部編, 『民事習慣調查報告錄』, pp.621-640.

소출됨'을 명시하고 있다. 그러나 별다른 언급을 하고 있지 않아 증여 이유에 대해서는 알 수 없다. 형제균분은 아니지만 가정의 사정과 형편에 따라 딸에게도 예외적으로 재산분할을 하는 경우가 있었다는 것을 증명해준다.

이상과 같은 방식으로 딸이 친정의 재산을 분급 받을 수 있었다고 할지라도 이것은 어디까지나 예외적이고 특수한 경우에 속한다. 일부학자들은 이러한 작분을 근거로 딸이 재산분할에 참여했다고 주장한다. 특히 송대 여성의 상속권 문제는 오랫동안 학계의 논쟁거리였다.[7] 심지어 어떤 학자는 남송시대 강남지역에서 딸이 아들의 반을 분배받는 '반분법半分法'이 제정되어 아들이 받는 '분分'의 개념과 다를 바가 없었다고 주장하기도 한다.[8] 때로는 명청시기 휘주지역에서 자녀가 동등하게 재산을 분할 받거나 데릴사위를 들여 딸들이 균분했던 예도 있었다고[9] 한다. 그러나 다른 일부의 학자들은 이것은 특수한 경우일 뿐 일반적이었다고 볼 수 없다고 주장한

7 일부학자들은 이러한 작분을 근거로 딸이 재산분할에 참여했다고 주장한다. 특히 송대 여성의 半分法과 관련된 상속권 문제는 오랫동안 학계의 논쟁거리였다. 이 논쟁은 仁井田陞과 滋賀秀三 사이에서 시작되었다. 仁井田陞은 여성의 상속과 관련하여 남송시대 여성의 지위가 역대 어느 왕조보다 높았는데, 이는 당시 동아시아 제민족(베트남, 고려, 조선 초기 등)의 고유법에서 드문 일이 아니었으며 여자 半分法은 남방지역의 이러한 관습이 반영된 결과라고 주장했다. 이에 대해 滋賀秀三는 종조계승의 관점에서 송대 여성의 분할상속은 남송의 일부지역에 한정되어 있고 특수한 것이라고 주장했다. Kathryn Bernhardt는 송대에 국가가 戶絶가정에 대해 그 권리와 이익을 확대했던 것을 고려해야 하며, 송대의 여성 상속권은 예외적이고 특수한 것이라고 규정했다. Patricia Ebrey는 여자 반분법은 송대에 증가된 여성의 혼수로 인해, 부모가 모두 사망한 고아 여성에게 충분한 혼수를 마련해주기 위한 법이라고 주장했다. 이와 관련해서는 仁井田陞, 『中國法制史研究-法と慣習・法と道德』; 滋賀秀三, 『中國家族法の原理』; Patricia Ebrey, "Women in the Kinship System of the Southern Song Upper Class", *Historical Reflections*, Vol.8 No.3, 1981; Kathryn Bernhardt, "The Inheritance Rights of Daughters: The Song Anomaly?", *Modern China*, Vol.21, No.3(Jul, 1995); 白凱(Kathryn Bernhardt), 『中國的婦女與財産: 960-1949』, 上海書店, 2007; 邢鐵, 『家産繼承史論』 등 참조.

8 육정임, 「宋代 딸의 相續權과 法令의 變化」, 『梨花史學硏究』 30(2003), pp.601-606.

9 劉道勝, 凌桂萍, 「明淸徽州分家鬮書與民間繼承關係」, p.192. 『민사습관조사보고록』에 의하면, 호북성 竹山縣, 潛江縣, 興山縣에서는 호절가정에서 딸을 嗣子로 삼아 후사를 얻었다고 하고 있다. 前南京國民政府司法行政部編, 『民事習慣調査報告錄』, pp.776-785.

다. 가산의 분할은 법제화된 민간의 습속이고 그 자체에 연속성이 있어 왕조의 교체나 통치사상의 변화로 인한 영향은 거의 없었다는 것이다. 2천년 이상 이어진 전체 분가의 역사에서 본다면 이러한 경우는 여전히 특수하고 예외적인 것이었다고 할 수 있다. 상술했듯이 '형제균분'은 당대 이후 법률로 확보된 대원칙이었다. 또한 『송형통』에서 규정한 이후 보충적으로 과처寡妻, 과부寡婦 등이 남편이나 아들에 대해 대리 상속을 할 수 있었고[10] 딸이 여러 방식으로 재산을 분급 받았다고 할지라도, '형제균분'이라는 정규적이고 일반적이며 정상범위 내에서의 재산분급에는 참여할 수 없었던 것은 분명하다.

국가법 규정에서도 형제균분과 딸에 대한 재산분할은 다르게 취급되었다. 호절가정을 예로 들면, 당의 호절조에 "나머지 재산을 딸에게 준다(餘財並與女)", 남송의 법률에 "집안의 딸들에게 모두 준다(盡給在室諸女)", 대명율에 "친녀가 그 몫을 상속한다(所生親女承分)", 대청률에 "모든 친녀가 승수한다(所有親女承受)" 등의 표현이 있지만, 어떤 경우에도 '계繼'나 '사嗣' 등의 용어를 사용하지는 않았다. 딸 혹은 의자에게 재산을 분급할 때는 '발撥'자를 선호했고, '분分'을 사용할 경우 '작분급酌分給' 등을 사용하여 공동 승계인 간에 진행되는 가산분할과 구분했다.[11] 그러므로 '균분'과 '작분'은 엄연히 의미가 달랐다.[12]

우선 그 근거로 작분에 의해 친녀가 받을 수 있는 상속의 분량은 형제균분의 규정에 따르는 것이 아니라 피계승인과의 관계에 따라 정해졌다. 만일 부모가 특별하게 총애하는 친녀였다면 참작의 분량이 많아질 수 있었다. 반대로 부모의 총애를 받지 못한 친녀 혹은 의자, 데릴사위 등의 참작 분량은 적어질 수밖에 없었다. 결국

10 아들이 없는 寡妻는 남편의 몫을 代位 계승하되, 만일 남편의 형제가 모두 사망한 경우에는 한 아들과 동일한 몫을 받았다. 아들이 있는 寡婦는 별도의 몫을 받지 못하지만 어린 아들을 대신하여 재산 관리권을 행사할 수 있었다. 金池洙, 『中國의 婚姻法과 繼承法』, 전남대학교출판부, 2003, pp.263-269.

11 滋賀秀三, 『中國家族法の原理』, p.125.

12 작분에 참여할 수 있는 신분은 친녀이외에 義男, 義女, 사위, 장자, 장손 등이 있다. 장자와 장손은 다른 형제들보다 균분 이외의 재산을 더 분급받기도 했는데 이 역시 작분에 의한 것이었다.

친녀의 작분 분량은 부모의 의사에 따르고 정해진 표준이 없었다.[13]

그러나 그렇다고 해서 친녀의 작분 분량이 무한정한 것은 아니었다. 분량면에서도 균분과 작분은 달랐다. 그 한계 범위는 형제균분하게 되는 액수보다는 적어야 했다. 대리원 판례에는 "부친이 친애하는 친녀는 부친이 사망했다면 모친의 의사에 따라 유산을 분급할 수 있는데, 단 합당한 계승인의 수에 따라 균분하는 액수보다는 적어야 한다."[14] "친녀에게 재산을 작분할 때 일정한 한계는 없지만 후계자가 이미 세워지고 친녀가 출가한 이후라면 이를 균분한다."[15] 혹은 "작분 재산의 수량은 부모가 결정한다. (그러나) 원칙상 친자 혹은 사자 등 응계인應繼人의 분량을 침해할 수 없다"거나[16] "의남義男이나 데릴사위의 경우 재산분할자 혹은 평소 재산분할 가정과의 정서적 교감의 정도와 (해당) 가정에 대한 공헌 등을 고려해야 한다"고[17] 하고 있다.

또한 균분과 작분의 결정적인 차이는 형제균분의 권리가 있는 아들들에게는 재산분할 청구권이 있었지만, 작분 대상자들에게는 법적으로 재산분할 청구권이 없었다는 것이다. 아들들은 혼인이나 자녀가 태어날 때 혹은 다른 여러 사정으로 부친에게 분가를 요구하고 이에 따른 재산 분급을 요구할 수 있었다. 균분은 동거공재에 의해 자신의 몫으로 잠재되어 있는 재산의 일부를 균등하게 나누어 받음으로써 부친 가계를 계승한다는 의미를 가지고 있었기 때문이다. 그러나 작분은 동거공재에 의한 자신의 몫이라기보다는 정서적인 유대관계를 토대로 정상 참작하여 재산의 일부를 임

13 이러한 예는 대리원 판례에서도 심심치 않게 보인다. "義男, 데릴사위의 작분 재산의 표준은 현행률에는 기재하지 않은 즉, 습관과 조리에 따르고 부모의 의사에 따라 작분의 표준을 정한다. 만일 부모 생전에 의사를 표시하지 않았다면 친속회에서 分産하고, 일치하지 않을 경우 審判衙門에서 양측의 사정과 유산 상황에 따라 확정한다." 上字 第669號(1914), 郭衛, 『大理院判決例全書』, p.285.

14 上字 第999號(1917), p.287; 上字 第761號(1918), p.288; 上字 第611號(1918), p.288 모두 郭衛, 『大理院判決例全書』에 수록.

15 上字 第3447號(1925), 郭衛, 『大理院判決例全書』, p.288.

16 上字 第999號(1917), 郭衛, 『大理院判決例全書』, p.287.

17 上字 第283號(1918), 郭衛, 『大理院判決例全書』, p.288.

의로 나누어 받는 것이었다. 여기에는 계승의 의무와 권리도 없었다.

그렇지만 친녀에 대한 작분은 법으로 보호받을 수 있었다. 이는 당시 법률로 인정하고 있는 것이었고 그 분량은 법정 범위 즉, 형제균분의 액수보다 적은 범위 내에서 이루어진다면 아들이나 손자 등의 동의를 구할 필요 없이 보장되는 것이었다.[18]

이러한 예외적이고 보충적인 상속규정을 제외하면 딸이 형제균분이라는 정규적인 재산분할에 참여하는 일은 드물었다고 할 수 있다. 실제로 1940년대 화북 농촌 관행조사에 따르면 여전히 형제균분이 행해지고 있었고, 딸이 형제균분에 참여하는 일은 거의 없었다는 것이다.

18 (20)「母對親女酌給財産之權限」 上字 第167號(1933); (18)「繼承開始在女子無繼承權前之親女酌分」 上字 第919號(1933)은 모두 『最高法院民事判例匯刊』 15期; (50)「女子繼承與繼承開始及親女酌分遺産」 上字 第1081號(1933), 『最高法院民事判例匯刊』 12期.

39 만력17년 鄭文楚 遺囑

안휘성, 1589

원문

拾伍都鄭文楚今因年逾七十六歲, 抱病在身, 朝夕難保, 且值荒年, 衣服動用典當大盡。從兄二侄各自營生, 不來照顧, 成恐不測, 衣服棉褂俱難措辦。生有一女, 再適程景何, 生已多承看管, 死後難再負累, 且喪具稱家, 憑妻隨分殯葬。但思身後遺妻吳氏孤寡無靠, 生難度活, 死無所歸, 命吳氏依女過生。然身囊篋悄然無物付托, 僅存住基屋宇一所, 并荒山地數號。其地屋本位祖產并買受, 原八分中得五分, 除先年買[賣]過叁分與倍倉股, 仍存二股, 有畫圖分單可證。其山地有各號契土可證, 今自情願寫立元契遺囑, 付女婿程景何執契管業, 悉憑變賣, 供養吳氏過生、送老支用。其地屋、山場等項, 未賣之先, 並無重複。既賣之後, 族下子侄在前未見看顧, 死後不得圖指。如違聽赍文告理, 懇念孤寡窮民, 仍念批照執證。今恐無憑, 立此遺囑買賣契付婿執照。

萬曆十七年五月二十日立遺囑人　鄭文楚(花押)
從族見姪　(鄭)長春
族人　鄭時貢(花押)、加賓(花押)、濟用(花押)
從姪　鄭孔春(印章)

번역

十五都에 사는 鄭文楚는 올해 76세로 몸이 병들어 살날이 많이 남지 않았다. 더구나 마침 흉년이 들어 집안의 의복 등은 모두 전당 잡혀 남은 것이 없다. 친족 형에게 두 조카가 있지만 각자 살고 있어 와서 돌볼 수가 없으며, 언제 죽을지 알 수 없어 상복을 갖추고 처리하는 것도 하지 못할까 두렵다. 친딸이 하나 있어 程景何에게 시집갔지만, 평소에 많은 일을 처리해 주었기 때문에 죽어서도 (딸에게) 골치 아픈 일을 더하게 할 수가 없고, 게다가 장사를 치를 기구도 준비해야하므로 처에게 형편에 따라 장사를 치르도록 했다. 그러나 죽은 이후를 생각하면 집에 남아 있을 처 오씨는 돌봐 줄 사람이 없고 생사를 헤아릴 수 없으며, 만일 (내가) 죽고 나면 아무도 돌볼 사람이 없으므로 오씨가 딸과 함께 여생을 보낼 수 있도록 한다. 그러나 수중에 실제 돈과 잡힐 만한 귀중한 물건이 없고 겨우 집 1칸과 민둥산 몇 개가 남아 있을 뿐이다. 가옥과 토지는 모두 조상 대대로 전해온 것이거나 구매한 것으로, 8分의 5分를 받았는데, 그중 이전에 倍倉형에게 팔아넘긴 3分 외에 아직 남은 2股는 지도와 목록이 있으니 참고할 수 있다. 山地는 각각의 계약문서가 있으니 증빙으로 삼을 수 있다. 이제 스스로 원하여 유촉계약을 작성하여 사위인 程景何에게 넘겨주어 관리하도록 하고, 賣買는 그의 뜻대로 하며 오씨를 봉양하고 장례를 치러주면 그것으로 족하다. 地屋과 山地 등의 항목은 중복하여 거래한 적이 없으며, 판매 이후 일족의 조카들은 鄭文楚 생전에 돌본 적이 없으므로 죽은 후에 (그) 재산에 대해서도 바라서는 안 된다. 만약 재산에 대한 분규가 발생하면 우리 집안의 빈곤함과 과부의 고독하고 의지할 곳이 없는 상황을 고려하여 批照에 따라 증거를 삼기를 바란다. 구두만으로는 증거가 없어 이 유촉을 작성하여 사위에게 남겨 재산의 빙증으로 삼는다.

만력 17년 5월 20일 유촉 작성자　鄭文楚(서명)
從族見侄　(鄭)長春(서명)
족인　鄭時貢(서명), 加賓(서명), 濟用(서명)
종질　鄭孔春(서명)

해설

유촉 분서는 통상 연로하여 병세가 위중하거나 아들이 없어 후사가 없는 상황에서 진행되는 것으로 중국 전통사회에서 가산을 계승하는 중요한 형식이다. 이 유촉 분서에서 정문초鄭文楚는 연로하고 병든 몸으로 여생이 얼마 남지 않았으며, 흉년까지 들어 생계를 위해 집안의 의물衣物 등을 모두 저당 잡힌 상태이지만 여전히 살아 있음을 걱정하고 있다. 게다가 자신은 아들이 없이 딸만 하나

낳았으며 집안의 조카마저 외지에 나가서 장사를 하고 있기 때문에 자신을 돌볼 방법이 없어 평소 사위에게 의지하여 부양을 받았던 것이다. 이러한 상황에서 자신이 사망한 후에 그의 부인인 오씨吳氏의 노후를 편안하게 하고 딸과 사위의 부담을 덜어주기 위해 자신이 선조로부터 물려받거나 구입한 방옥房屋, 산장山場 등의 재산을 유촉의 형식으로 그 사위 정경하程景何에게 넘긴 것이다.

문서 중에서 언급된 정문초鄭文楚의 재산은 산장의 '8분의 5'인데, 이것은 조상으로부터 승계한 것이며 산장 전체를 8등분했을 때 그의 몫은 5등분이라는 것이다. 이런 식으로 토지 전체를 동일한 크기로 몇 등분하여 일족의 다른 구성원들과 공동으로 점유하는 형식(共業分股)은 휘주처럼 종족제도가 발달한 지역에서 많이 보인다. 이는 휘주의 종족제도와 밀접한 상관관계가 있는 것으로 자손이 번식함에 따라 지속적으로 재산 분할이 진행된 결과이다. 이는 종족의 제사 등의 비용을 위해 공유재산으로 남겨두는 경우 서로의 재산권을 명확하게 하고 각자의 몫을 고정하는 재산권 형식이다.

이러한 재산은 보통 족인들 사이에서 자유롭게 매매나 승계도 가능하다. 따라서 정문초가 점유한 산장은 바로 이와 같은 '공동점유'의 형식으로 자신이 연로하자 자신의 아내의 편안한 노후를 보장받기 위해 유촉의 형식으로 사위 정경하에게 양도한 것이다. 대신 친족은 이에 대해 다른 말을 할 수 없도록 하기 위해 유촉을 작성하여 재산을 매매형식으로 사위에게 양도했던 것이다. (Ⅲ-2에도 해당)

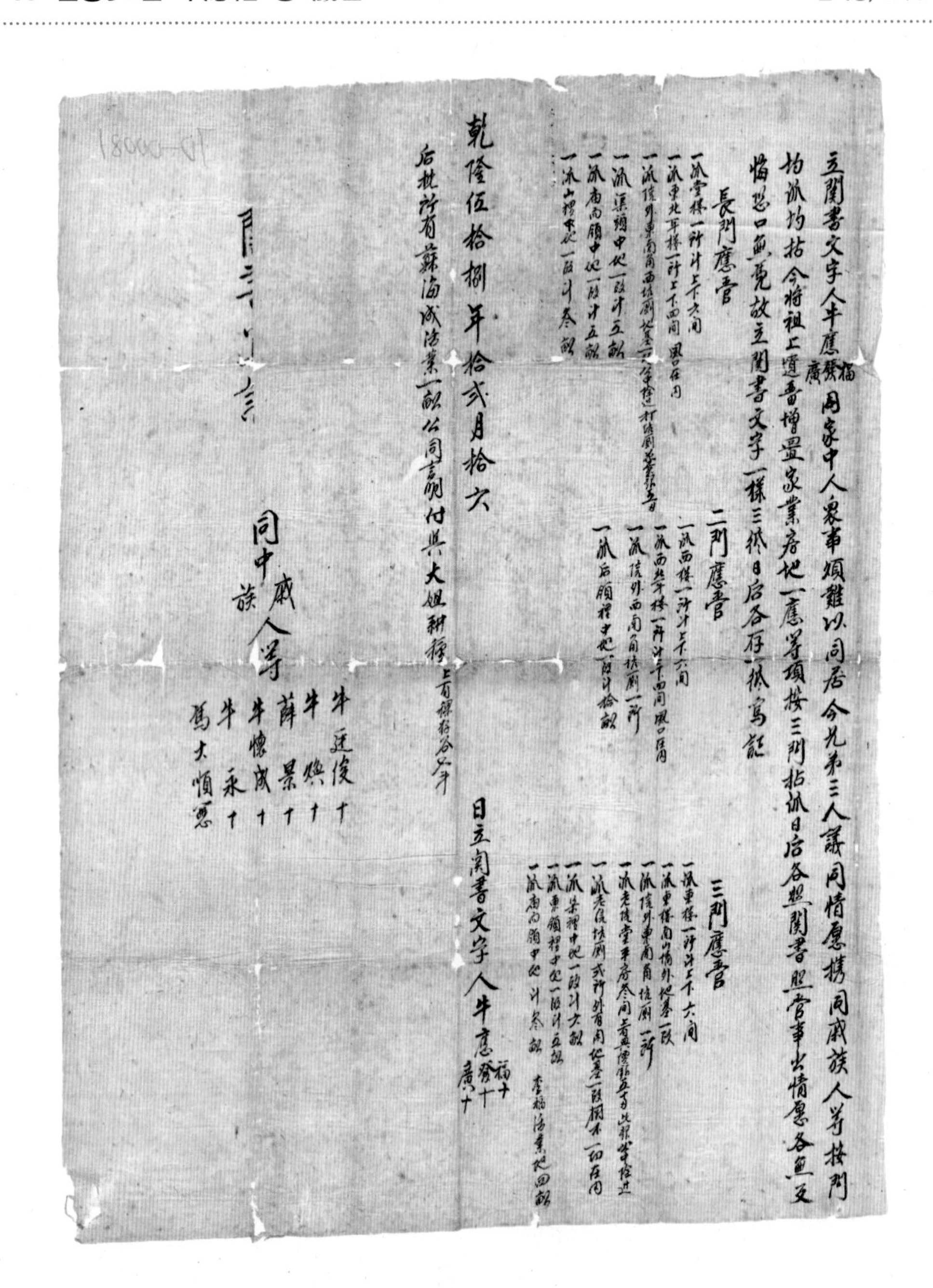

立閼書文字人牛應福 發 廣 同家中人衆事煩雜以同居今兄弟三人議同情愿携同戚族人等按門
均派均拈今將祖上遺並增置家業房地一應等項按三門拈派日后各照閼書照管事出情愿各無反
悔恐口無憑故立閼書文字一樣三紙日后各存一紙爲記

長門應晉
一派堂樓一所計上下六間
一派東北耳樓一所上下四間 風口在內
一派後外東南角西坑廁地基一[illegible]
一派渠頭中地一段計五畝
一派南河頭中地一段計五畝
一派山裡東地一段計叁畝

二門應晉
一派西樓一所計上下六間
一派西北耳樓一所計上下四間 風口在內
一派後外西南角坑廁一所
一派后頭裡中地一段計拾畝

三門應晉
一派東樓一所計上下六間
一派東樓南山墻外地基一段
一派後外東南角坑廁一所
一派老院堂平房叁間 [illegible]
一派老院坑廁弍所外有內地基一段樹木一切在內
一派菜裡中地一段計六畝
一派東頭裡中地一段計五畝
一派南河頭中地計叁畝
李福海業地四畝

乾隆伍拾捌年拾弍月拾六 日立閼書文字人牛應福十 發十 廣十

后批 所有蘇海成活業一畝公同言明付與大姐耕種 上有糧[illegible]五升

同中戚族人等
牛廷俊十
牛煥十
薛景十
牛懷成十
牛秉十
馮大順憲

원문

立鬮書文字人牛應福、(牛應)發、(牛應)廣, 因家中人衆事煩難以同居, 今兄弟三人議同情願, 携同戚族人等, 按門均派均拈, 今將祖上遺留增置家業房地一應等項, 按三門拈派, 日後各照鬮書照管, 事出情願, 各無反悔。恐口無憑, 故立鬮書文字一樣三紙, 日後各存一紙爲證。

長門應管:

一、派堂樓一所, 計上下六間;

一、派東北耳樓一所上下四間, 風口在內;

一、派院外東南角西坑廁地基一段, 公中除過打坑廁花費銀五兩;

一、派渠頭中地一段, 計五畝;

一、派廟而領中地一段, 計五畝;

一、派山裡中地一段, 計叁畝。

二門應管:

一、派西樓一所, 計上下六間;

一、派西北耳樓一所, 計上下四間, 風口在內;

一、派院外西南角坑廁一所;

一、派后領裡中地一段, 計拾畝。

三門應管:

一、派東樓一所, 計上下六間;

一、派東樓南山墻外地基一段;

一、派院外東南角坑廁一所;

一、派老院堂平房叁間, 上有典價銀五兩, 此銀公中除過;

一、派老院坑廁弍所, 外有閑地基一段, 樹木一切在內;

一、派渠裡中地一段, 計六畝;

一、派東領裡中地一段，計五畝;
一、派廟而領中地，計叁畝，李福活業地四畝。

乾隆伍拾捌年拾弍月拾六日
立鬮書文字人　牛應福(十字押)、牛應發(十字押)、牛應廣(十字押)

后批　所有蘇海成活業一畝，公同言明，付與大姐耕種，上有稞籽谷七斗。
[半書] 鬮書為證

同中族（人)、戚人等　牛廷俊(十字押)、牛煥(十字押)、薛景(十字押)、
牛懷成(十字押)、牛永(十字押)、馮大順(花押)

번역

이 鬮書文字를 작성하는 사람은 牛應福, 牛應發, 牛應廣이다. 집안에 사람이 많아 일이 번잡해져 같이 살기 어렵게 되었으니, 이제 형제 세 사람이 모두 원하여 친척과 친족의 중재 하에 가산을 균분하고 제비뽑기 하는 것에 합의했다. 지금 조상이 남긴 家業, 房地 등의 항목을 모두 세 가정에게 제비뽑기로 분배하고, 후에 각자 계약서에 따라 가산을 관리하도록 한다. 이는 모두가 원한 것이니 각기 마음을 바꿀 수 없다. 구두만으로는 증빙할 수 없어 동일한 鬮書文字 양식 세 장을 작성하여 각자 한 장씩 보관하여 후일에 증거로 삼도록 한다.

장남 가족이 상속한 재산:
일, 堂樓 1所로, 모두 上下 6間;
일, 東北의 耳樓 1所로, 上下 4間, 風口가 그 안에 있다;
일, 院外東南角坑廁地基 1所, 公中除去建坑廁花費銀 5兩;

일, 渠頭中地 1段으로, 모두 5畝;
일, 廟而領中地 1段으로, 모두 5畝;
일, 山裡中地 1段으로, 모두 3畝;

차남 가족이 상속한 재산:
일, 西樓 1所로, 모두 上下 6間;
일, 西北耳樓 1所로, 모두 上下 4間, 風口가 그 안에 있다;
일, 院外西南角坑厠 1所;
일, 後領裡中地 1段으로, 모두 10畝;

삼남 가족이 상속한 재산:
일, 東樓 1所로, 모두 上下 6間;
일, 東樓南山墻外地基 1段;
일, 院外東南角坑厠 1所;
일, 老院子里堂屋平房 3間으로, 이것을 저당 잡히고 받은 은(典價銀) 五兩이 있었고, 이 銀은 공용으로 다 사용하였다;
일, 老院坑厠 2所, 그 바깥의 閑地基 1段이 있으며, 그것은 일체의 樹木을 포함한다;
일, 渠裡中地 1段으로, 모두 6畝;
일, 東領裡中地 1段으로, 모두 5畝;
일, 廟而領中地 1段으로, 모두 3畝, 그리고 李福에게 빌려준 땅 총 4畝;

건륭 58년 12월 16일
鬮書文字을 작성한 사람 牛應福(십자서명), 牛應發(십자서명),
牛應廣(십자서명)

별첨 모든 蘇海成活業 1畝는, 함께 상의하고 결정하여 큰누나(大姐)에게 주고 경작하도록 하며, 그곳에서 곡물 7斗가 소출된다.

[반서] 鬮書를 증명함

중개한 족인, 인척 牛挺俊(십자서명), 牛煥(십자서명), 薛景(십자서명),
牛懷成(십자서명), 牛永(십자서명), 馮大順(서명)

해설

이 분가문서의 명칭은 관서鬮書로 우응복牛應福, 우응광牛應廣, 우응발牛應發 삼형제가 가산을 균등하게 분배하고 있다. 그 안에서 언급되는 가산의 유형으로는 당루堂樓, 이루耳樓, 평방平房, 갱측坑廁, 토지 등이 있다. 일반적으로 분가 시에는 아들만 언급하며 딸은 분할의 몫이 없는 존재이다. 물론 이 딸이 결혼을 할 때 이미 혼수비용으로 재산의 일부를 받았을 것이다. 이 문서만 가지고는 큰 누나의 결혼 상태를 알 수 없으나, 문서 말미에 '첨언'의 형식으로 소해성蘇海成이 소작하는 1무의 땅을 그들의 큰 누나에게 증여하고 있다. 아마 혼수비용과는 상관없이 별도의 재산을 증여하고 있는 것으로 보이는데 일반적인 경우라고 할 수는 없다.

분서는 형제들이 각각 1부씩 보관하기 때문에 문서 끝에 분절 문구가 있어 장래에 비교 혹은 대조하여 후회 및 위조를 방지하는 데 사용한다. 분절 문구의 내용은 정해진 것이 없고 "분서를 2장 작성하여 각자 1장씩 가진다(立分書兩章, 各執一紙)", "동일한 기운을 받은 연결된 가지이다(同氣連枝)", "그 상서로움을 오랫동안 떨친다(長發其祥)"등 매우 다채롭고 풍부하다. 이 분서에는 "관서로 증거를 삼는다(鬮書為證)"가 바로 그것이다. 중개인 중에 우정준牛廷俊, 우환牛煥, 우회성牛懷成, 우영牛永은 친족이고 설경薛景, 풍대순馮大順은 성이 다른 것으로 보아 인척인 것으로 보이며, 풍대순은 이 문서의 대필인이기도 하다. (Ⅱ-1에도 해당)

41 도광16년 王씨 가문 馮씨와 아들 分書執照

산서성, 1836

立分書執照人王門馮氏同子長兆齡情因人衆口繁難以同爨今將先夫所遺房屋地土資
本借貸請本族衆位半派兩股均分指闇天取自分之後各守各業毫無爭論所有養老
之資兄弟二人每人期年供銀肆拾兩整以三月一華為齊又將公項銀撥與蔚姑娘銀
伍拾兩此係各出情愿恐口無憑立分書為証所有房屋地土資本開列於後

王兆齡分到上院西房三間収長齡貼房銀壹伯壹拾伍兩圪垛南邊地六畝茶房西地拾
六畝李要塚地五畝官色地拾畝典夾板堰地四畝典二道堰地六畝典八里墳地七畝懷
來三幌公本懷錢叁千弍伯六拾千借貸錢柒伯叁拾千零伍百文借貸銀弍伯零七兩伍錢

王長齡分到上窑東邊一間半厦窑一間二院北邊西房一間半貼與胞兄兆齡紋銀壹伯壹拾
伍兩圪垛北邊地六畝西長畛地弍拾六畝官色地九畝李家十字地七畝城河地四畝
南寺前地六畝祥發長本懷錢叁千壹伯叁拾千文借貸銀弍伯零七兩伍錢借貸錢柒
伯叁拾千零伍伯文

所有義和號銀俸弍釐半兆齡係夥

外有西偏院房屋塲面一所與二門九齡等係夥

在中人王 灝十九 錄十 菱九 有齡十 湧十 望

道光拾陸年十二月初七日

立分書執照人王門馮氏仝子 長兆齡十 十

원문

立分書執照人王門馮氏同子兆(齡)、長齡情因人衆口繁，難以同爨，今將先夫所遺房屋、地土資本、借貸，請本族衆位半泒兩股均分，拈鬮天取。自分之後，各守各業，毫無爭論。所有養老之資，兄弟二人每人期年供銀肆拾兩整，以三月一準為齊，又將公項銀撥與蔚姑娘銀伍拾兩。此係各出情願，恐口無憑，立分書為証。所有房屋、地土、資本開列於後:

王兆齡分到上院西房三間、收長齡貼房銀壹伯壹拾伍兩、圪垛南邊地六畝、茶房西地拾六畝、李要棠地五畝、官色地拾畝、典夾板堰地四畝、典二道河地六畝、典八里墳地七畝、懷來三憶公本懷錢叁千弍伯六拾千、借貸錢柒伯叁拾千零伍百文、借貸銀弍伯零七兩伍錢;

王長齡分到上窑東邊一間半、廈窑一間、二院北邊西房一間半、貼與胞兄兆齡紋銀壹伯壹拾伍兩、圪垛北邊地六畝，西長畛地弍拾六畝、官色地九畝、李家十字地七畝、城河地四畝，南寺前地六畝、祥發長本懷錢叁千壹伯叁拾千文、借貸銀弍伯零七兩伍錢、借貸錢柒伯叁拾千零伍伯文。

所有義和號銀俸弍釐半兆長齡係夥。

外有西偏院房屋場面一所與二門九齡等係夥。

在中人　王灝(十字押)、王錄(十字押)、王湧(十字押)、王九齡(十字押)、
王夢齡(十字押)、王有齡(十字押)、王望齡(十字押)

[半書] 一様弍張，各執一帋

道光拾陸年十二月初七日 立分書執照人王門馮氏仝子兆(齡)(十字押)、
長齡(十字押)

번역

分書執照를 작성하는 王氏 집안의 馮氏와 그의 아들 王兆齡, 王長齡은, 집안에 사람이 많아 함께 살기 어렵게 되어 오늘 先夫가 남긴 房屋, 地土, 資本과 借貸 등의 항목에 대해 本族의 여러 친족에게 요청하여 양분하고 제비뽑기하여 각자의 몫을 확정한다. 분가 후에 두 사람은 각기 자신의 산업을 지키며 어떤 쟁론이 있어서도 안 된다. 양로에 필요한 모든 자금은 형제가 1년에 각각 40량씩 제공하는데 매년 3월에 한 번씩 확인한다. 또한 가족의 공동 자금(公項銀) 50량을 蔚姑娘에게 지급한다. 이상은 모두 두 사람이 원한 것이며, 구두로는 증거가 없어 분서를 작성하여 증거로 삼는다. (두 사람) 소유의 房屋, 地土, 資本을 열거하면 다음과 같다.
王兆齡은 上院西房 3間, 王長齡으로부터 房銀의 명목으로 받은 은 115兩, 圪垛地南邊 6畝, 茶房西地 16畝, 李要棠地 5畝, 典夾板堰地 4畝, 典二道河地 6畝, 典八裏墳地 7畝, 懷來三億公本懷錢 3,260,000, 借貸錢 730,500文, 借貸銀 207兩 5錢, 官色地 10畝를 받는다.
王長齡은 上窯東邊 1間半, 廈窯 1間, 二院北邊西房 1間半을 받고, 兄 王兆齡에게 紋銀 115兩을 지급한다. 이밖에 圪垛北邊地 6畝, 西長畛地 26畝, 官色地 9畝, 李家十字地 7畝, 城河地 4畝, 南寺前地 6畝, 祥發長本懷錢 3,130,000文, 借貸銀 207兩 5錢, 借貸錢 730,500文을 받는다.
義和號 銀俸 2厘 반은 王兆齡, 王長齡이 함께 소유한다.
바깥의 西偏院房屋場面 1所는 둘째 삼촌 집안의 王九齡 등과 함께 소유한다.

중개인 王錄(십자서명), 王灝(십자서명), 王湧(십자서명), 王九齡(십자서명),
王夢齡(십자서명), 王有齡(십자서명), 王望齡(십자서명)
[반서] 같은 양식이 2장이며 각기 1장씩 갖도록 함.

도광 16년 12월 7일 분서 작성인 왕씨 집안의 馮氏와 아들 王兆齡(십자서명),
王長齡(십자서명)

해설

이 분서의 내용에 의하면, 분가하기 전 왕씨王氏 집안 풍씨馮氏의 남편은 이미 세상을 떠난 상태이다. 분가를 진행하기 전에 미리 공항은公項銀 중에서 50량兩의 은을 울고낭蔚姑娘에게 떼어 주었는데, 이 울고낭은 아마도 풍씨의 딸인 듯하며 이 50량의 은은 그녀의 혼수비용인 것으로 보인다. 만일 분가할 때 아직 시집가지 않은 딸이 있다면 재산의 일부분을 혼수 비용으로 떼어두고 분가를 진행하는 것이 일반적이었다. 또한 모친에 대한 양로비용도 제외시키는 것이 일반적인데, 이 문서 중 형제 두 사람이 매년 모친에게 제공하는 은 40량이 바로 이러한 용도이다.

두 아들이 분할 받은 재산은 방옥房屋, 토지地土, 상호자산商號資產, 대차(借貸款項) 등을 포함한다. 그 중 왕조령王兆齡이 받은 방옥은 '上院西房 3間'이며, 왕장령王長齡이 받은 방옥은 '上窯東邊 上窯東邊 1間半, 廈窯 1間, 二院北邊西房 1間半'이다. 왕장령이 받은 것이 왕조령이 받은 방옥보다 많은 것으로 보이며 이 때문에 왕장령이 왕조령에게 문은紋銀 115량兩을 보상했던 것으로 보인다.

각자 받은 재산 외에, 왕조령, 왕장령 형제는 공동으로 의화호義和號의 은봉銀俸 2리厘 반을 소유했는데, 상호商號 지분에 대해 분할을 진행한 사례이다. 뿐만 아니라 왕조령 형제 두 사람은 둘째 삼촌 집안의 왕구령王九齡 등과 공동으로 西偏院房屋場面 1소所를 소유했는데, 여기서 둘째 삼촌 집안의 왕구령 등은 그들 부친 형제의 아들로서 그들은 사촌 형제지간이다. 이는 그들 부친 세대에서 분할되지 않고 남아 있던 공동 재산이 이번에 분가할 때에도 여전히 분할되지 않았다는 것을 말해준다. 이 두 가지 점에서 상호나 지분에 대해서 분할을 진행하지 않고 일정한 가산을 남겨두어 공산公產으로 삼았던 예를 확인할 수 있다. (Ⅱ-1/Ⅲ-2에도 해당)

42 민국7년 汪孝臣의 開字號 鬮書

안휘성, 1918

제1장

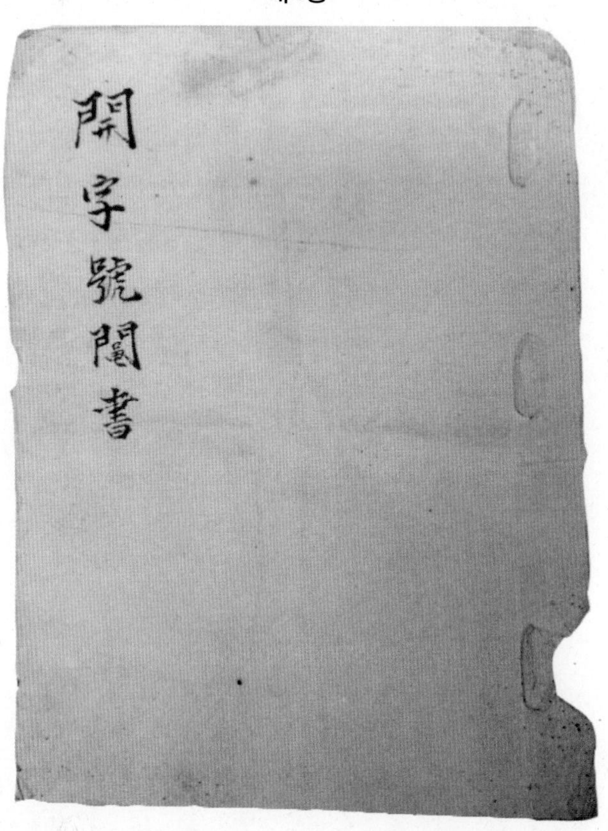

天開文運

為號

立析產鬮書仝孝臣自維生際不辰幼而孤露書嗣伯父聚元公為後以奉大宗伯父設肆經商屢遭折閱無何棄養店業中歇維遺下店屋壹座薄田數畝而積欠銀幣亦有伍百餘圓自念守此微貲負茲鉅債苟不急謀建樹將來何以立業何以成家為此當竭受僱於和記雜貨號劬勞作苦拾有餘年節食縮衣以營生業遂獲薄有儲蓄消以次償清債款更張舊肆重振家聲歷歲以還計母債子幸無傾利添置田產叁拾餘畝又添購樓屋壹座新造樓屋壹座此外或為當祖或屬當業以非實產姑不備書誕有四子長子觀發貿易遠方壯年夭逝四子觀雲年事尚幼在校讀書次子發貴三子發祥二人均已長成就室力強年富大可有為而余以積勞之身雖年五旬然精神日非難以支持家務故作分析之計用為息肩之謀永裕號店屋壹座及店內一切用具與夫當祖當業等均為余夫妻生俟之需俟百歲後再行分配又撥大小買田叁畝歸余執掌以供祖先禦祀之用亦俟百歲後由兒輩輪管徵祖其餘田產屋產析為四份長抱壹份歸其自執將來孫枝並茂再為擇嗣承祧季子壹份歸余代執將來年壯成婚再行交還自理次子三子各執其壹此後或服田力穡或作賈經商或聽由余不過問惟願分炊以後各安其業各盡其心克儉克勤以圖自立兄弟敦友于之化妯娌循婉惠之儀則一室雍雍和氣即為家瑞矣今將各人闡得之房屋田產開列於左

計開長房

제3장

小買田壹畝貳分　主名　上東䟐
小買田壹畝貳分　主名　仝
大小買田六分　主名　仝
大小買田肆分　主名　仝
大小買田壹畝貳分　主名　傘亭
小買田八分　主名　石路下
大小買田九分　主名　上店前
大小買田壹畝貳分　主名　五门祠边
小買田叁分　主名　䓫頭田
地壹塊　主名　大菜園
又地壹塊　主名　後頭墻
老屋東边統堂壹半　大後门廳堂公同出入
老屋後面墻横通全祥㛐竹園止長二房同用
再契據於百歲後付給
新屋西边墻垣内壹角餘地貼長弍房公用
又墻垣内之路前通街後通塘公同出入

二房
小買田壹畝の分　主名　下東䟐　大買修德堂
大小買田壹畝の分　主名　仝
大小買田九分　主名　仝
大小買田九分　主名　五门祠前
小買田六分　主名　五门祠边
小買田叁畝貳分　主名　厝基前　大小買壹畝八分
地六分　主名　狗屎坦
老屋西边統堂壹半　大後门廳堂公同出入
老屋後面墻横通全祥㛐竹園止長二房同用
再契據於百歲後付給
新屋西边墻垣内壹角餘地貼長弍房公用
又墻垣内之路前通街後通塘公同出入

三房

大小買肆畝（四） 大小三坵 土名 炅康寺
小買田壹畝弍分 土名 八畝坵
小買田九分 土名 仝
小買田壹畝の分 土名 上店前
小買田の分 土名 衙门前
地柒分 土名 炅康寺
新屋西边統堂壹半 大後门廳堂公同出入
屋後灶间牛欄の三房同用并墻垣
再契據於百歲後付給
老屋東边當業柴房屋趾の三房公用
又墻垣之内路前通街後通塘公同出入

肆房

大小買田肆畝 土名 中塢前
小買田壹畝弍分 土名 上店前
小買田壹畝八分 土名 上塢村前
小買田柒分 土名 窯頭塘
小買田弍分 土名 柒畝坵
地弍塊 土名 窯頭塘
新屋東边統堂壹半 大後门廳堂公同出入
後边灶间牛欄の三房同用并墻垣
再契據於百歲後付給
老屋東边當業柴房屋趾の三房公用
又墻垣内之路前通街後通塘公同出入

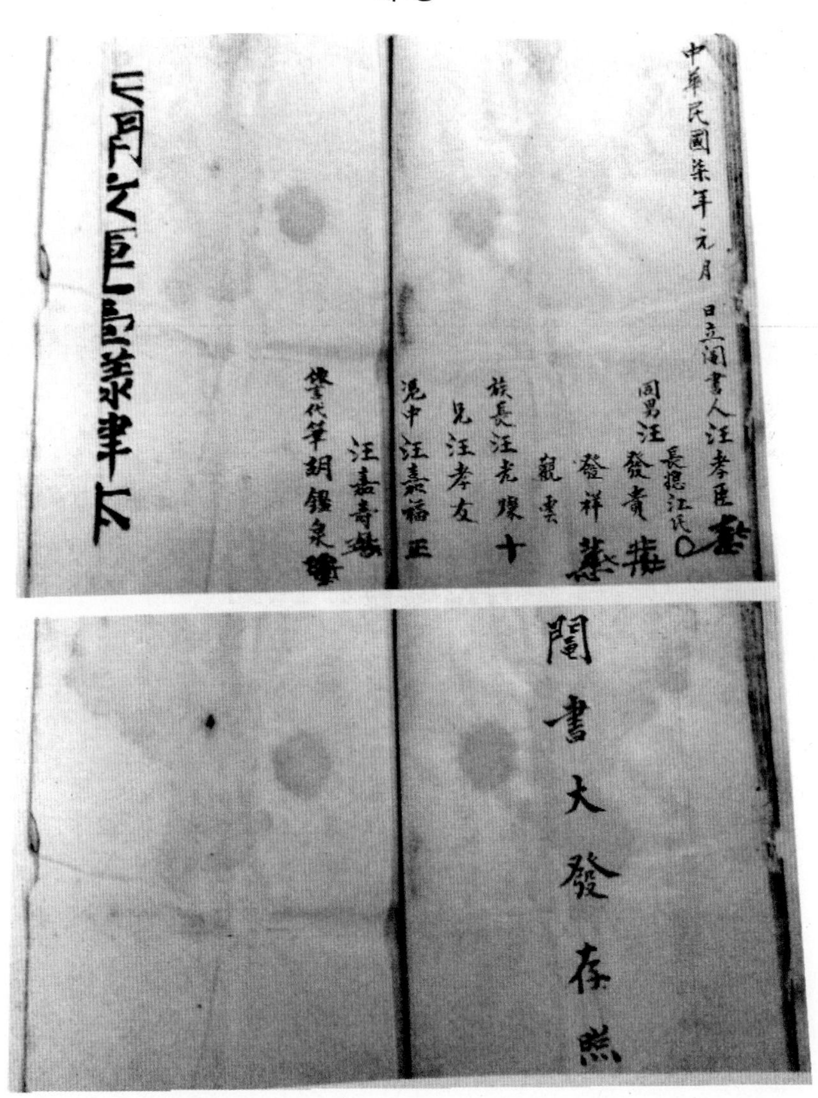
中華民國柒年元月　日立閹書人汪孝臣
長媳汪氏
同男汪發貴
發祥
龍雲
族長汪光𤫊 十
見汪孝友
凭中汪嘉福 正
汪嘉壽
依書代筆胡鎰泉

閹書大發存照

원문

1

開字號鬮書

2

天開文運

爲號

立析產鬮書人汪孝臣, 自維生際不辰, 幼而孤露, 書嗣伯父聚元公爲後, 以奉大宗伯父, 設肆經商, 屢遭折閱, 無何棄養, 店業中歇。雖遺下店屋壹廛, 薄田數畝, 而積欠銀幣亦有伍百餘圓。自念守此微資, 負玆鉅債, 苟不急謀建樹, 將來何以立業何以成家, 乃赴富堨受傭於和記雜貨號, 勤勞作苦, 拾有餘年。節食縮衣以營生業, 遂獲薄有儲蓄, 得以次償清債款, 更張舊肆, 重振家聲。歷歲以還, 計母責子, 幸告順利, 添置田產叁拾餘畝, 又添購樓屋壹座新造樓屋壹座。此外或爲當租, 或屬當業, 以非實產, 姑不備書。誕有四子, 長子觀發, 貿易遠方、壯年夭逝。四子觀雲, 年事尚幼, 在校讀書; 次子發貴, 三子發祥, 二人均已長成就室, 力強年富, 大可有爲。而余以積勞之身, 雖年五旬, 然精神日非, 難以支撐家務, 故作分析之計, 用爲息肩之謀。永裕號店屋壹廛, 及店內一切用具與夫當租、當業等均爲余夫妻生俟之需, 俟百歲後再行分配。又撥大小買田叁畝, 歸余執掌, 以供祖先標祀之用, 亦俟百歲後, 由兒輩輪管徵租。其餘田產屋廬析爲四份, 長媳壹份, 歸其自執, 將來孫枝並茂, 再爲擇嗣永祧。季子壹份歸余代執, 將來年壯成婚, 再行交還自理。次子、三子各執其壹, 此後或服田力穡, 或作買經商, 或聽自由, 余不過問。惟願分炊以後各安其業, 各盡其心, 克儉克勤以圖自立, 兄弟敦友於之化妯娌循婉惠之儀, 則一室雍雍和氣即爲家瑞矣。今將各人鬮得之房屋田產開列於左:

計開長房

3

小買田壹畝弍分　　　　土名上東段;

小買田壹畝弍分　　　　土名仝;
大小買田六分　　　　　土名仝;
大小買田肆分　　　　　土名仝;
大小買田壹畝弍分　　　土名傘亭;
小買田八分　　　　　　土名石路下;
大小買田九分　　　　　土名上店前;
大小買田壹畝弍分　　　土名五門祠邊;
小買田叁分　　　　　　土名 苧芋頭田　　與金大娘合業;
地壹塊　　　　　　　　土名大菜園;
地壹塊　　　　　　　　土名後頭培;
老屋東邊統堂壹半 大門後門廳堂公同出入;
老屋後面墻横通金祥嫂竹園止長二房同用;
再契據於百歲後付給;
新屋西邊墻垣內尖角餘地貼長房弍房公用; 又墻垣內之路前通街後通塘公同出入;
二房
小買田壹畝四分　　　　土名下東叚大買修德堂;
大小買田壹畝四分　　　土名仝;
大小買田九分　　　　　土名仝;
大小買田九分　　　　　土名五門祠前;
小買田六分　　　　　　土名五門祠邊大買崇本司;
小買田叁畝弍垢　　　　土名厝基前　大小買壹畝八分; 大買崇本司;
地六分　　　　　　　　土名狗屎坦;
老屋西邊統堂壹半　大門後門廳堂公同出入;
老屋後面墻横通金祥嫂竹園止長房、二房同用;
再契據於百歲後付給;
新屋西邊坦內尖角餘地貼長房、弍房公用;
又墻坦內之路前通街後通塘公同出入。

4

三房

大小買田肆畝大小三坵，　土名靈康寺;

小買田壹畝弍分　　　　　土名八畝坵;

小買田九分　　　　　　　土名仝;

小買田壹畝四分　　　　　土名上店前;

小買田四分　　　　　　　土名衙門前;

地柒分　　　　　　　　　土名靈康寺;

新屋西邊統堂壹半大門、後門廳堂公同出入;

屋後灶間牛欄三房、四房同用並墻垣;

再契據於百歲後付給;

老屋東邊當業柴房屋貼三房、四房公用;

又墻垣之內路前通街後通塘公同出入。

肆房

大小買田肆畝　　　　　　土名中塢前;

小買田壹畝弍分　　　　　土名上店前;

小買田壹畝八分　　　　　土名上塢村前;

小買田柒分　　　　　　　土名窯頭堂;

小買田弍分　　　　　　　土名柒畝坵;

地弍塊　　　　　　　　　土名窯頭塘;

新屋東邊統堂壹半大門、後門廳堂公同出入;

後邊灶間牛欄三房、四房同用並墻垣;

再契據於百歲後付給;

老屋東邊當業柴房屋貼三房、四房公用;

又墻垣內之路前通街後通塘公同出入。

5

中華民國柒年元月　日立鬮書人　汪孝臣(押)

同男 汪長媳江氏(押)、(汪)發貴(押)、(汪)發祥(押)、(汪)觀雲(押)
族長 汪光燦(押)、兄 汪孝友(押)
憑中 汪嘉福(押)、汪嘉壽(押)

依言代筆 胡鑑泉(押)

鬮書大發存照

번역

1

開字號 鬮書

2

天·開·文·運을 號로 삼는다.

鬮書를 작성하는 汪孝臣은 命運이 좋지 않음을 스스로 느낀다. 어린 시절 부친을 여의고 伯父인 聚元公에게 입양되어 아들이 되었으며 大伯父를 奉養하였다. 商鋪를 개설하여 장사를 하였지만 여러 차례 경영에 실패하여 점포가 문을 닫았다. 비록 店屋 1間과 척박한 땅 몇 畝가 있지만 다른 집안에 진 빚도 500元이 넘었다. 이에 스스로 "이 정도의 토지에 이렇게 큰 빚을 지었으니 만약 급하게 실적 수립을 도모하지 않으면 장래에 어떻게 家業을 유지할 수 있으며 家人을 부양할 수 있겠는가"라고 생각하였다. 따라서 富堨에 가서 和記雜貨號를 넘기고 점원 노릇을 하며 고생스럽게 일했고 십 수 년 동안 먹는 것 입는 것을 아끼는 생활을 한 끝에 결국 재산을 모아 부채를 말끔히 상환하였다. 여기에 더욱 舊業에 종사하고 사업을 일으켜서 家業을 진흥시켰다. (바깥에) 오래 있다 (집에) 돌아와서 어머님의 가르침을 들으매, (사업이) 순조로워 田産 30여 畝와 樓屋 1채를 추가로 구매하였음을 고하였다. 그 외에 맡은 일이나 세 준 것은 모두 實産이 아니기 때문에 많이 기록하지 않는다. 4명의 아들을 낳았는데, 큰 아들 觀發은 먼 지역에서 장사를 하다가 젊은 나이에 일찍 세상을 떠났다. 넷째 아들 關雲은 나이가 아직 어려서 학교에서 공부 중이다. 둘째 아들 發貴, 셋째 아들 發祥 두 사람은 모두 가정을 이루고 사업을 세워 나이가 충분히 들었고 능력도 있어 전도가 매우 유망하다. 반면 나는 오랫동안 쌓인 피로로 몸이 약하여 겨우 50여 세이지만 精力이 변변치 못하여 家業을 주관하기 어렵다. 그래서 분가를 하여 나 스스로 이렇게 고생하지 않도록 하려 한다. 永裕號 店鋪 1채가 있고 점포 안에 있는 모든 물건과 세준 것, 맡은 사업은 모두 우리 부부 두 사람의 것으로 우리가 죽은 다음에 다시 분배한다. 또한 크고 작은 田 3畝를 뽑아서 우리가 가지고 있다가 선조의 祭祀 등의 용도에 사용하고 내가 죽은 이후에 아들들이 돌아가면서 租를 징수한다. 그 나머지 田產과 房產은 4개의 몫으로 나누어 큰 며느리가 한 몫을 (가져) 그녀 자신이 관리하도록 하고 장차 손자가 성인이 되면 다시금 그 아들이 가정을 이루고 產業을 세우는 용도로 삼도록 한다. 막내아들의 몫은 나에게 귀속시켜 내가 대신 관리하다가 장래에 성인이 되면 전부 그에게 준다. 둘째와 셋째 아들은 각자 한 몫씩을 가지니 이후 반드시 잘 경영해야 하며 모두 그들 자신의 처리에 맡기며 나는 참견하지 않는다. 내가 바라는 것은 분가 후에 각자 가업을 잘 키우고 성실하게 부를 축적하며 형제 간에 화목하고 동서 간에 우애가 있어 온 집안이 화목하고 아름다워지는 것이다. 오늘 이들 제비를 추첨한 다음의 房產과 田地는 왼쪽(아래 : 역자)에 모두 열거하여 두었다.

계산하여 열거하면 長房(의 몫은)

3

小買田 1畝2分 땅 이름 上東段;
小買田 1畝2分 땅 이름은 동일;
大·小買田 6分 땅 이름은 동일;
大·小買田 4分 땅 이름은 동일;
大·小買田 1畝2分 땅 이름 傘亭;
小買田 8分 땅 이름 石路下;
大·小買田 9分 땅 이름 上店前;

大 · 小買田 1畝2分 땅 이름 五門祠邊;
小買田 3分 땅 이름 苧芋頭田 金大娘과 공동 소유한다.
地 1뙈기 땅 이름 大菜園;
地 1뙈기 땅 이름 後頭培;
老屋 동쪽 편 統堂 절반, 대 · 후문과 廳堂은 공동으로 출입한다.
老屋 뒤쪽 담장을 가로로 통과하는 金祥嫂竹園은 長房과 二房만 함께 사용한다.
또한 契據는 (부친이) 돌아가신 후에 지급한다.
新屋 서쪽 편 담장 안쪽의 길은 앞으로는 街와 통하고 뒤로는 塘과 통하니 공동으로 출입한다.

二房(의 몫은)
小買田 1畝4分 땅 이름 下東段 修德堂에 大買하였다.
大 · 小買田 1畝4分 땅 이름은 동일;
大 · 小買田 9分 땅 이름은 동일;
大 · 小買田 9分 땅 이름 五門祠前;
小買田 6分 땅 이름 五門祠邊大買崇本司;
小買田 3畝2坵 땅 이름 厝基前, 1畝8分을 大 · 小買하였다. 崇本司에 大買하였다.
地 6分 땅 이름 狗屎坦;
老屋 서쪽 편 統堂 절반, 대 · 후문과 廳堂은 공동으로 출입한다.
老屋 뒤쪽 담장을 가로로 통과하는 金祥嫂竹園은 長房과 二房만 함께 사용한다.
또한 契據는 (부친이) 돌아가신 후에 지급한다.
新屋 서쪽 편 담장 안쪽의 뾰족하게 각진 모양의 餘地는 長房과 二房에 주어 공동으로 사용한다. 또한 담장 안쪽의 길은 앞으로는 街와 통하고 뒤로는 塘과 통하니 공동으로 출입한다.

4
三房(의 몫은)

大・小買田 4畝 大・小 3坵, 땅 이름 靈康寺;
小買田 1畝2分 땅 이름 八畝坵;
小買田 9分 땅 이름은 동일;
小買田 1畝4分 땅 이름 上店前;
小買田 4分 땅 이름 衙門前;
地 7分 땅 이름 靈康寺;
新屋 서쪽 편 統堂 절반, 대・후문과 廳堂은 공동으로 출입한다.
집 뒤쪽의 灶間牛欄은 三房과 四房이 공동으로 사용하며 담장을 공유한다.
또한 契據는 (부친이) 돌아가신 후에 지급한다.
老屋 동쪽의 當業柴房屋은 삼방과 사방에게 주어 공동으로 사용한다.
또한 담장 안쪽의 길은 앞으로는 街와 뒤로는 塘과 통하니 공동으로 출입한다.

四房(의 몫은)
大・小買田 4畝 땅 이름 中塢前;
小買田 1畝2分 땅 이름 上店前;
小買田 1畝8分 땅 이름 上塢村前;
小買田 7分 땅 이름 窯頭堂;
小買田 2分 땅 이름 七畝坵;
地 2뙈기 땅 이름 窯頭堂;
新屋 동쪽 편 統堂 절반, 대・후문과 廳堂은 공동으로 출입한다.
뒤쪽 灶間牛欄은 三房과 四房이 공동으로 사용하고 담장을 공유한다.
또한 契據는 (부친이) 돌아가신 후에 지급한다.
老屋 동쪽의 當業柴房屋은 삼방과 사방에게 주어 공동으로 사용한다.
또한 담장 안쪽의 길은 앞으로는 街와 뒤로는 塘과 통하니 공동으로 출입한다.

5
중화민국 7년 元월 일 鬮書 작성자 汪孝臣(서명)

큰 며느리 江氏(서명) 아들 (汪)發貴(서명), (汪)發祥, (汪)觀雲(서명)과 함께
족장 汪光燦(서명), 형 汪孝友(서명)
憑中 汪嘉福(서명), 汪嘉壽(서명)
구술에 의거한 대필자 胡鑑泉(서명)
구서를 작성하여 증빙으로 삼음

해설

鬮書의 형식은 우선 구서를 작성하는 가족의 남자 수 즉 분가의 대상을 설명하고, 별도로 해당 가문의 선조가 창업 시에 겪었던 어려움을 회상하며, 자손들이 가업을 계승한 후에 재부를 계속해서 축적해 나갈 수 있기를 희망한다고 하고, 해당 가문 내의 계승과 관련된 혈친 관계와 양자 관계를 깔끔하게 정리하여 계승권의 대상을 명확하게 한다.

또한 가족 내에 미성년 남성이 있다면 분가할 때 그들의 재산을 우선 이미 가정을 이룬 장형長兄 중 한 사람이 맡아두었다가 성년이 되어 가정을 이루면 자유롭게 자신의 재산을 운용하게 한다. 장형은 그 재산에 대한 대리 관리권을 가지고 있을 뿐 운용을 할 수는 없다. 이 구서에서는 막내아들은 아직 미성년이므로 일단 왕효신汪孝臣 자신이 관리하다가 성인이 되면 그에게 준다는 것이다.

만일 아들 중 이미 혼인하여 가정을 이루었지만 분가를 하기 전에 사망한 경우, 아들이 있다면 손자가 아버지 대신 분가에 참여하여 그 몫을 받을 수 있다. 그러나 손자가 미성년자라면 며느리가 아들의 몫을 받아 관리하다가 아들이 성인이 되면 스스로 처리하게 한다. 며느리가 개가를 하지 않고 집안에 남아 있는 경우 며느리에게 아들의 재산관리권이 있었기 때문이다. 해당 분서도 이런 경우에 속한다. 둘째와 셋째 아들은 이미 성인이고 가정도 이루었기 때문에 각자 한 몫씩을 가지고 그들 자신의 처리에 맡긴다고 하고 있다. (Ⅱ-1/Ⅲ-1/Ⅲ-2에도 해당)

Ⅳ-2 민법 제정 후의 여자 상속

분석과 개괄

중국의 전통 법률은 당률이 제정된 이후 시대에 따라 변화가 있기는 했지만 그 기본 형식이나 법리에서 큰 변동은 없었다. 그러나 청말 서구의 법률 개념과 이론이 들어온 후 중국의 전통 법률에 변화가 발생하기 시작했다. 이는 청 정부에 의한 국가 법률개념과 이론에 대한 개혁의 시도로 나타났다. 그 결과 『대청현행률大清現行律』(1910), 『대청민률초안大淸民律草案』(1911), 『민국민률초안民國民律草案』(1925-1926)이 차례로 작성되었다.

『대청민률초안』 계승편繼承編은 기존의 전통법 조항을 근대법 형식으로 바꾸었을 뿐, 실제로 여전히 종조계승을 기조로 한 남계 중심의 상속을 인정했다는 점에서 전통법적인 요소가 강했다. 그럼에도 불구하고 상속은 철저히 피계승인의 사망으로 발생한다는 서구적 상속 개념을 중국법률에 처음으로 명문화했다는 점에서 큰 의미가 있다. 『민국민률초안』 계승편은 『대청민률초안』에 비하면 확실히 근대적인 면모를 보였다. 중국 전통사회에서 재산은 가족의 공동 소유이고 개인의 사유재산 개념이 없었던 데 비해, 『민국민률초안』에서는 가족 구성원은 자기 명의로 얻은 특유재산에 대해 그 완전한 권리를 인정받는 등 모든 재산을 가족의 것으로 규정했던 전통법에 대한 근본적인 변화가 발생했다. 그러나 전통법에서조차 소략했던 종조계승宗祧繼承과 사자에 대한 규정을 별도의 장을 마련하여 상세하게 명문화하는 등 전통의 영향이 강했다.

이렇듯 『대청민률초안』과 『민국민률초안』은 근대법의 영향을 받고 있기는 하지만 뿌리 깊은 중국 전통 가족제도를 법률로 명문화함으로써 일면 모순과 충돌 양상을 보였다. 그럼에도 불구하고 이 두 초안에서, 마지막 순서이기는 하지만 친녀의 법정 상속을 인정했다는 것은 큰 변화가 아닐 수 없었다. 그러나 이 초안들은 정권의 교체 등으로 인해 실현이 되지 못했기 때문에 민국시기 전반기의 현행법으로 인정되었던 것은 여전히 『대청현행율』이었다. 『대청현행율』은 시대에 맞지 않고 그대로 적용하기에는 문제점이 있어 실제 판결에서는 이제까지의 판례, 해석례를 대량 인용하여 민사소송이 처리되었다.[19]

중국에서 남녀평등의 여성상속권이 법적으로 처음 인정되었던 것은 1926년 국민당 제2차 전국대표대회에서 채택된 부녀운동결의안에서였다. 이 결의안에 의거하여 1926년 10월 국민정부 사법행정위원회가 국민정부에 예속된 지역에 통령을 내려 이를 시행하도록 조치했다. 통령이 도착한 날부터 시행하되, 당시는 북벌시기였기 때문에 통령이 도착한 날 아직 국민정부에 예속되지 않은 성은 예속된 날부터 시행한다는 것이었다. 부녀운동결의안이 공포되자 자신의 재산상속권을 찾기 위한 딸들의 소송이 잇따랐고 그 결과는 딸들의 승소로 이어졌다. 그러나 이는 미혼 딸의 경우였고 기혼 딸에 대해서는 여전히 재산상속이 인정되지 않았다. 이 때문에 국민정부는 1929년 5월에 기혼여성에 대한 상속권 소급 시행령까지 내리기에 이르렀다. 1930년 12월 『민법』 계승편이 공포되고 1931년 5월 5일을 기해 실시되면서 변화의 계기는 더욱 분명해졌다.

민법의 가장 큰 특징은 종조계승은 규정하지 않고 재산상속에 대해서만 규정하고 있다는 사실이다. 즉, 딸에 대한 상속을 인정했고 그 대신 사자의 재산계승은 인정하지 않았다. 민법에서는 서양 입법의 예에 따라 배우자, 직계비속, 부모, 형제자매, 조부모의 상속권을 인정했다. 민법 계승편이 공포된 이후에는 전국 어디서나 법적으로 친녀의 상속권이 인정되었던 것이다. 그 기준은 철저히 피계승인의 사망이 민법

19 1912년 중화민국 건국 이래 1927년까지 당시 중국 최고의 심판기관은 大理院이었으며, 그 판례와 해석례는 북경정부 민법의 중요한 근거로서 법적 효력이 있었다.

시행 전이었는지 후였는지의 문제에 집중되었다. 만일 피계승인의 사망이 민법 시행 전이었다면, 해당 소송이 제기된 성이 국민당 부녀운동결의안에 적용을 받는 성인지 아닌지를 따져야했다. 즉, 만일 해당 성이 국민정부에 예속되지 않았다면 전통법에 의거하여 친녀의 재산상속권은 인정되지 않았고, 국민정부에 예속된 성이라면 피계승인의 사망이 민법 시행 전이라도 친녀의 재산상속권은 인정되었다.[20]

이렇듯 민법을 현실에 적용하는 과정에서 그 복잡성으로 인해 진통을 겪기는 했지만 그 방향성은 분명했다. 즉 가족주의의 뿌리인 종족을 약화시키고 딸이나 배우자 등 혈친의 상속권을 한층 강화시키는 것이었다. 예를 들어, 민간에서 사자를 세워 종조계승을 한다고 하더라도 그로 인해 딸의 재산상속권이 상실되지는 않았다.[21] 또한 결혼으로 상속권이 상실된 딸일지라도 피계승인의 사망이 민법 시행 이후라면 다시 상속권을 청구할 수 있었다. 그러나 이는 어디까지나 소송이 제기되는 경우였고 법적인 문제였을 뿐이다. 민간이 이러한 변화에 어떻게 반응했는지는 민법 제정 이후 분서에 어떤 변화가 나타났는지를 보면 알 수 있을 것이다.

민국시기에도 전통시기와 마찬가지로 혼수비용에 대해 언급한 분서가 보인다. 44번은 1943년 4방이 분가한 것으로, 분가 당시 오씨吳氏의 아들 진기振奇와 딸 진화振華는 아직 혼인하지 않은 상태였다. 이 분서에는 이 두 사람이 혼인할 때 "넉넉하든 검소하든 집안의 상황에 맞추되 그때에 다시 네 사람이 참작하여 처리하는 것으로 한다"고 하고 있다. 이 분서는 민법 시행 후 12년이나 지난 뒤에 작성되었지만 딸에 대한 혼인비용을 언급했던 청대의 분서와 다르지 않다.

그러나 딸에게도 아들과 동등하게 재산을 분급한 예도 보인다. 43번으로 1938년 네 아들과 딸에 대해 가산의 균등 분할을 진행한 것이다. 그러나 이는 가산 전체에 대한 균분은 아니었고 네 아들에 대한 전체 가산 분할을 진행한 후, 별도로 묘후두지廟後頭地 3무畝 4분分 내의 18그루 감나무에 대해 네 아들과 딸이 '5등분'할 것과

20 법적으로 딸의 상속을 인정하는 과정에서의 복잡성은 손승희, 「相續慣行에 대한 國家權力의 타협과 관철-남경국민정부의 상속법 제정을 중심으로」, pp.323-327 참조.

21 (22)「女子財產繼承與立嗣」 上字 第200號(1932), 『最高法院民事判例匯刊』 6期.

네 아들이 일 년씩 돌아가며 딸을 돌볼 것을 명시하고 있다. 이 분서가 작성된 시기는 민법이 시행되고 몇 년이 흐른 뒤였다. 그러나 딸에 대한 나무의 균등 분할이 민법 제정 후의 법 상황을 반영했다고 볼 수 있을지, 아니면 전통적인 작분으로 볼 수 있을지는 이 분서만 가지고는 판단하기 어렵다. 그러나 완전한 형제균분은 아닐지라도 그 가능성을 엿볼 수 있는 예라는 것은 분명하다. 비록 재산의 일부이기는 하지만 딸에 대해 별도의 '작분' 방식이 아니라 '균분'이었다는 점에서 그렇다. 또한 딸의 균분과 함께 딸의 보호를 명문화하고 있다는 점에서 딸에 대한 인식의 변화를 엿볼 수 있다. 느리고 완만하지만 이러한 변화는 계속 이어졌을 것으로 보인다.

48번 분서에서도 민법 시행으로 인한 변화상이 감지된다. 이는 1949년 강서성의 것으로 호월도胡月濤는 원래 삼형제였는데 둘째 동생이 후사가 없이 사망하자 자신의 넷째 아들로 동생의 대를 잇게 했다. 셋째 동생에게는 아들과 미망인이 있었다. 따라서 일반적인 경우라면 호월도 자신과 둘째 동생의 사자(자신의 넷째 아들), 그리고 셋째 동생의 아들이 재산을 삼분하면 된다. 그러나 이 분서에서는 셋째 동생의 미망인 호진씨胡秦氏가 아들 대신 스스로 1방이 되어 가산을 분배받고 있을 뿐 아니라, 호월도 대신 그의 아내인 호부胡符씨가 재산을 분할 받고 있는 것이 특징이다. 중국 전통사회에서 여자는 방을 형성할 수 없는 존재였다. 만일 분가할 때 아들 없이 남편이 사망했다면 미망인은 남편 몫을 대위 상속할 수 있었고, 아들이 있는데 어리다면 미망인은 어린 아들을 대신하여 그가 성인이 될 때까지 재산관리권을 행사할 수 있을 뿐이었다. 그러나 이 분서에는 민법의 제정과 공포로 인해 여성에 대한 사회적인 인식과 시각이 점차 변화하고 있었던 것이 반영되었던 것으로 보인다. 실제로 민법 제정 이후, 전통 사회에서는 상속에서 제외되었던 많은 여성들이 소송을 제기했고, 이런 경우 민법은 여성의 손을 들어 주었기 때문이다.

그러나 소송의 결과와는 달리, 민국시기 분서에서 딸이 자녀균분에 참여했다는 것을 증명할만한 의미 있는 내용은 발견하지 못했다. 민간에서 작성되는 분서에는 딸이 언급되는 것조차 예외적인 것이었을 뿐 일반적인 상황은 아니었다. 분가라는 것이 전통적으로 종조관념과 종족의 구성 원리를 기반으로 하는 행위였기 때문이다. 여성에 대한 사회적인 인식이 바뀌고 여성의 권리 신장에 대한 요구가 점차

거세졌다고 하더라도 여전히 분서상에서 딸이 균분에 참여했던 예를 찾는 것은 쉽지 않다. 민법이 제정되고 남녀평등에 입각하여 딸에게도 동부모 아들과 똑같이 재산을 분배하라고 법률 규정을 만들었음에도 불구하고, 종조계승이 습관화되어 있던 각 가정에서 자발적으로 이것을 이행하지는 않았던 것이다.

이러한 양상은 민국시기 뿐 아니라 당대當代 중국, 특히 현재 농촌의 분가에서도 나타나고 있다. 다수의 농촌에서는 상속에서 현행법과 일치하지 않는 부분이 여전히 존재하고 있으며 형제균분의 전통적인 분가방식을 따르고 있다는 것이 현지조사를 통해 속속 밝혀지고 있다.[22] 즉 분가에서 딸은 제외가 되며 부모에 대한 양로나 의료비용 등의 의무에서도 제외되는 양상이 보인다는 것이다.[23] 민국시기 민법 시행 이후는 물론이고, 사회주의 집체경제시대, 그리고 개혁개방 이후에도 이러한 현상이 일부 농촌에 남아 있다는 사실은 시사하는 바가 크다. 분가행위는 종조관념에 뿌리를 두고 있는 그 자체의 역사적 연속성 때문에 쉽게 사라질 수 있는 그런 관습이 아니었던 것이다.

22 王躍生, 「集體經濟時代農民分家行爲硏究-以冀南農村爲中心的考察」, 『中國歷史』 2003-2; 陳麗洪, 「中國現行繼承法與民間繼承習慣-分家析産習慣與繼承法的協調和衝突」; 周永康, 王仲凱, 「改革開放以來農村分家習俗的變遷」; 印子, 「分家, 代際互動與農村家庭再生産-以魯西北農村爲例」 등. 특히 王躍生은 1999년 河北省 남부지역 농촌을 현지조사하고, 집체경제시대에도 여전히 부모 생전에 아들간의 공유재산 분할을 핵심으로 하는 분가가 행해졌다는 것을 확인했다. 또한 집체경제 혹은 토지의 국가소유 상황에서 농민이 상속할 수 있는 재산이 축소되고 분할재산은 가옥 위주가 되어 오히려 분가에 유리하게 작용했다고 분석했다.

23 鄭小川은 2005년 青海省, 甘肅省 농촌을 현지조사하고 다음과 같은 사실을 확인했다. 분서는 부친세대와 아들세대와 관계가 있을 뿐 여성과는 상관이 없으며, 분서에는 모친, 며느리 등에 대한 언급이 없다. 분가는 딸과 상관이 없으며 딸에게 혼수이외의 다른 몫은 없다. 鄭小川, 「法律人眼中的現代農村分家-以女性的現實地位爲關注点」, pp.14-15. Myron L. Cohen은 河北省(1986-87), 上海, 四川省(1990) 농촌에 대한 현지조사를 통해, 남녀평등의 현행법과 괴리가 있음에도 불구하고 아들은 가산 중에 자기 몫을 가지고 태어나며, 여전히 농촌에서는 전통적인 방식에 의해 분가가 행해지고 있다는 것을 확인했다. Myron L. Cohen, "Family Management and Family Division in Contemporary Rural China", *China Quarterly*, Vol.130, 1992, pp.368-369. 특히 Cohen이 부록으로 제시하고 있는 분서들을 보면 당대에도 전통시대와 다를 바 없이 분가가 행해지고 있음을 알 수 있다.

43 민국27년 王步宵와 아들들 分關

산서성, 1938

원문

立主分關人王步宵，余生四子，婚各俱成。因世局便動，家務紛紜，請動家長親族商議，房院、地土四分品搭均分。与老人拨養葬之地三十二畝，又奉祀地二畝。農器、家俱、馬房、場房、場基、樹木、牲口同准四分。官用东院長門、四門居處，西院二門、三門居處，均唯兄居东北房、弟居西南房、門两家永远走路。廟後頭地三畝四分，內柿樹十八株，同女客五分均分，每人一年來往女客。此分之後，各守各業永無反復，如有奸心反復，仍請親友族人同共攻犴。每人各執一張，立此分關為証。

後批分地三十畝零六分厘。
族人・友人　王金斗、王步興、徐盛、生刁 書

民國二十七年七月十二日立

번역

分關을 작성하고 주관하는 王步宵 본인은 모두 네 아들을 키웠는데 현재 모두 혼인한 상태이다. 시국이 불확실하고 집안일이 번잡하므로 어쩔 수 없이 가장과 친족에게 청하여 상의한 후 房院, 地土 등의 가산에 대해 品搭하고 4등분을 한다. (王步宵의) 양로비와 장례비를 위한 토지 32畝, 제사비용을 위한 토지 2畝를 제외하고, 농기구, 가구, 馬房, 場房, 場基, 樹木, 牲口는 4등분한다. 공용의 東院은 현재 장남 가정과 사남 가정이 거주하고, 西院은 차남 가정과 삼남 가정이 거주한다. 두 곳의 房院은 모두 형 가정이 東北房하고 동생 가정은 西南房에 거주하도록 하며, 문(院門)은 두 가정이 공동으로 사용하도록 한다. 廟後頭地 3畝4分 내의 18그루의 감나무는 네 아들이 딸과 함께 5등분하고 각자 일 년씩 돌아가며 딸을 돌보도록 한다. 이 분가 후 각 가정이 각자의 産業을 관리하며, 다툼이 반복되어서는 안 된다. 만약 계약을 뒤집으려는 자가 있다면 친우와 친족에게 청하여 공동으로 처벌하도록 한다. (분관 문서는) 각자 한 장씩 가져 이를 증거로 삼는다.

첨부 나중에 나눈 토지는 30무 6분리임

족인 · 친우 王步興, 王金斗, 徐盛, 生刁 대서

민국 27년 7월 12일 작성

해설

이 분서의 주관인은 왕보소王步宵이고 재산 상속인은 그의 네 아들이다. 이 분가의 원인에는 가정 내부 문제뿐 아니라 시국 문제도 있었는데, 즉 '시국이 불확실하다'고 언급한 부분이다. 이 분서가 작성된 1938년은 항일전쟁이 전면적으로 시작된 시기로, 산서 지역은 이전에 이미 평형관平型關 등 지역에서 전쟁이 있었기 때문에 당시 정세가 이미 불안정했다는 것을 알 수 있다.

이 분가는 자신의 양로를 위한 토지와 사후 장례를 위한 토지를 제한 후, 농구, 가구, 장기場基, 나무樹木, 가축牲口등에 대해 분배를 진행한 것이다. 동시에 두 곳의 방원房院을 장남과 사남, 차남, 삼남에게 나눠주었다. 또한 이 두 곳의 방원 중 형은 동북쪽東北處에 거주하고 동생은 서남쪽西南處에 거주하도록 했다. 집안에 심겨진 18그루의 감나무에 대해서도 분할을 진행하고 있는데 특이한 것은 딸도 참여하여 5등분을 하라고 지시한 부분이다. 일반적으로 혼수비용을 제외하면 딸에게 재산 분할을 하는 경우는 드물었는데, 이 분서는 혼수비용 명목이 아닌 재산을 딸에게 '균분'하고 있다는 점에서 여타의 전통시기 분서와는 다소 차이가 있다. 그러나 전체 가산에 대한 균분은 아니었고 일부 재산에 대한 균분이었다. (Ⅱ-1/Ⅱ-2/Ⅲ-2에도 해당)

44 민국32년 孟吳씨와 아들들 析産約

산서성, 1943

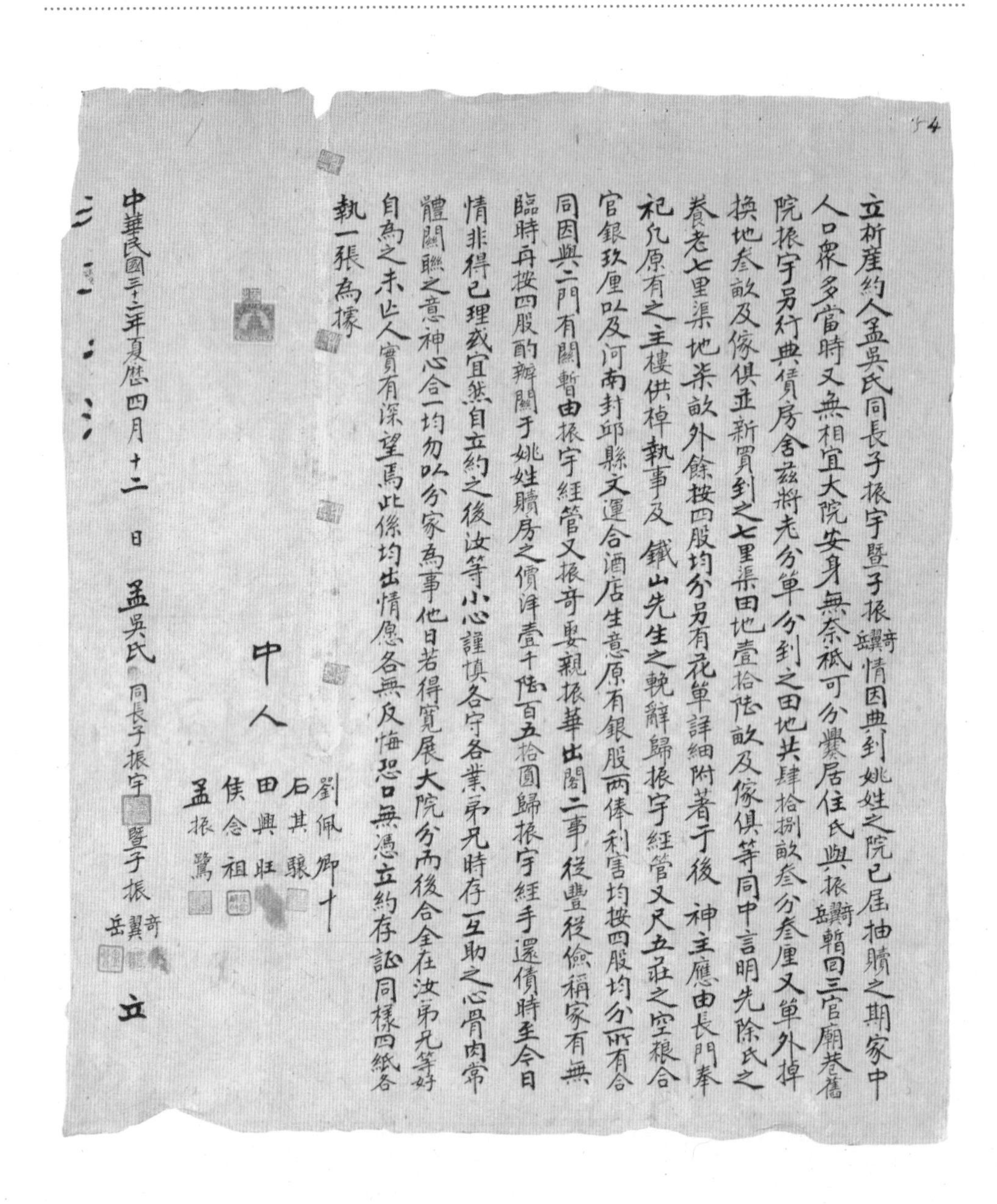

立析産約人孟吳氏同長子振宇暨子振翼奇情因典到姚姓之院已屆抽贖之期家中人口衆多當時又無相宜大院安身無奈祇可分爨居住氏與振翼奇輯回三官廟巷舊院振宇另行典賃房舍玆將先分單分到之田地共肆拾捌畝叁分叁厘又單外掉換地叁畝及傢俱並新買到之七里渠田地壹拾陸畝及傢俱等同中言明先除氏之養老七里渠地柒畝外餘按四股均分另有花單詳細附著于後 神主應由長門奉祀凡原有之主樓供棹執事及 鐵山先生之輓辭歸振宇經管又尺五莊之空租合官銀玖厘以及河南封邱縣文運合酒店生意原有銀股兩俸利害均按四股均分所有合同因與二門有關暫由振宇經管又振奇娶親振華出閣二事從豐從儉稱家有無臨時再按四股酌辦關于姚姓贖房之價洋壹千陸百五拾圓歸振宇經手還債時至今日情非得已理或宜然自立約之後汝等小心謹慎各守各業弟兄時存互助之心骨肉常體關聯之意神心合一均勿以分家為事他日若得寛展大院分而後合全在汝弟兄等好自為之未亡人實有深望焉此係均出情愿各無反悔恐口無憑立約存證同樣四紙各執一張為據

中人 劉佩卿 十
石其驄
田興旺
侯念祖
孟振鷺

中華民國三十二年夏歷四月十二日 孟吳氏同長子振宇暨子振翼奇岳 立

원문

立析產約人孟吳氏同長子振宇暨子振奇、振翼、振岳情因典到姚姓之院已屆抽贖之期, 家中人口衆多, 當時又無相宜大院安身, 無奈祇可分爨居住。氏與振奇、振翼、振岳暫回三官廟巷舊院, 振宇另行典賃房舍。茲將老分單分到之田地共肆拾捌畝叁分叁厘, 又單外掉換地叁畝及傢俱並新買到之七里渠田地壹拾陸畝及傢俱等同中言明, 先除氏之養老七里渠地柒畝外, 餘按四股均分, 另有花單詳細附著于後。神主應由長門奉祀, 凡原有之主樓、供棹、執事及鐵山先生之輓辭歸振宇經管, 又尺五莊之空粮合官銀玖厘以及河南封邱縣文運合酒店生意原有銀股兩俸, 利害均按四股均分, 所有合同因與二門有關, 暫由振宇經管。又振奇娶親、振華出閣二事, 從豐從儉, 稱家有無臨時再按四股酌辦。關于姚姓贖房之價洋壹千陸百五拾圓歸振宇經手還債。時至今日情非得已, 理或宜然。自立約之後, 汝等小心謹慎, 各守各業, 弟兄時存互助之心, 骨肉常體關聯之意, 神心合一, 均勿以分家為事, 他日若得寬展大院, 分而後合全在汝弟兄等好自為之, 未亡人實有深望焉。此係均出情愿, 各無反悔, 恐口無憑, 立約存証, 同樣四紙各執一張為據。

(印花稅票)

中人　劉佩卿(十字押)、石其騄(印章)、田興旺(印章)、
　　　侯念祖(印章)、孟振鷺(印章)

中華民國三十二年夏歷四月十二日孟吳氏(押)
同長子振宇(印章) 暨子振奇(印章)、振翼(印章)、振岳(印章) 立
[半書] 待識別

번역

析產約을 작성하는 孟氏 집안의 吳氏, 아들 振宇, 振奇, 振翼, 振岳은 姚씨에 의해 저당 잡힌 房院의 저당 기간이 만료되었지만 식구 수가 많아 적당한 크기의 가옥을 구할 수 없어 부득이 분가를 한다. 吳氏(나)는 振奇, 振翼, 振岳 세 사람과 잠시 三官廟의 옛 자택으로 돌아가 머물 것이며, 振宇는 따로 방을 얻어 살도록 한다. 이전의 분가를 통해 나눠받은 田地 48畝3分3厘, 單外調換地 3畝 및 가재도구, 그리고 새로 구입한 七裏渠田地 16畝와 가구 등을 모두 여기에 기재했으니 吳氏의 노후 대비를 위한 七裏渠地 7畝를 제외하고 나머지를 4등분하였으며 그 상세한 내역을 뒤에 첨부한다. 神主는 장자가 모시고 원래 있던 모든 主樓, 제사상, 집기 및 鐵山先生의 애도문도 장남인 振宇가 관리하는 것이 마땅하다. 尺五莊之空糧合官銀 9厘 및 河南封邱縣 文運合酒店의 영업 투자금은 모두 4등분한다. 모든 계약은 두 집안과 관련이 있기 때문에 잠시 振宇가 관리하기로 한다. 振奇, 振華의 혼사는 넉넉하든 검소하든 집안의 상황에 맞춰서 하되 그 때 다시 네 사람이 참작하여 처리하는 것으로 한다. 姚姓에게 房을 저당 잡히고 빌린 돈 洋 1650圓은 장남인 振宇가 갚도록 한다. 현재 부득이하게 분가하지만 분가 과정은 이치에 맞는다. 분가 계약이 성사된 후 너희들은 신중하게 각자의 業을 지키고 형제가 늘 서로 돕는 마음과 서로 보살피는 뜻을 가지되, 지금의 분가로 인해 소원한 마음을 가지면 안 된다. 후일에 너희들이 넓은 집을 얻어 다시 합치게 되는 것은 모두 너희 형제들의 결정에 달려 있다. 미망인(나)은 진실로 이를 간절하게 바란다. 이는 모두 원해서 한 것이니 각기 딴 마음을 품지 않도록 한다. 구두만으로는 증거가 없어 계약서를 작성하여 증거로 보존한다. 같은 내용으로 4장의 계약서를 만들어 각자 한 장씩 증거로 보관하도록 한다.

(인화 세표)

중개인 劉佩卿(십자서명)、石其騄(인장)、田興旺(인장)、
侯念祖(인장)、孟振鷺(인장)

중화민국 32년 夏歷 4월 12일 孟吳氏(지장), 長子 振宇(인장) 및
아들 振翼(인장), 振奇(인장), 振岳(인장)이 작성함.

[반서] (식별 불가)

해설

이 분서는 1943년 작성되었으며 작성자는 맹씨孟氏 집안의 오씨吳氏와 진우振宇, 진기振奇, 진익振翼, 진악振岳의 4형제이다. 분가사유는 그들이 그동안 살고 있었던 방원房院의 계약 기간이 만료되었으나 충분한 크기의 방원을 찾지 못해 부득이하게 분가하게 된 것이다. 분가하기 전에 오씨는 자기 가정의 소유재산을 평가했는데 그 중에 '이전의 분서老分單를 통해 나눠받은 전지田地'라는 항목이 있다. '이전의 분서'는 오씨의 남편과 그의 형제 사이에서 분가할 때 작성했던 분단分單일 가능성이 높다. 이후 오씨는 아직 자신의 아들들에 대한 분가를 하지 않고 있던 상태였다. 분가 전에 오씨는 미리 자신의 양로를 위한 땅을 제하고 나머지를 4등분했다. 제사에 필요한 신주神主, 주루主樓, 제사상 등은 장자 진우가 관리하도록 했는데, 이는 전통 종법제도는 사라졌지만 장자에 대한 제사 우선권은 남아 있었기 때문에 이것이 반영된 것이다. 분가 당시 오씨의 아들 진기와 딸 진화振華는 아직 혼인하지 않은 상태였으나 이 두 사람이 혼인할 때 넉넉하든 검소하든 집안의 상황에 맞춰서 하되 그 때 다시 네 사람이 참작하여 처리한다고 명기하고 있어, 분가 전에 미리 혼인비용을 제외시키지는 않았다는 것을 알 수 있다.

대가족이 거주할 가옥을 구하지 못해 분가가 부득이함을 강조하고 있는데, 이는 유교사회에서 종종 사세동당四世同堂, 오세동당五世同堂이 이상적인 대가족 형태로 묘사되기 때문에 이러한 생각이 반영된 것으로 보인다. 그러나 현실에서는 가족의 수가 늘어나면 가족 성원간의 갈등도 증가하기 때문에 분가는 보편적인 현상이었고 기정사실화 되어 있었다. 다만 이 분서 말미에도 분가로 인해 형제간의 관계가 소원해져서는 안 되며 형편이 좋아지면 다시 합가를 하는 것이 이상적이며 모친이 바라는 것이라고 하면서 아들들에게 권고하고 있다. 그러나 이는 분가의 부득이함을 강조한 것일 뿐, 실제로 다시 합가를 할 가능성이 있다거나 이를 위해 서로 노력을 해야 한다는 의미는 아니다.

45 민국38년 胡月濤의 分券字約

강서성, 1949

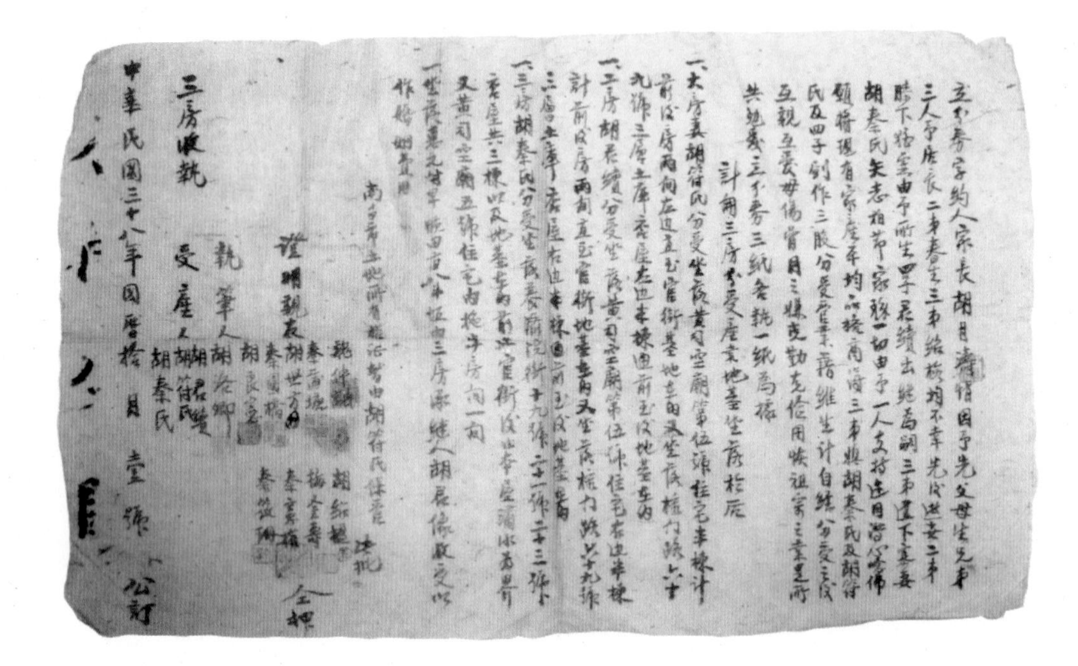

立分券字約人家長胡月濤情因予先父母生先年
三人予居長二弟春生三弟絡核均不幸先後逝去二弟
膝下猶虛由予所生四子君續出繼爲嗣三弟遺下寡妻
胡秦氏矢志柏節予家務一切由予一人支持迄目潛心修佛
頤[illegible]現有家產本均分撓商得三弟媳胡秦氏及胡[illegible]
氏及四子劍作三股分受產業藉維生計自繼分受之後
互親互愛毋傷骨肉之慨克勤克儉用昭祖宗之業是所
共勉爰立分券三紙各執一紙爲據

計開三房分受產業地基坐落於后

一、大房裴胡[illegible]氏分受坐落黃司空廟第伍號住宅半棟計
前後房兩向左邊直至官街基地並自又坐落植竹路六十
九號三房土庫一棟宅左邊半棟由前至後地基在內
一、二房胡君續分受坐落黃司空廟第伍號住宅右邊半棟
計前後房兩間直至官街地基並自又坐落植竹路五十九號
三層土庫一棟房屋右邊半棟由前至後地基在內
一、三房胡秦氏分受坐落秦[illegible]廟院街十九號二十一號二十三號
房屋共三棟以及地基在內前至官街後至秦屋牆[illegible]爲界
又黃司空廟五號住宅內[illegible]房間一間
一、坐落[illegible]田[illegible]八斗[illegible]由三房承繼人胡君[illegible]收受以
作婚姻費用

尚有[illegible]地所有權狀暫由胡[illegible]氏保管 批

證明親友 胡世[illegible] 秦[illegible] 魏仲[illegible] 胡[illegible] 秦[illegible] 秦[illegible] 協[illegible] 胡[illegible] 全押

執筆人 胡[illegible]卿

受產人 胡君續 胡[illegible]氏 胡秦氏

三房收執

中華民國三十八年國曆拾月壹號 公訂

원문

立分券字約人宗長胡月濤, 情因予先父母生兄弟三人, 予居長, 二弟春生、三弟紹梅均不幸先後逝世, 二弟膝下猶虛, 由予所生四子君續出繼爲嗣; 三弟遺下寡妻胡秦氏矢志柏節。家務一切由予一人支持, 邇因潛心念佛, 願將現有家產平均品搭, 商得三弟媳胡秦氏及胡符氏及四子, 創作三股, 分受管業, 藉維生計, 自經分受之後, 互親互愛, 毋傷骨肉之嫌, 克勤克儉, 圖恢祖宗之業, 是所共勉。爰立分券三紙, 各執一紙爲據。

計開三房分受産業地基坐落於後。

一、大房妻胡符氏分受坐落黃司空廟第五號住宅半棟, 計前後房兩間, 左邊直至官街, 基地在內; 又坐落榕門路六十九號, 三層土庫店屋左邊壹棟, 通前至後地基在內。

一、二房胡君續分受坐落黃司空廟第伍號住宅右邊半棟, 計前後房兩間, 直至官街, 基地在內。又坐落榕門路六十九號, 三層土庫店屋右邊半棟, 通前至後地基在內。

一、三房胡秦氏分受坐落養濟院街十九號、二十一號、二十三號店屋共三棟, 以及地基在內, 前止官街, 後止本屋滴水爲界, 又黃司空廟五號住宅內拖子房間一間。

一、坐落惠元村早晩田四畝八門坵, 由三房承繼人胡君像收受, 以作婚姻費用。

南昌市土地所有權證暫由胡符氏保管, 此批。

證明親友 魏仲融(印章)、秦蒲塘(印章)、胡世方(印章)、秦圓橋(印章)、胡良憲(印章)、胡紹楹(印章)、梅金壽(印章)、秦憲權(印章)、秦筱珊 仝押

執筆人 胡洛卿

受産人 胡君續、胡符氏、胡秦氏。

三房收執。

中華民國三十八年國曆拾月壹號公訂

[半書] 待識別

번역

分券字約을 작성하는 사람은 宗長 胡月濤이다. 나의 부모는 슬하에 세 형제를 낳으셨고 내가 장자인데, 둘째 동생 春生과 셋째 동생 少梅는 모두 앞서거니 뒤서거니 세상을 떠났다. 둘째 동생 春生은 슬하에 아들을 남기지 않았기 때문에 나의 넷째 아들 君續을 양자로 보내 사자로 삼았다. 셋째 동생의 미망인 胡秦氏는 改嫁하지 않고 수절하기로 결심했다. 집안의 일체의 가무가 나 한 사람에게 의지하고 있지만 전심을 다해 염불을 하기 위해 모든 家產을 균등하게 품탑하고 셋째 미망인 胡秦氏, 나의 처 胡符氏 및 넷째 아들 君續과 상의하여 부모가 물려주신 家產을 세 개의 몫으로 나눠주어 직접 관리하고 생계를 유지하도록 한다. 분가가 이루어진 후에는 서로 친하고 아끼고 골육을 해하려는 혐의가 있어서는 안 되며, 힘써 일하고 검약하여 祖宗의 산업을 회복해야 하며 (이는) 모두가 함께 노력해야 할 일이다. 이에 분권 3부을 작성하여 각자 한부씩 가져 증거로 삼는다.

현재 세 사람이 분할한 房屋과 基地를 열거하면 아래와 같다.

일, 장남 가정 胡月濤의 아내 胡符氏는 黃司空廟 第5号에 위치한 住宅 0.5棟(앞뒤의 방 2間을 포함하고 左邊은 바로 관가로 이어져 경계를 이룬다. 基地를 안에 포함하고 있다)을 나눠받고, 또 榕門路 69号에 위치한 3층 土庫店屋 좌측 0.5棟(앞으로 통하고 뒤로 연결되는 地基가 안에 있다)을 분할 받는다.

일, 차남 가정 胡君續은 黃司空廟 第5号의 주택 우측 0.5棟(前·后房 2間을 계산하면 바로 官街로 이어지고 기지가 안에 있다)과 또 榕門路 69号에 위치한 3층 土庫店屋 우측 0.5棟(앞으로 통하고 뒤로 연결되는 地基가 안에 있다)을 분할 받는다.

일, 삼남 가정 胡秦氏는 養濟院街 19号, 20호, 23호에 위치한 店屋 총 3동 및 안에 있는 基地(앞으로는 관가, 뒤로는 本屋滴水에 이르러 경계를 이룬다), 또 黃司

空廟 5号의 주택 내에 있는 拖子房間 1間을 분할 받는다.
일, 惠元村에 위치한 早晩田 4畝8斗坵는 삼남 집안 계승자 胡君像이 거두어 들여 혼인비용으로 한다.

남창시에서 발급한 토지소유권은 잠시 보관한다. 특별히 이를 언급한다.
증명 친우 魏仲融, 秦蒲塘, 胡世方, 秦圓橋, 胡良憲, 胡紹楹, 梅金壽,
秦憲權, 秦筱珊 모두 인장
집필자 胡洛卿
재산 승수인 胡君續, 胡符氏, 胡秦氏.
세 가정이 (분서를) 보관함.

중화민국 38년 國曆 10月 1일 公訂

[반서] (식별 불가)

해설

이 분서가 작성된 시기는 1949년 10월 1일, 즉 공교롭게도 중화인민공화국이 성립된 날이지만 여전히 중화민국의 국호를 사용하고 있다. 중국사회에 거대한 정치적 변화가 발생했던 시점이지만 아직 반영이 되지 않았기 때문이다. 이 분서에는 전통사회의 효제孝悌 관념이나 종법적인 색채가 강하게 남아 있고, 형제 혹은 숙질간에 깊은 정이 넘치는 이상적인 전통 가족 형태를 반영하고 있다. 이 분가를 주도한 사람은 종장宗長인 호월도胡月濤이다. 종장은 족장族長이라고도 부르는데 전통사회에서 종족의 수령이자 최고 권위자이다. 종장은 대외적으로는 관과의 접촉 및 교섭을 도맡거나 다른 종족과의 관계 등을 책임지는 위치에 있으며, 내적으로는 가족 내부의 사무를 처리한다. 보통 가족 중 연배가 가장 높고 권세가 있는 인물이 이를 담당하는데, 이 분서에도 "집안의 일체의 가무가 나 한 사람에게 의지하고 있다"고 언급하고 있는 것은 바로 그런 이유이다.

분서에는 호월도가 종장이자 맏형으로서 효제에 힘쓰는 등 동생들과 조카, 동생의 미망인에 대한 깊은 마음이 곳곳에 드러나 있다. 예를 들어, 호월도의 세 형제 중에 둘째 동생이 후사가 없이 사망하자 자신의 넷째 아들로 동생의 대를 잇게 하여 효를 다하게 했다. 또한 셋째 동생의 미망인에 대해서도 재산상의 권리를 적절하게 보호해주고 있다. 즉 비록 호월도의 셋째 동생 호소매胡紹梅가 이미 세상을 떠났지만 그의 아들 호군상胡君像이 남아 있었다. 따라서 일반적인 경우라면 호월도 자신과 둘째 동생의 사자(자신의 넷째 아들), 그리고 셋째 동생의 아들 호군상이 재산을 삼분하면 되지만 이 분서에서는 셋째 동생의 미망인 호진씨胡秦氏가 아들 대신 자신이 스스로 1방이 되어 가산을 분배받고 있는 것이 특징이다. 이에 대해서 족인들의 반발이 예상되지만 호월도가 종장이었기 때문에 가능했던 면도 있었을 것으로 보인다.

또한 이 분서는 호월도 자신을 분가의 한 대상으로 하지 않고 자신의 아내인 호부씨胡符氏에게 재산분할을 하고 있는 것도 여느 분서에서 볼 수 없는 내용이다. 자신의 아내 몫은 결국 호월도 자신의 몫이기는 하지만 분서에서 거의 언급하지 않는 '여성'을 언급하고 있는 부분이 그렇다. 호월도가 종장의 입장에 있었기 때문에 좀 더 객관적으로 분가를 하고 있다는 의미에서 그렇게 한 것으로 볼 수 있다. (Ⅱ-1/ Ⅲ-1에도 해당)

V
기타

분석과 개괄

이상의 분류에 정확히 부합하지 않는 분서를 여기에 배치했다. 46번 분서는 분할하는 재산이 조상으로부터 내려온 것이 아니라 숙부와 조카 형제가 공동으로 구매한 산장에 대한 것이었다. 공동으로 구매한 산장의 경우 분할할 때 산장의 실제 상황이 다소 복잡하기 때문에 경계를 명확하게 구분하기 쉽지 않은데, 이에 대한 상세한 설명을 붙이고 있다는 점이 특징이다. 47번 분서의 경우는 명말청초 귀주 동남부 청수강淸水江 유역에서 행해졌던 공동 개간지를 공평하게 분할한 것이다. 개간 후에는 참여자가 기여한 노동력의 수량, 개발에 참가하여 노동한 날짜 수 및 제공한 작업 도구 등의 차이에 근거하여 분산分山을 진행하고, 계약의 형식으로 개발한 산장의 점유권을 명확하게 한 것이다. 48번 분서는 그 자체로 분서라기보다는 분서에 첨부된 재산목록이었을 것으로 보인다. 왜냐하면 분가 주관인, 분가 사유 등 분서가 갖추고 있어야 할 기본적인 사항이 없기 때문이다.

46 가정5년 葉涓 등 分山合同

안휘성, 1526

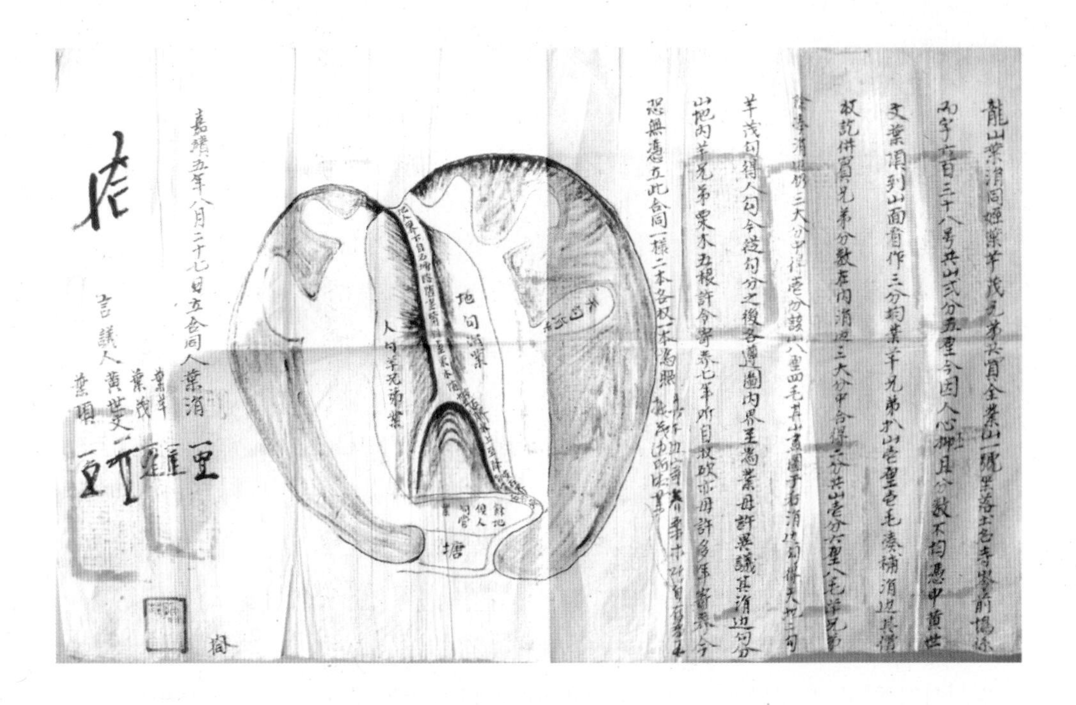

원문

龍山葉涓同侄葉芊、茂兄弟共買全業山一號，坐落土名寺嵜前塢，係而字六百三十八號，共山弍分五厘。今因人心不一，抑且分數不均，憑中黃世文、葉項到山面看，作三分均業，芊兄弟扒山壹厘壹毛，湊補涓邊。其價收訖，併賓兄弟分數在內，涓邊三大分中合得二分，共山壹分六厘八毛，芊兄弟除湊涓邊，仍三大分中得壹分。該山八厘四毛，其山畫圖于右，涓邊勾得天、地二勾，芊茂勾得八勾。今從勾分之後，各遵圖內界至為業，毋許異議。其涓邊勾分山地內，芊兄弟栗木五根，許令寄養七年，聽自收砍，亦毋許多年寄養。今恐無憑，立此合同一樣二本，各收一本為照。其芊邊寄養栗木，聽自存留，要找茂邊聽收業。

山圖（略）

嘉靖五年八月二十七日立合同人　葉涓(花押)、葉芊(花押)、葉茂(花押)
言議人　黃世文(花押)、葉項(花押)

[半書] 合同

번역

龍山에 사는 葉涓과 조카 葉芊, 葉茂는 산 1座를 공동으로 구매하였다. 산이 있는 곳의 土名은 寺嶺 앞 塢 638호이며, 산지의 면적은 2分5厘이다. 현재 사람 마음이 일치하지 않고, 더구나 나눈 토지가 균등하지 않아서 중재인 黃世文과 葉項이 山面을 살펴본 후 山地를 셋으로 나누고, 葉芊 형제는 1厘1毛의 토지를 떼어내어 葉涓에게 주어 토지의 상태를 보완하였다. 地價의 결제가 완료된 후 실제로 형제가 나눠 받은 분량은 葉涓이 세 개의 큰 부분 중 두 몫을 점유하며 면적은 1分6厘6毛이다. 葉芊 형제는 葉涓에게 잘라 내주어 토지의 상태를 보완하도록 했고 일부

땅을 제하고도 여전히 세 개의 큰 부분 중 한 몫을 점유한다. 이 산은 모두 8厘4毛이며 산의 지형도는 오른쪽에 있으며 葉涓은 지형도 위에 그려진 天자와 地자로 시작하는 山地 부분을 점유한다. 葉芊(형제는) 人자로 시작하는 땅을 점유한다. 이번에 분배한 다음에는 각자 자신의 산지의 경계를 준수하여 자기의 토지를 잘 관장하며 다른 뜻이 있어서는 안 된다. 葉涓의 산지 안에는 葉芊 형제의 밤나무 다섯 그루가 있는데, 그들이 여기서 7년간 더부살이로 기르는 것을 허락하며 이를 베든 기르든 葉芊 형제가 마음대로 하지만 역시 더부살이로 기르는 것은 7년을 넘길 수 없다. 증거가 없을 것을 염려하여 이 계약을 작성하여 빙증으로 삼는다. 葉芊이 더부살이로 기르는 밤나무는 마음대로 하도록 하되, 만약 베어버릴 경우에는 葉茂와 상의해야 한다.

산의 약도

가정 5년 8월 27일 계약 작성자　葉涓(서명), 葉芊(서명), 葉茂(서명)
중재자　黃世文(서명), 葉項(서명)

[반서] 合同

해설

본 분서는 휘주 분서로 성책분서의 형태가 아니라 낱장 분서의 형태이다. 재산분할은 엽연葉涓과 그 조카인 엽천葉芊, 엽무葉茂 형제 사이에 진행되었으며, 분배된 재산은 조상으로부터 내려온 것이 아니라 숙부와 조카 형제가 공동으로 구매한 산장에 대한 것이었다. 형제균분의 원칙에 근거하여 엽연 단독으로 한 몫의 산장을 가지고, 엽천, 엽무 형제는 두 사람이 합쳐서 한 몫의 산장을 가진다. 해당 문서의 구체적인 내용을 보면 엽연은 천天, 지地 2구勾의 산장을 가지고 엽천, 엽무 형제는 인구人勾의 산장을 공동으로 소유한다. 이 분가계약은 같은 형식으로 2부가 만들어져 엽연이 한 부를 가지고 엽천, 엽무 형제가 다른 한 부를 가진다.

제도적으로는 형제균분을 실행하도록 규정하고 있지만 실제로 처리하는 과정에서 토지의 비옥도가 일정하지 않고 면적의 많고 적음이 균일하지 않음으로 인해 평등하게 분배하는 것이 결코 쉽지 않았다. 따라서 척박한 토지에 약간의 재산을 붙여 줌으로써 균형을 유지하도록 하였다. 이 분가계약 중에서 산장의 비옥도가 서로 달라 "(엽)천 형제가 산의 일부를 떼어서 (엽)연의 땅 모퉁이에 붙여서 보완한다"고 한 것이 바로 그것이다. 엽천, 엽무 형제가 나눠 가진 산장 중의 일부를 그의 숙부인 葉涓에게 줌으로써 재산의 불균등한 분배를 보완하고자 했던 것이다.

또한 산장의 실제 상황은 비교적 복잡하기 때문에 경계를 명확하게 구분하기 쉽지 않다. 이로 인해 분할할 때 변계 부근에 위치한 산장의 수목에 대해서 상세한 설명을 함으로써 이후 분규가 발생하는 것을 피하고자 하였다. 이 분서의 내용 중에 엽연이 획득한 산장 안에 엽천, 엽무 형제의 밤나무 5그루가 있어 엽연이 분배받은 산장 안에서 더부살이로 키울 필요가 있었다. 따라서 이 나무들이 자라서 재목이 되면 엽천, 엽무가 벌목하면 되지만 7년의 기한을 주어 문제를 해결하고 이후의 분쟁을 미연에 방지하고 있다.

47 건륭35년 祖保 등 分山場股份字

귀주성, 1770

計開辟犢善山股
祖保富宇二人占一大股
祥宇得宇年三三人占一大股
老牙周文二人占一大股周文一股
賣與富宇與宇明宇老宗
香保年四人占一大股明宇
香保二人賣與富宇
老宗一股賣與清宇老
岩二人前天九唐香喬明
年保四人占一大股年所岩所
二人占半股年所一半賣與清
宇香喬二人岩所一半賣與富
守三年二人一共山作五股半
姜廷佐筆
乾隆三十五年二月十日立

원문

計開辟猿善山
祖保、富宇, 二人占一大股; 祥宇、得宇、年三, 三人占一大股; 老牙、周文二人, 占一大股, 周文一股賣與富宇; 興宇、明宇、老宗、香保年四人占一大股, 明宇、香保二人賣與富宇, 老宗一股賣與清宇、老岩二人; 甫天、九唐、香喬、明年保四人占一大股, 年所、岩所二人占半股, 年所一半賣與清宇、香喬二人, 岩所一半賣與富宇、三年二人。一共山作五股半。

姜廷佐筆

乾隆三十五年二月十二日立

번역

개간한 猿善山의 정산
祖保, 富宇 두 사람이 大1股를 점유하고, 祥宇, 得宇, 年三이 大1股를 점유했다. 老牙, 周文 두 사람이 大1股를 점유했으나 周文이 1股를 富宇에게 매매했다. 興宇, 明宇, 老宗, 香保 네 사람이 大1股를 점유했으나, 明宇, 香保 두 사람은 富宇에게 매매했고, 老宗은 1股를 清宇와 老岩 두 사람에게 매매했다. 甫天, 九塘, 香喬明, 年保가 大1股를 점유했다. 岩所, 岩所가 1/2股를 점유했는데, 岩年은 그 반을 清宇, 香喬 두 사람에게 매매했고, 岩所는 그 반을 富宇, 三年 두 사람에게 매매했다. 산은 모두 5股 반이다.

姜廷佐 대서

건륭 35년 2월 12일 작성

해설

명말청초 귀주 동남부 청수강淸水江 유역에는 삼목이 무성했는데, 정부가 '묘족의 난'을 평정하면서 청수강 유역으로 들어갔다가 이 양질의 재목을 발견하게 되었다. 이로부터 청수강 유역의 삼목은 황실의 공납품이 되었고 정부는 이에 대한 조례條例를 정하였다. 건륭 시기에 야생의 목재가 모두 벌목되자 황실과 시장의 수요를 만족시키기 위해 인공림이 조성되었다. 인공적으로 조림하는 과정에서 우선 개산開山(산을 깎음)과 연산煉山(조림을 위해 잡초 따위를 태움)이 필요했다. 이러한 어렵고 거대한 작업은 한 두 사람의 힘으로는 완성하기 매우 힘들기 때문에 여러 사람들이 협력하여 작업을 진행하였다. 개산을 한 이후에는 참여자가 기여한 노동력의 수량, 개발에 참가하여 노동한 날짜 수 및 제공한 작업 도구 등의 차이에 근거하여 산을 분할(分山)했고, 계약의 형식으로 개발한 산장의 점유권을 명확하게 하였다. 분산을 한 후 모든 사람은 계약의 규정을 준수하여 각자 자신의 산장에 대해 개발을 진행했고 다른 사람에게 소작을 주어 나무를 심게 하거나 혹은 자신이 직접 나무를 심었다.

청수강 문서의 내용을 보면, 공동으로 산장을 개발할 때 일반적으로 바로 계약을 맺지 않는다. 예를 들어 주문周文과 노아老牙가 조組를 짜서 힘을 합쳐 개산을 한 후, 주문周文은 분산分山 계약을 하기 전에 이미 자신의 몫을 부우富宇에게 매매했던 것이다. 또 한 가지 언급할 만한 것은 공동으로 산장을 개발하는 행위는 주인 없는 황산荒山(황폐한 산)의 존재를 전제로 하고 있다는 점이다. 이러한 개산 행위는 청초에 한정된 것으로 청 중엽 이후부터 민국시기까지는 목재 무역의 번성과 인공림의 발달로 주인이 없는 황산이 존재할 가능성이 지극히 낮아졌고 '협력(合伙)하여' 개산하고 지분을 분할하는 정황은 매우 드물게 발견된다. 이 문서는 강조보姜祖保, 강부우姜富宇 등이 공동으로 적선산積善山을 개척하고 각 사람이 점유하고 있는 산장山場의 지분권(股權)을 정리하기 위해 분산分山을 진행한 것이다.

48 민국3년 景母 양로를 위한 토지

산서성, 1914

立寫景母養老地村東園地一段西邊地弍畝弍分五厘
南胥村南水地一段北邊地五畝弍分墳地北邊地玖畝
又弍畛地一段北邊地陸畝三畛墳地一段北邊地拾伍
畝五分又圪塔營路傍北邊地拾弍畝柒分
解卅魁盛德　　各執壹本
西肖魁盛生　　不準子弟入手
二位母親兩號生意
準親三畛地弍墢　南弍畝　北柒畝　入合

橋車乙輛
騾駒乙頭
偏索具全　　全人　族兄陳文華
　　　　　　　　　舅父李鴻玉
　　　　　　　　　族兄陳文彬

以續全人言明祖母沒世在養老地内身走以除三畛
祖父墳營地壹拾公種

民國三年二月二十二日　立據

원문

立寫景母養老地，村東園地一段西邊地弍畝弍分五厘，南胥村南水地一段北邊地五畝弍畛，墳地北邊地玖畝又弍畛，地一段北邊地陸畝三畛，墳地一段北邊地拾伍畝五分，又圪塔营路傍北邊地拾弍畝柒分解州魁盛德、西省魁盛生二倢母親兩號生意各執壹半，不準子弟入手。

[半書] 合□

準親二畛地弍徹，南弍畝，北柒畝。
橋車乙輛，騾駒乙頭，繩索具全
仝人　族兄陳文萃、舅父李鴻玉、族兄陳文新
後續仝人言明祖母沒世，在養老地內与長孫除三畛，祖父墳营地賣扵么柱。

民國三年二月二十二日立據

번역

景母의 養老地를 기재하니 (다음과 같다). 村東園地 1段 西邊地 2畝2分5厘, 南胥村 南水地 1段 北邊地 5畝, 弍畛墳地 北邊地 9畝, 弍畛地 1段 北邊地 6畝, 三畛墳地 1段 北邊地 15畝5分, 圪塔營路傍 北邊地 12畝7分이다. 解州 魁盛德과 陝西 魁盛生 두 곳의 지분(生意) 二倢은 母親의 것이며, 두 상호에 대한 지분으로 각 壹半씩 가지고 있는데, 子弟의 관여를 허하지 않는다.

[반서] 合□

準親二畛地弍徹南邊 2畝, 北邊 7畝, 橋車 1輛、騾駒 1頭, 繩索具備.
仝人舅父 李鴻玉, 族兄 陳文萃, 族兄 陳文新

후에 仝人은 조모가 세상을 떠난 후 養老地 중 三畛을 長孫에게 주고 祖父의 묘지는 麼柱에게 판다고 언명함.

민국 3년 2월 22일 증빙으로 삼음.

해설

이 분서는 분가 주관인, 분가 사유 등 분서가 갖추고 있어야 할 기본적인 사항 등을 결여하고 있다는 점에서 일반 분서와 다르다. 특히 이 분서는 "경모景母의 양로지養老地를 정한다"로 시작되는데, 이로 미루어 보아 이 문서는 이 자체로 분서라기보다는 분서에 첨부된 재산 목록이었을 가능성이 높다. 또한 경모景母가 받은 가산은 주로 지무地畝이며, 두 가족이 산서山西의 해주解州와 서성西省(陝西) 두 곳의 상호商號를 가지고 있다는 것을 알 수 있다. 특히 "자제子弟가 관여하는 것을 허락하지 않는다"고 규정하여 이상의 재산을 모두 경모의 양로를 위한 비용으로 삼고 있다. 마지막의 비주批註를 보면 조모祖母가 세상을 떠한 후 양로를 위한 토지 중에 3진畛을 장손長孫에게 주었다는 것을 알 수 있다.

Ⅵ 총결

중국의 분가 관습은 동거공재의 아들들이 가산 중 잠재되어 있던 자신의 몫을 승수함으로써 경제적으로 독립을 완성한다는 의미가 있었다. 또한 분가는 분방으로 이루어지며, 이를 통해 수천 수백 갈래의 계보가 형성되고 이것이 하나의 종족을 형성했다. 이것은 종조관념을 기초로 하는 조상에 대한 제사와 종족의 단결로 지속되었다. 따라서 종조관념과 종족은 밀접한 관계를 가지는데, 이 양자를 직접적으로 매개하는 행위양식이 바로 분가였다. 이 과정에서 종조계승이 실현되고 이를 전제로 재산의 계승도 이루어졌다.

중국 전통사회에서는 분가를 할 때 형제균분의 원칙을 준수하고, 분서를 작성하여 이를 명문화하는 관습이 있었다. 민간에 널리 퍼져있던 형제균분의 관습은 당대에서 처음 법제화된 이후 각 왕조에서 법률로 명문화했다. 균분의 원칙은 더 이상 민간의 관습이 아니라 국가의 법률로 흡수되었던 것이다. 따라서 각 가정에서는 이러한 원칙을 준수하기 위해 노력했고 이를 위한 최소한의 조치가 마련되었다. 그것은 바로 분할할 재산의 가치를 평가하여 분할자의 수대로 비슷하게 나누는 품탑의 과정이었다. 그런 다음 제비뽑기를 통해 자신의 몫을 스스로 정하는 과정을 거쳤고, 친족, 친우 혹은 족장, 심지어는 촌장, 촌경 등 지역 행정관으로부터 동의를 얻고 나면 이 분서는 합법적이고 공정하다는 증거가 되어 효력이 발생했다. 분서의 내용으로 보나 『민사습관조사보고록』 혹은 『중국농촌관행조사』를 통해 보아도, 민간에서 가산을 분할할 때 형제균분의 원칙은 기본적으로 준수되었던 것으로 보인다.

그러나 본서에 수록된 48건의 분서를 분석한 결과 다음과 같은 사실을 확인할 수 있었다. 첫째, 형제균분의 원칙이 기본적으로 준수되었음에도 불구하고, 각 가정의 상황에 따라 현실에서는 이를 변용한 실례들이 존재했다. 이것이 농촌사회에서는 각 가정의 특수성을 반영한 것이라면, 상인 가정에서는 좀 더 불가피한 면이 존재했는데, 상인가정에서는 상호를 분할하지 않고 한 사람에게 몰아주는 경향이 있었다. 이는 상인가정의 가산이 토지 이외에 상업 자본이었기 때문에 가산분할로 인한 자본의 분산을 막고 자본 축적에 유리하게 하려는 의도에서였다. 다만 이런 경우에도 표면적으로는 형제균분의 원칙이 준수되었는데, 이는 형제균분 후에 한 사람에게 계승되는 과정에서 다른 형제들이 자신의 몫을 보태주거나 양여해주는 현상으로 나타났다. 그러나 자본 축적에는 불리하지만 가정의 화목을 위해 상호를 분할하기도 했다. 상호의 안정적인 경영을 위해 최대한 상호가 분할되는 것은 피하되 형제 가정과의 화목을 위해 상호를 분할하여 분쟁의 여지를 차단하기도 했다. 따라서 상인가정일지라도 각 가정의 상황에 따라 가산분할의 양상은 달리 나타났다.

둘째, 분서는 각 가정의 사정이 반영되었기 때문에 해당 분가에서 특히 중요한 내용이 있다면 그 부분을 강조하는 방식으로 작성되었다. 즉 분서는 재산분할이라는 원래의 목적 이외에 토지매매, 재산 증명, 불균등 분할의 합리화 등 다른 목적을 달성하기 위한 수단으로 활용되기도 했다. 분서는 재산분할뿐 아니라 각 가정의 재산권을 증명할 수 있는 유력한 증거였기 때문이다. 따라서 분서가 이에 준하는 합법성과 공정성을 확립하는 것은 필수적이었고, 분서의 중요한 역할은 재산분할로 인해 이후 분쟁이 발생하지 않도록 방지하는 일이었다.

셋째, 민법 시행 이후에도 분서 내용이나 형식면에서 큰 변화가 없었다. 형제균분의 원칙에 실질적으로 변화가 발생하기 시작했던 계기는 근대 민법의 제정과 시행이었다. 상속에서 민법과 전통법의 가장 큰 차이라고 한다면 남녀평등에 입각하여 친녀의 재산계승이 인정되었다는 것과 종조계승과 재산계승이 분리되어 사자의 재산계승이 더 이상 인정되지 않았다는 것이다. 민법의 시행이 분서에 어떤 영향을 주었는지 검토해본 결과, 그 내용이나 형식면에서 청대의 것이나 민국시기 후반의 것이나 명확한 차이를 발견할 수 없었다.

특히 분서상에서 딸이 언급되는 것조차 보편적인 일은 아니었다. '작분'이 아니라 재산의 일부를 아들과 함께 딸에게도 '균분'하라고 명시하고 있는 분서가 보이기는 하지만, 이 또한 일반적인 것은 아니었다. 분가라는 것은 전통적으로 종조관념과 종족의 구성 원리를 기반으로 하는 행위였기 때문이다. 따라서 민법 시행 이후에도 형제균분 관행은 쉽게 바뀌지 않았고 민간에서는 전통적인 방식대로 분가를 이어갔다. 이때부터 분가의 전통은 국가법에 의거한 것이 아니라 오래된 민간의 관습에 따라 지속되었다고 할 수 있다. 이미 당대唐代에 법제화되었던 관습이 다시 민간의 관습으로 남게 되는 과정을 거치게 되었던 것이다.

따라서 형제균분의 분가 관행은 수천 년 동안 이어져왔고 이는 근대에 와서도 그 본질이나 형태에 큰 변화 없이 그대로 민간에 남아 이들의 정신세계와 실제생활을 지배해왔다. 소송이 제기될 경우에는 여성의 승소가 일반적이었지만 이러한 인식의 변화가 분서에 자발적으로 명기되지는 않았던 것이다. 이러한 양상이 민국시기 뿐 아니라 당대當代 중국의 일부 농촌 분가에서 여전히 나타나고 있다는 사실은 청, 민국시기만이 아니라 당대 중국까지 이어지는 더 장기적인 연구가 필요한 이유이다.

부록

48건 분서의 내용 분석표

명대: 4건, 청대: 24건, 민국시기: 20건, 총 48건

순서	문건 번호	시기	연도	省	문서 명칭	분가인 관계	분가사유	제비 뽑기	양로비용
1	46	명	1526	安徽	分山合同	숙질간	공동구매 산장을 분할	×	×
2	39	명	1589	安徽	遺囑	장인과 사위간	연로, 쇠약, 병환 중	×	양로 약속
3	08	명	1610	安徽	分家議約	형제, 조카간	사망한 부친의 지시	○	×
4	01	명	1618	安徽	分析序	부자간	연로하여 고향에서 노년 보내고 싶어서	○	祀田을 공동재산으로 남김
5	21	청	1654	安徽	鬮書	형제간	제3대 족인, 5대 족인이 里長을 지내면서 재산 고갈	○	제사·풍수 관련 재산을 공동재산으로 함
6	14	청	1701	河北	分單	알 수 없음	무	×	×
7	09	청	1749	山西	分書	부자간	자손간 갈등 방지	○	×
8	22	청	1751	河北	分單	형제간	무	×	×
9	02	청	1762	山西	遺囑分書	부친과 아들, 조카간	아들 조카 간 연령대가 다르고 가업의 성쇠 달라 우애 영향 줄까 염려	○	×
10	23	청	1766	山西	分單執照	형제간	채무 상환, 다른 형제의 혼인 및 노모 양로 보장 위해	×	모친 노후비용
11	47	청	1770	貴州	分山場股份字	친척간	공동 개간한 산의 지분 분할	×	×
12	40	청	1793	山西	鬮書	형제간	가족 많아 동거 어려움	○	×
13	27	청	1801	山西	分書	형제간	가족 많아 동거 어려움	○	×
14	28	청	1817	山西	分鬮	부친과 아들, 조카간	아들과 조카가 재산으로 다투게 될까 염려	×	○
15	10	청	1823	福建	鬮書	숙질간	자손들 분쟁방지	○	×
16	33	청	1835	山西	分單	족형제간	선조 때 족인간 매매한 토지가 불분명하여 누차 다투어서 확인 위해	×	×
17	41	청	1836	山西	分書執照	모자간	가족 수 많아져 동거하기 어려움	○	두 형제가 매년 40냥씩 부담

혼수 비용	증인의 명칭, 신분	처벌 조항	특이사항
×	言議人	×	평면도 첨부
×	족인, 종질	×	호절가정에서 유촉 매매의 형식으로 사위에게 양도, 족인 특히 종질의 동의 필요
×	中見親友, 親叔	罰銀5천兩 부과	가족 경영의 전당포 199곳/ 분할 받은 전당과 자본은 독립 경영 관리 명시
×	×	×	成冊 형식, 증인 서명 없음, 공동재산 남김
×	×	×	5장의 成冊 형식
×	憑鄕中人	×	
×	同人	불효죄로 다스림	일찍이 다른 사람의 양자가 된 셋째아들이 계부에게서 받은 재산도 합하여 본가의 네 아들에 분할
×	中人, 친족으로 보임	×	
×	中人, 친족으로 보임	×	
결혼 비용	親族人	×	토지 등 고정자산에 대한 분할이 아니라 은량에 대한 분할, 永成號는 분할하지 않음
×	알 수 없으나 친족으로 보임	×	
×	族人, 戚人	×	첨언형식으로 1무의 땅을 큰 누나에게 증여 명시
×	中人	관부에서 조사하여 처벌케 함	상호는 공동으로 소유하고 나누지 않는다고 명시
×	明甫人	×	상호는 분할하지 않고 아들이 경영
×	公親人, 保甲長, 族人으로 보임	×	재산 승수자 각각의 제비 내용이 명시 / 보갑장을 증인으로 채택
×	戶長, 房親, 親族의 中人	×	양자는 친형제가 아니라 족형제인 듯, 분단이기보다 계약서로 보임 / 친족 간의 토지매매 확인증
은 50兩을 蔚姑娘에게 줌	中人, 모두 친족으로 보임	×	딸의 혼수비용 언급

순서	문건번호	시기	연도	省	문서 명칭	분가인 관계	분가사유	제비 뽑기	양로비용
18	34	청	1857	山西	遺囑	모자간	못된 아들에게 재산 빼앗기지 않으려 작성	×	×
19	24	청	1864	山西	遺囑 分撥書	부자간	사람의 마음이 옛날과 달라 같이 살기 어렵게 됨	×	○
20	35	청	1866	山西	分書 文約	숙질간	陳東方의 모친이 아들 혼인비용 마련 위해 토지매매	×	×
21	11	청	1870	山西	分關	모친과 아들, 손자간	여섯 아들 중 세 명이 죽자 후사를 세워 재산분할	○	노모에 매년은 6량 지급
22	29	청	1879	山西	分書	숙질, 질손간	연로하여 가무 관리 힘들어	×	×
23	03	청	1895	山西	分書	형제간	가족 많아 동거 어려움	×	×
24	15	청	1897	山西	分撥 字據	형제간	양가의 생각 불일치	×	×
25	16	청	1898	河北	分單	숙질간	분가 희망	×	×
26	04	청	1899	山西	分關	형제간	상호 파산으로 재산분할	○	×
27	25	청	1909	山西	復分 房地	형제간	분가 희망	×	×
28	36	청	1910	江西	再合同 產業字	숙조모와 질손간	분서 분실로 계약서 재작성	×	×
29	05	민국	1913	江西	合同 議約	부친과 아들 손자간	인심이 옛날처럼 순박하지 않아서	○	×
30	48	민국	1914	山西	景母 養老地	분서에 첨부된 재산목록	노모 부양	×	○
31	17	민국	1914	山西	分書	숙질간	친조카와 불화	×	×
32	12	민국	1915	未详	分單	부자간	실제 분가한지 여러 해 되었지만 아직 분서 작성하지 않아서	×	○
33	42	민국	1918	安徽	鬮書	부자간	힘에 부쳐 가업 유지하기 어려워	○	○
34	13	민국	1919	山西	分單約	형제간	형제간 뜻이 맞지 않음	×	×
35	18	민국	1920	安徽	鬮書	숙질간	분가 희망	○	장례비로 洋(銀)100원
36	19	민국	1921	山西	合同 分關據	형제간	가무 증가, 번잡하여 부득이 분가	×	×
37	30	민국	1923	山西	分單	부자간	시무가 많아 공동생활 어려움	×	양로분 남김, 장례비 양분

혼수 비용	증인의 명칭, 신분	처벌 조항	특이사항
×	親友	×	아들 任肯堂이 자꾸 말썽을 일으켜 유촉 작성한 것. 재산분할이 아니라 부채에 대한 任肯堂의 저당물 소유권 포기 각서
×	同中 親族人	×	부모의 생활비, 장례비용 장남이 진다고 명시
×	本族, 親族, 鄕隣	×	분가와 동시에 분할 받은 토지를 백부에게 매매
×	管事人, 家長 대부분 친족으로 보임	친족이 엄중처벌	禮銀: 부친에게 효도를 다한다는 의미에서 바침
×	同中人 隣友	×	상호를 둘이 공동소유하다가 은전, 화물 등 양분
×	同家長人	×	
×	中人	×	全盛通, 全盛西 商號의 분할/ 각각 한 상호씩 관리 명시
×	族長, 家長, 至親	×	
×	中人	×	상호 공동 소유하다 파산 후 재산 양분
×	說合人	×	두 번째 분가임/ 立盛昌 상호 배당금도 균분 약속, 일부 공동소유로 남김
×	憑中, 地保	×	총 2건/ 후처 숙조모가 숙조부 죽고 분서 분실로 재산을 증명할 길이 없자 질손을 불러 다시 작성하여 재산 증명
×	憑中	×	
×	舅父, 族兄	×	본 건 자체로 분서라기보다 분서에 부속된 노모 양로를 위한 재산목록인 듯
×	同親族	×	原啟鐸의 차자 海는 셋째형의 양자로서 본 분가에 참여
×	族人, 親戚	벌금 은 1백원	
×	族長, 憑中	×	장자가 이미 사망하고 손자가 어려 며느리가 대신 승수하여 관리
×	村長, 同家族	×	院子는 공유로 남겨둠
×	族, 戚, 世誼	×	祀會의 재산을 長房과 二房이 1년씩 돌아가면서 관리, 제사비용, 세금납부도 마찬가지
×	族長, 親長	×	친족 앞에서 행 바꾸기, 친족에 대한 존경 표시함으로써 합법성 인정받으려 한 것으로 보임/세표가 붙어 있음
×	家族	×	재산 뿐 아니라 채무도 분할 분담/이유는 알 수 없으나 아들이 셋인데 2개의 지분으로 분할

순서	문건번호	시기	연도	省	문서명칭	분가인 관계	분가사유	제비뽑기	양로비용
38	31	민국	1930	山西	分單字據	부자간	점포영업이 어려워 쌍방이 분가 희망	×	부모 봉양과 장례 맡음
39	06	민국	1933	山西	卜單	형제간	가족 내 異姓 불화	×	×
40	07	민국	1933	安徽	鬮書	부자간	늙어서 가사 관리 부담	○	장례비용
41	20	민국	1937	江西	合同分關字約	숙질간	본가의 공유지를 4방이 평균하기 위해	○	×
42	37	민국	1937	山西	分單	부자간 (장남 의자)	의자인 장남에게 분할 못함을 정당화하기 위한 목적	○	○
43	43	민국	1938	山西	分鬮	부자간	시국 불확실하고 가무가 번잡	○	양로, 제사, 장례비 남김
44	44	민국	1943	山西	析產約	모자간	房院 저당 잡혔는데 되찾을 수 있는 기간 만료되었고, 아직 많은 가족이 살 가옥을 구하지 못함	×	노후대비 위해 남김
45	26	민국	1944	貴州	分鬮	부자, 숙질간	가족 많아 동거 어려움	×	養膳田, 제산전 남김
46	32	민국	1946	江西	分鬮字約	모자간	일곱 아들 모두 성인, 혼인 가족 많아 관리 불가	○	장례비용
47	38	민국	1946	江西	協議分關字約	숙질간	생활 곤란, 연로	×	×
48	45	민국	1949	江西	分劵字約	숙질간(사망한 동생의 양자와 동생 미망인)	둘째, 셋째 동생 사망 후 혼자 가무 담당	○	×

혼수 비용	증인의 명칭, 신분	처벌 조항	특이사항
×	中見 說合人, 村警	×	셋째 아들 根貴에게 대부분의 재산 분할, 부모의 양로도 부담하는 등 삼남의 분산만 언급, 榮貴가 장남인지 차남인지 알 수 없음
×	說合人, 同族으로 보임	×	'본사 관방 銀會'는 일종의 신용합작사 조직인 듯함
×	經中集議, 알 수 없음		총4건/셋째 아들 楊渭敘는 분가 주관인 동생의 양자로 갔기 때문에 이번 분가에서는 빠짐
×	憑證人	×	평면도 삽입, 균분 후 양도 현상 보임
×	親族 說合人, 舅父	×	義子인 장남의 못된 행실을 상세히 서술, 집안에 공헌 없어 분할 못함을 적시, 양도 현상 보임
1년마다 딸과 왕래 언급	族人, 友人	가족, 친우 공동징치	딸에 대한 분급 언급: 감나무 18그루 5등 분할
두동생의 혼사는 집안상황에 맞게 그때 가서 처리	中人	×	姚姓에게 房院 저당 잡힌 돈은 장남이 상환할 것 명시 / 세표가 붙어 있음.
×	憑親, 憑族	×	天, 地, 元, 皇으로 분방, 공유재산 남김
×	알 수 없으나 동족으로 보임	×	아들 일곱인데 실제로는 재산 4등분 분할
×	房族长	×	생활곤란, 연로, 장남 미혼, 막내 어려 분가와 동시에 질자에게 토지매매
삼남 계승자의 결혼비용 명목으로 토지남김	親友	×	셋째동생의 과부가 아들을 대신한 것이 아니라 스스로 1방이 되어 재산분할 받음, 민국시기의 변화된 양상

1. 史料

上海大學法學院,『大淸律例』, 天津古籍出版社, 1993.

中國農村慣行調査刊行會編,『中國農村慣行調査』(1-6), 岩波書店, 1952-1958.

岳純之點校,『唐律疏議』, 上海古籍出版社, 2013.

(宋)竇儀等,『宋刑統』, 中華書局, 1984.

前南京國民政府司法行政部編,『民事習慣調査報告錄』, 中國政法大學出版社, 2005.

郭衛,『大理院判決例全書』, 成文出版社, 1972.

懷效鋒點校,『大明律』, 遼瀋書社, 1990.

懷效鋒主編,『淸末法制變革史料』(下卷), 中國政法大學出版社, 2010.

彭澤益主編,『中國工商行會史料集』, 中華書局, 1995.

『最高法院民事判例匯刊』

康生,「中國繼承制度的硏究」,『新生命』第11號, 1928.

2. 연구서

金池洙,『中國의 婚姻法과 繼承法』, 전남대학교출판부, 2003.

徐揚杰 저, 윤재석 옮김,『중국가족제도사』, 아카넷, 2000.

張晉藩 주편, 한기종 · 김선주 · 임대희 · 한상돈 · 윤진기 옮김,『中國法制史』, 소나무, 2006.

P.B.이브리 저, 배숙희 역,『송대 중국여성의 결혼과 생활』, 한국학술정보(주), 2009.

王玉波,『中國家長制家族制度史』, 天津社會科學出版社, 1989.

白凱(Kathryn Bernhardt),『中國的婦女與財產: 960-1949』, 上海書店, 2007.
邢鐵,『家産繼承史論』, 雲南大學出版社, 2000.
金眉,『唐代婚姻家庭繼承法研究』, 中國政法大學出版社, 2009.
岳慶平,『中國的家與國』, 吉林文史出版社, 1990.
陳支平,『民間文書與明清東南族商研究』, 中華書局, 2009.
張研, 毛立平,『19世紀中期中國家庭的社會經濟透視』, 中國人民大學出版社, 2003.
馮爾康,『中國社會結構的演變』, 河南人民出版社, 1994.
費成康主編,『中國的家法族規』, 上海社會科學院出版社, 1998.
仁井田陞,『中國法制史研究-奴隸農奴法·家族村落法』, 東京大學出版會, 1962.
仁井田陞,『中國法制史研究-法と慣習·法と道德』, 東京大學出版會, 1964.
滋賀秀三,『中國家族法の原理』, 創文社, 1981.

3. 연구논문

손승희,「相續慣行에 대한 國家權力의 타협과 관철-남경국민정부의 상속법 제정을 중심으로」,『東洋史學研究』117(2011).
손승희,「근대중국의 異姓嗣子 繼承 관행」,『中國近現代史研究』57(2013).
육정임,「宋代 家族과 財産相續에 관한 研究」, 高麗大學校博士學位論文 2003.
육정임,「宋代 딸의 相續權과 法令의 變化」,『梨花史學研究』30(2003).
육정임,「宋代 養子의 財産繼承權」,『東洋史學研究』74(2001).
王裕明,「明清商人分家中的分産不分業與商業經營-以明代程虛宇兄弟分家爲例」,『學海』2008-6.
王裕明,「明清分家鬮書所見徽州典商述論」,『安徽大學學報』2010-6.
王裕明,「明代商業經營中的官利制」,『中國經濟史研究』2010-3.

王躍生, 「集體經濟時代農民分家行爲研究-以冀南農村爲中心的考察」, 『中國歷史』 2003-2.
王躍生, 「20世紀三四十年代冀南農村分家行爲研究」, 『近代史研究』 2002-4.
印子, 「分家, 代際互動與農村家庭再生産-以魯西北農村爲例」, 『南京農業大學學報』 2016-4.
江巧珍, 「徽州鹽商興衰的典型個案-歙縣江氏『二房貲産淸簿』」, 『安徽師範大學學報』 1999-3.
安尊華, 「淸水江流域分家文書所體現的哲學觀」, 『貴州社會科學』 2012-11.
呂寬慶, 「淸代寡婦立嗣問題探析」, 『史學月刊』 2007-6.
周永康, 王仲凱, 「改革開放以來農村分家習俗的變遷」, 『西南農業大學學報』 2011-3.
李姣, 「淸代徽州婦女經濟活動初探 -以徽州文書爲例」, 『佳木斯大學社會科學學報』 2016-3.
原源, 「"中人"在分家中的角色功能審視-以遼南海城市大莫村爲例」, 『民間文化論壇』 2006-6.
兪江, 「論分家習慣與家的整體性-對滋賀秀三『中國家族法原理』的批評」, 『政法論壇』 2006-1.
兪江, 「繼承領域內衝突格局的形成-近代中國的分家習慣與繼承法移植」, 『中國社會科學』 2005-5.
麻國慶, 「分家: 分家有繼也有合-中國分家制度硏究」, 『中國社會科學』 1999-1.
陳其南, 「房與傳統家族制度」, 『漢學研究』 3-1, 民74.6(1985).
陳麗洪, 「中國現行繼承法與民間繼承習慣-分家析産習慣與繼承法的協調和衝突」, 『四川理工學院學報』 2008-3.
郭兆斌, 「淸代民國時期山西地區民事習慣試析-以分家文書爲中心」, 『山西檔案』 2016-4.
洪虹, 「明淸時期徽州家庭分家析産的特點-以徽州分家文書爲中心」, 『尋根』 2016-4.

楊克峰, 王海洋, 「明清徽州民間財産繼承方式和國家繼承法的衝突與整合」, 『重慶交通大學學報』 2010-1.

張文瀚, 郝平, 「近代山西分家析産行爲探析」, 『社科縱橫』 2016-4.

張雁, 「明清黟縣胡氏經濟變化探微-以『乾隆黟縣胡氏鬮書匯錄』爲中心」, 『晥西學院學報』 2014-6.

劉道勝, 凌桂萍, 「明清徽州分家鬮書與民間繼承關係」, 『安徽師範大學學報』 2010-2.

鄭小川, 「法律人眼中的現代農村分家-以女性的現實地位爲關注點」, 『中華女子學院學報』 2005-5.

鄭文科, 「分家與分家單硏究」, 『河北法學』 2007-10.

Kathryn Bernhardt, "The Inheritance Rights of Daughters: The Song Anomaly?", *Modern China*, Vol.21, No.3(Jul, 1995).

Myron L. Cohen, "Family Management and Family Division in Contemporary Rural China", *China Quarterly*, Vol.130, 1992.

| 편저자 소개 |

손승희_중국근현대사 전공
숙명여자대학교 사학과 졸업
국립대만사범대학 역사연구소 석사
(중국) 푸단대학 역사학 박사
고려대학교 아세아문제연구소 연구교수
현재 인천대학교 중국학술원 HK연구교수

주요 연구
『중국 동북지역의 상인과 상업네트워크』(공저)
『중국 민간조직의 단면』(공저)
『중국의 동향상회』(공저)
『중국 근대 공문서에 나타난 韓中關係』(공저)
『중국 가족법령자료집』(공저)
『이성이 설 곳 없는 계몽』(역서) 등

중국관행자료총서 11

중국의 가정,
민간계약문서로 엿보다 분가와 상속

초판 1쇄 인쇄 2018년 6월 20일
초판 1쇄 발행 2018년 6월 29일

편 저 자 | 손승희
펴 낸 이 | 하운근
펴 낸 곳 | 學古房

주 소 | 경기도 고양시 덕양구 통일로 140 삼송테크노밸리 A동 B224
전 화 | (02)353-9908 편집부(02)356-9903
팩 스 | (02)6959-8234
홈페이지 | http://hakgobang.co.kr
전자우편 | hakgobang@naver.com, hakgobang@chol.com
등록번호 | 제311-1994-000001호

ISBN 978-89-6071-744-2 94910
978-89-6071-740-4 (세트)

값 : 23,000원